高级生物学实验技术

张雅利　龙建纲　主编

科学出版社

北京

内 容 简 介

  本书从生物学研究方法和步骤入手，全面覆盖了有关细胞生物学、分子生物学、组学等实验技术的诸多领域，包含了生物活性分子制备和分析常用技术、PCR 技术、基因组学技术、蛋白质组学技术等。本书在详细阐述有关技术的具体操作和实验流程的基础上，更注重对各种技术的综合运用。书中每个实验都有实验原理的介绍，实验步骤也着重强调操作的注意事项和实验取得成功的关键。

  本书可作为生命科学相关领域工作者的实验参考工具书，同时也可供高校相关专业师生，特别是交叉学科的科学工作者对生物学实验技术的理论进行深入探讨时参考。

图书在版编目（CIP）数据

高级生物学实验技术 / 张雅利，龙建纲主编. —北京：科学出版社，2020.2
 ISBN 978-7-03-063678-2

 Ⅰ. ①高… Ⅱ. ①张… ②龙… Ⅲ. ①生物学－实验－高等学校－教材 Ⅳ. ① Q-33

 中国版本图书馆 CIP 数据核字（2019）第 280528 号

责任编辑：刘　丹　韩书云 / 责任校对：严　娜
责任印制：张　伟 / 封面设计：迷底书装

科学出版社 出版
北京东黄城根北街 16 号
邮政编码：100717
http://www.sciencep.com
北京凌奇印刷有限责任公司 印刷
科学出版社发行　各地新华书店经销

*

2020 年 2 月第 一 版　开本：787×1092　1/16
2023 年 4 月第四次印刷　印张：12 1/2
字数：300 000

定价：49.00 元
（如有印装质量问题，我社负责调换）

《高级生物学实验技术》编委会

主　编　张雅利　龙建纲

编　委　丁　岩　许　丹　亓树艳

李　华　程梦蓉　萧　玖

P 前 言

PREFACE

当前生命科学发展日益迅猛，生命科学与交叉领域将成为第六次科技革命的突破口。多个前沿领域的发展都需要多学科与生命科学的渗透与合作。生命科学是一门实践性很强的学科，需要借助大量的研究手段和技术。为使相关领域的研究人员快速掌握本学科的研究方法，我们开设了生命科学研究进展类的课程，邀请各学科科学家讲授各自领域的研究进展及未来趋势，特别是材料、机械、信息、电子、人工智能等方向与生命学科的深度交叉和融合，以期为学生提供更多的新的研究思想与方法。在工作中我们感到需要有一本突破学科和专业知识的局限、宽口径的、适合高年级本科生和研究生使用的实践类教材。

"高级生物学实验技术"是生命科学领域的一门专业技术基础课程，涵盖了有关细胞生物学、分子生物学等常用实验技术的理论背景、基本原理、实验方法等内容，同时增加了基因组学、蛋白质组学、代谢组学、RNA 干扰等较新的实验技术。实验操作简明规范、步骤清晰、要点突出、可行性强。全书共分 8 章，绪论介绍了生命科学领域科研课题的来源、生物学科研课题选择时应遵循的原则、现代生命科学领域科研课题的特点；第一章介绍生物成分提取及样品制备技术；第二章介绍 PCR 技术原理及实验方法；第三章为 RNA 技术基础性实验，包括 RNA 琼脂糖凝胶电泳、RNA 印迹法和 RNA 干扰技术方面的内容；第四章为 DNA 技术，包括单核苷酸多态性实验、染色质免疫共沉淀技术、cDNA 文库构建和ATAC-seq 技术等综合性实验；第五章为蛋白质技术，主要介绍了蛋白质印迹技术、免疫组织化学技术和免疫共沉淀技术；第六章主要介绍了流式细胞技术在细胞增殖、凋亡检测中应用的方法，同时介绍了激光共聚焦显微镜在细胞功能研究中的应用；第七章系统介绍了16 S rDNA 基因组分析、宏基因组分析、转录组分析、蛋白质组分析和代谢组分析 5 个方面的组学分析技术，具有综合性和典型性的特点。本书对生物学实验原理学习和实验设计有一定的参考价值。

在本书的编写过程中，北京诺禾致源生物信息科技有限公司、苏州金唯智生物科技有限公司提供了大力支持和帮助，在此一并表示衷心感谢。

鉴于编者水平有限，书中难免有内容欠缺和不妥之处，恳请读者批评指正，以便再版时更正。

编 者
2020 年 1 月

目 录
CONTENTS

前言

绪论 ··· 001

第一章　生物成分提取及样品制备技术 ················ 005

第一节　生物样品制备 ·································· 005
第二节　DNA 的提取 ·································· 020
第三节　RNA 的提取 ·································· 032
第四节　蛋白质的提取 ·································· 040

第二章　PCR 技术 ··· 051

第一节　限制性片段长度多态性 ······················ 051
第二节　扩增片段长度多态性 ························· 052
第三节　普通 PCR ···································· 054
第四节　RT-PCR（反转录 - 聚合酶链反应） ············ 057
第五节　RT-qPCR 技术 ······························· 060

第三章　RNA 技术 ··· 068

第一节　RNA 琼脂糖凝胶电泳 ························· 068
第二节　RNA 印迹法 ································· 070
第三节　RNA 干扰技术 ······························· 073

第四章　DNA 技术 ··· 081

第一节　单核苷酸多态性实验 ························· 081
第二节　染色质免疫共沉淀技术 ······················ 083
第三节　cDNA 文库构建 ······························ 086
第四节　ATAC-seq 技术 ······························· 091

第五章　蛋白质技术 ··· 096

第一节　蛋白质印迹技术 ······························ 096
第二节　免疫组织化学技术 ··························· 103
第三节　免疫共沉淀技术 ······························ 112

第六章　流式细胞术 115

第一节　Annexin V 流式细胞技术检测细胞凋亡 115
第二节　凋亡细胞的 DNA 断裂片段分析 118
第三节　BrdU Flow Kit 检测细胞增殖 120
第四节　线粒体膜电位变化检测细胞凋亡 123
第五节　Active Caspase-3 检测细胞凋亡 125

第七章　组学分析 127

第一节　16 S rDNA 基因组分析 127
第二节　宏基因组分析 146
第三节　转录组分析 167
第四节　蛋白质组分析 174
第五节　代谢组分析 185

主要参考文献 194

绪　论

生物学是一门研究科学事实的自然科学，生物学的发展是人类不断研究的结果。从 19 世纪中叶起，生物学研究逐渐由表及里，向理解生命现象的内在规律、探索生命过程的运行机制深入。显微镜技术的发展，包括电子显微镜的出现等，使人们能清楚地看到细胞和细胞器的精细结构，甚至看到生物大分子的排布状态。另外，越来越多的化学分析技术与物理检测手段被运用于生物学实验中。通过严格设计和精心安排的实验，人们对生命活动运行规律的认识已可精细到分子水平。

生物学研究的基本步骤一般包括选题，建立假说，查阅文献，实验设计，预实验、实验及记录，资料整理及统计分析，结论与讨论共 7 个环节。

一、生命科学领域科研课题的来源

科研选题是科研工作的首要问题和关键环节。科研课题是指理论或实践中尚未解决、需要研究的科学技术问题，通常由若干个彼此有内在联系、研究周期较长、需要多学科密切配合来开展的研究项目构成。科研选题就是根据选题的原则，并遵循选题的程序，确定研究的具体科学技术问题的过程，是对某一科学问题在理论和实验技术方面的概括，使研究目的具体化，是科研工作从预备阶段转入主要研究阶段的关键步骤。生命科学领域的科研课题有多种来源。

1. 从学术争论中选题

在科学发展过程中，学术界对同一对象、同一现象、同一过程，往往存在着不同看法、不同观点乃至不同学派之间的争论。这种认知不统一、不平衡，本身就是推动学术深化发展的一种原动力，如巴斯德对"自生说"的否定。例如，19 世纪 90 年代，生物学有关支配胚胎细胞变异的因素有两大派不同观点的争论，一派主张是内在的遗传因素，另一派则认为是外在的环境因素。摩尔根就从这一争论着眼，选择关于胚胎细胞变异因素作为自己的研究课题，为生物学发展做出了卓越的贡献。因此，在选择研究课题时，要注意收集有关领域的学术争论，从中发现问题，并结合自己的实际情况来确定研究课题。

2. 自然环境的热点问题

自然环境的热点问题接近生活，如"入侵物种水葫芦泛滥成灾""生活污水随便排放"等。通过提炼，可把这些热点问题转化为研究性课题。

3. 日常生活中遇到的问题

社会实际生活为课题研究提供了一个广阔的舞台，也是选择研究课题的一个取之不尽、用之不竭的永恒源泉。课题研究从某种意义上讲，主要就是为了解决实际问题。例如，抽烟现象屡见不鲜，肺癌发病率节节攀升，因此"吸烟对身体健康的影响"课题呼之欲出；针对实际生活中电磁辐射日益增加的现象，可以选择"生活中的辐射"作为研究的课题；若注意到废水排出后对生态环境的影响，则可以选择"重金属离子对种子萌发影响的研究"作为研究课题。

4. 高科技中的生物学问题

20世纪70年代以来，生物科学发展日新月异，生物工程产业应运而生，生物技术不断造福人类，如转基因生物、克隆技术、人类基因组计划等。有关这方面的课题资源比较多，所涉及的知识也都比较前沿，可将相关信息作为研究课题。

二、生物学科研课题选择时应遵循的原则

生物学科研课题选择时应遵循以下4项基本原则。

1. 科学性原则

科学性原则（限制性原则）是一个研究性课题能否成为课题的根本条件。科学研究活动是科学、严谨、实事求是的活动，首先要求研究课题本身是科学的，否则所实施的活动和得到的结果都将失去依托。科学性原则是指选题必须有事实根据或理论根据，必须符合科学原理和事物发展规律，而且课题研究要有一定的科学价值。

课题研究的科学价值是指：①某个领域的新发现、新创造；②对空白的填补（新课题的确立与研究，会对某些领域的某些短缺和空白给予补充）；③对错误的纠正（新课题的确立和研究，会纠正某个领域某些不正确的观点）；④对前说的补充（新课题的确立与研究，会对前人的研究成果有所发展，使前人的研究更趋于丰富完善）；⑤有助于研究者养成良好的科学研究意识、习惯、态度、规范及思维方式。遵循科学性原则进行选题，可以保证课题研究方向正确无误。因此，在选择课题时要对课题进行科学性论证，结合其实施方案，对照科学概念、原理，看其是否符合有关要求，并判定其真伪性。例如，永恒能源、永动机、人不会衰老等研究课题均不符合科学原理，当然不能选择，也不能选择纯属荒诞迷信的课题。

2. 创新性原则

在科学飞速发展的大环境下，各种科学研究对创新性的要求日益提高。创新性是科学研究的灵魂，没有创新就没有科学研究，没有创新的研究也不能称为科学研究。创新性原则是要求课题本身具有先进性、新颖性，不要低层次地模仿别人已经研究过的内容。应在研究内容、方法、所选择的实验材料等方面有自己的独到之处。体现在概念观点上的创新、方法上的创新和应用上的创新三个方面。

当然，提倡创新并不是别人研究过的内容就不能涉及。科学研究借鉴前人的实验方法和实验结果是必要的。强调创新是试图将某一领域的理论、方法、观点运用到新的领域中，用不同的方法来研究别人研究过的课题。因此，创新可分为原始创新和次级创新两大类。原始创新的核心在于对所关注研究领域的基本概念的建立或突破，新方法的建立或在新领域内的拓展，基础研究的工作主要属于原始创新；次级创新主要表现于对现有概念、理论、方法等的补充和改良，应用基础研究和大部分应用研究属于次级创新。

要做到科研创新，首先，选题目标要高。"基础研究世界第一，应用研究效益第一"。坚决不重复前人已做过并得到肯定的工作，一般不重复近期文献报道的工作，必须做前人没有做过的工作。其次，思路要新，要善于在错综复杂的矛盾或疾病现象中寻找新的切入点和突破口，科研思路应独辟蹊径、耳目一新。最后，方案可行。技术路线新颖、简洁，方法先进，即用最简洁的路线、最简单的方法、最少的指标完成研究课题，实现研究目标。

在此原则的指导下，确认选题的研究内容不存在相似或相同的报道；或研究结论不能从

现有文献轻易推断得到；或证明的结果解决了某个疑问；或在前人的研究基础上将结论往新的方向推进。以上4点满足任意一点，就说明选题是新颖的。

只要是具有创新性的研究项目，就都具有一定的风险性。首先，有些项目在设计过程中存在风险，结果有不确定性，即有失败的可能性；其次，研究项目的设计过程不可能把所有的条件都分析得清楚、透彻，有些人力不能控制的条件可能会影响到实验结果；最后，有些研究结果可能会与设计者的预期结果相反。因此，科学研究具有一定的风险性。为了减少科学研究的风险性，在进行科学研究的设计时应尽可能将导致科学研究结果出现预期结果以外的条件考虑周到，以增加成功的概率。

3. 必要性原则

高水平的科学研究项目要能够抓住各个领域中迫切需要解决的问题，能够看到存在的问题，找准切入点，探索相应的解决方法。在本学科存在的众多问题中，哪些具有较大的研究价值，哪些是重要的，一定要有全面的了解，研究那些可有可无的枝节问题并无多少现实意义。所谓必要性原则，就是指要选择适应社会发展长远需要的课题，以及未来发展的新兴学科的有关课题。因此，不仅要掌握当前社会发展的潮流，还要了解未来科技发展的趋势，看清学科发展的方向。尤其应注意边缘学科、交叉技术等领域，那是一片待开垦的"荒地"，是课题研究的用武之地。

4. 可行性原则

可行性原则是指选题必须在实际具备的，或通过努力可以获得的主、客观条件下进行。选题固然要考虑价值，但价值要有必备的主、客观的研究条件去保证。

主观研究条件主要是指研究人员自身科研能力、知识基础、学术水平、专业特长等方面的状况。它反映了研究人员对所选择的研究课题的掌握、驾驭程度。

客观研究条件主要是指课题研究活动所必须具备的设备、仪器等物质条件，以及必要的研究经费、指导力量与协作力量的配置和图书情报、音像资料等诸方面，还包括社会文化程度、社会物质条件、社会经济发展水平等社会环境条件。

有的研究项目有非常好的前景，也具有创新性，但研究所需要的条件高，研究者不具有相应的研究条件，或者研究所需要的经费多而所申请的费用并不能满足需求。对研究者来说，这样的研究项目不具有可行性，即不能进行的研究。因此，研究项目必须具有申请者所处研究环境下的可行性。

三、现代生命科学领域科研课题的特点

1. 学科交叉性

在各个科学部类内部的不同学科门类或不同学科之间进行的跨学科研究，称为跨学科科学研究。例如，在自然科学内部，力学与物理学、化学、天文学、地球科学、生物学等学科门类之间可以相互渗透，可以形成物理力学、化学动力学、天体力学和天文动力学、地球力学、生物力学等边缘学科。在生命科学研究领域，一是由于现代技术的快速发展，很多研究手段所涉及的研究技术和研究工具通常涉及多个学科的内容，如基础医学与临床医学之间的交叉、应用学科与基础学科之间的交汇等；二是研究内容本身涉及多个学科的现象越来越普遍，使研究者需要具备多个学科的知识。多学科交叉的研究往往更具有创新性和实用价值，也是目前倡导的研究方向。

2. 研究设备的复杂性

先进设备的使用能使研究获得更直观、明确、肯定的研究结果。科学研究工作应重视设备的投入和使用，但越先进的设备，其结构越复杂，费用也越高。例如，使用共聚焦显微镜比使用普通荧光显微镜所获得的图像更为清晰，而且可以在细胞内定位，但是其成本大大增加，操作过程也更加复杂。

3. 向微观、宏观各层次深入

在生命科学研究领域，各种机制研究的开展使得研究内容从整体水平逐步向细胞水平、亚细胞水平、分子水平展开，越来越向微观层次深入。由于对气候、环境、生态等领域的保护意识增强，许多研究内容也向宏观层面展开。因此，现代研究向微观和宏观两个方向展开。

4. 注重研究的成本效益、结果的实用性和社会的可接受性

现代科学研究与国家的利益和社会环境日益结合，个体科学家的无偿的、自由的探索正在让位于国家、企业或者社会资助的研究。例如，人类基因组计划、国家高技术研究发展计划和国家重点基础研究发展计划等重大研究项目都不是由个别科学家的兴趣或研究方向而定的，需要结合国家的需要、社会的要求来确定相应的研究方向和研究内容。依靠简单的设备和仪器进行的低成本的研究正在让位于更复杂、更昂贵的大科学研究，单个科学家的独立研究正在让位于网络化、全球化的协作研究。现代科学研究日益成为一个需要巨额经济支持的庞大结构体系，研究经费越来越依靠国家和社会的支持，对科学研究的投资越来越成为国家利益中的一种关键性投资。因此，现代科学研究多根据国家科技体制确立科学发展战略和政策，以实现对现代科学研究的现代化科学管理。

第一章

生物成分提取及样品制备技术

第一节　生物样品制备

生物样品通常是指植物的花、叶、茎、根、种子等，动物（包括人）的体液（如尿液、血液、唾液、胆汁、胃液、淋巴液及生物体的其他分泌液等）、毛发、肌肉和一些组织器官（如胸腺、胰腺、肝、肺、脑、胃、肾等），以及各种微生物。

一、样品采集

（一）植物样品的采集

1. 植物样品采集的一般原则

（1）代表性　　选择一定数量的、能代表该品种典型性状的植株作为样品。采集作物或蔬菜时，不要选择田埂上及距离田埂 2 m 范围以内的样品；采集水生植物时，则应注意离开污水排放口适当距离。

（2）典型性和适时性　　典型性是指采样的部位要能充分反映所了解的情况。而适时性是根据研究的目的和环境污染物对植物的影响，必须按照植株的生长状况、发育阶段及植株的不同部位如根、茎、叶和果实，或具体要求进行分别采样。为了比较分析植株的同一部分，不能将植株的上、下部位随意混合。

2. 植物样品的采集方法

（1）采样前的准备工作　　采样前应预先准备好采集工具，如小铲、枝剪、剪刀、布和塑料袋等，以及标签、记录本、样品采集登记表等物品。

（2）样品的采集量　　样品的采集量主要是考虑样品部位处理后的代表性及是否够用。为了保证足够的数量，一般要求至少有 20 g 干样品，最好有 1 kg 干样品。如果是新鲜的样品，以含 80%～90% 的水分来计算，要比干样量多 5～10 倍，最好为 5～10 kg。总之，应以采集不少于 0.5 kg 新鲜样品为原则。对水生植物、水果、蔬菜等含水量高的植物，采样量还需酌情增加。

（3）样品的采集　　在已选好的样区做成样方，草木及农作物样区为 1 m×1 m，灌木植物为 2 m×2 m，乔木群落为 10 m×10 m。在样方区内选择优势种植物分别采集根、茎、叶等样品。对于农作物、蔬菜及草本植物，在各样区内分别采集 5～10 个样品。对于草木、灌木和乔木群落，应该按草木、灌木、乔木分层采样并编号。在采集测定样品的同时，对优势种还应采集标本以鉴定植物科、属。一般在各采样小区内采集一个代表样品，此代表样品是在这块地中分散于 5～10 处的样品混合组成的。采样点的布置方法多为梅花形五点取样，或在小区内平行前进进行交互间隔取样，如图 1-1 所示。

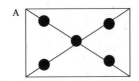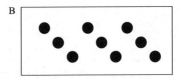

图 1-1　采样点布置方法
A. 梅花形五点取样；B. 交互间隔取样

（4）样品的保存　　将采集好的样品装入收集袋，并附上编写好样品号的标签。采集时必须做好野外调查记录和样品采集登记表。对一些特殊情况也应进行记录，以便查对和分析数据时参考。采集好的样品应尽快送往实验室，运输时要注意通风干燥，以防样品发霉腐烂，最好为冷藏运输。用新鲜样品进行检测时，应立即送往实验室，充分洗涤、捣碎再检测。如当天难以处理，鲜检样品应该暂时冷藏在冰箱内。其余样品可在通风干燥处晾干，去掉灰尘、杂物，再脱壳、磨碎，通过 1 mm 筛孔，储存在磨口广口玻璃瓶中备用。

（二）动物样品的采集

动物的各部分组织均可以作为采集对象，通常是用血液、尿液、毛发和指甲等。

1. 动物的血液

动物一般多为耳缘静脉取血，先去毛，要去净毛，但不伤皮肤，用体积分数为 75% 的乙醇擦拭动物耳朵。例如，兔耳朵，用灯泡照射加热使其血管充血，用大头针刺破静脉放血（先从远心端刺），将血液放入抗凝杯中，边收集边摇匀，以防凝固。

2. 动物的尿液

为收集动物的尿液，可将动物放在代谢笼中，使动物的尿液经下漏斗流入采样瓶中。一般晨尿浓度较高，可一次收集，也可收集 2 h 甚至 24 h 的尿液。

3. 动物的毛发和指甲

毛发和指甲作为样品的主要优点是采样时受检者无痛、无创伤；样品容易储存和运送，不需特殊容器；样品不易变质，可长期保存等。

（三）微生物样品的采集

1. 取样

取样工具要达到无菌的要求，对取样工具和一些试剂材料应提前准备、灭菌。如果使用不合适的采集工具，可能会破坏样品的完整性，甚至使采集的样品毫无意义。

取样时应根据不同的产品类型、状态等选择不同的取样方法和标准。

（1）包装食品　　对于直接食用的小包装食品，尽可能取原包装，直到检验前不要开封，以防污染。对于桶装或大容器包装的液体食品，取样前应摇动或用灭菌棒搅拌液体，尽量使其达到均质；取样时应先将取样用具浸入液体内略加漂洗，然后再取所需量的样品，装入灭菌容器的量不应超过其容量的 3/4，以便于检验前将样品摇匀；取完样品后，应用消毒的温度计插入液体内测量食品的温度，并做记录（尽可能不用水银温度计测量，以防温度计破碎后水银污染食品）；如为非冷藏易腐食品，应迅速将所取样品冷却至 0~4℃。对于大块的桶装或大容器包装的冷冻食品，应从几个不同部位用灭菌工具取样，使样品具有一定的代表性；在将样品送达实验室前，要始终保持样品处于冷冻状态，样品一旦融化，不可使其再冻，保持冷却即可。

（2）生产过程中的取样　　划分检验批次时，应注意同批产品质量的均一性。例如，用固定在贮液桶或流水作业线上的取样龙头取样时，应事先将龙头消毒；当用自动取样器取不需要冷却的粉状或块状固态食品时，必须采取相应的管理办法，保证产品的代表性不被人为地破坏。

（3）液态产品　　通常情况下，液态产品较容易获得代表性样品。液态产品一般盛放在大罐中，取样时，可连续或间歇搅拌，对于较小的容器，可在取样前将液体上下颠倒，使其完全混匀。较大的样品（100～500 ml）要放在已灭菌的容器中送往实验室，实验室在取样检测之前应将液体再彻底混匀一次。

（4）固态样品　　固态样品常用的取样工具有灭菌的解剖刀、勺子、软木钻、锯子和钳子等。面粉或奶粉等易于混匀的食品，其成品质量均匀、稳定，可以抽取小样品（如100 g）检测。但散装样品就必须从多个点取样，且每个样品都要单独处理，在检测前彻底混匀，并从中取一份样品进行检测。肉类、鱼类食品既要在表皮取样又要在深层取样。深层取样时要小心不被表面污染。有些食品如鲜肉或熟肉，可用灭菌的解剖刀或钳子取样；冷冻食品可在未解冻的状态下用锯子、软木钻或电钻（一般斜角钻入）等获取深层样品；全蛋粉等粉末状样品取样时，可用灭菌的取样器斜角插入容器底部，样品填满取样器后提出，再用灭菌小勺从上、中、下部位取样。

（5）表面取样　　通过惰性载体可以将表面样品上的微生物转移到合适的培养基中进行微生物检验，这种惰性载体既不能引起微生物死亡，也不应使其增殖。这样的载体包括清水、拭子、胶带等。取样后，要使微生物长期保存在载体上且既不死亡又不增殖，十分困难，因此应尽早地将微生物转接到适当的培养基中。转移前耽误的时间越长，品质评价的可靠性就越差。表面取样技术只能直接转移菌体，不能作系列稀释，只有在菌体数量较多时才适用。其最大优点是检测时不破坏样品。

（6）空气样品　　空气的取样方法有直接沉降法和过滤法。在检验空气中细菌含量的各种沉降法中，平皿法是最早的方法之一，到目前为止，这种方法在判断空气中浮游微生物分次自沉现象方面仍具有一定的意义。过滤法是使定量的空气通过吸收剂，然后对吸收剂进行培养，计算出菌落数。

2. 包装密封

为保证样品的完整性，装有样品的包装物应进行封口，以确保其可靠性，即从取样地点至实验室这段时间不发生任何变化。可采用自粘胶、特制的纸黏着剂或者石蜡等封口，封口处应留出填写日期、检验人员和货主签字的地方，然后盖上专用的印章。

3. 样品的标记

取样过程中应对所取样品进行及时、准确的标记。取样结束后，应由取样人写出完整的取样报告。样品应尽可能在原有状态下迅速运送或发送到实验室。保存的样品应进行必要且清晰的标记，内容包括样品名称、样品描述、样品批号、企业名称、地址、取样人、取样时间、取样地点、取样温度（必要时）、测试目的等。标记应牢固并具防水性，确保字迹不会被擦掉或脱色。所有盛样容器必须有和样品一致的标记。在标记上应记明产品标志与号码和样品顺序号及其他需要说明的情况。当样品需要托运或由非专职取样人员运送时，必须封死样品容器。

4. 样品的运输

取样结束后应尽快将样品送往实验室检验。如不能及时运送,冷冻样品应存放在 -15℃以下的冰箱或冷库内;冷藏和易腐食品存放在 0~4℃冰箱或冷藏库内;其他食品可放在常温暗处。微生物检验样品应在取样后 6 h 以内送达实验室进行检验。

样品的运输过程必须有适当的保护措施(如密封、冷藏等),以保证样品的微生物指标不发生变化。运送冷冻和易腐样品应在包装容器内加入适量的冷却剂或冷冻剂,但样品不可与冷却剂或冷冻剂直接接触,以保证途中样品不升温或融化,必要时可于途中补加冷却剂或冷冻剂。运送水样时应避免玻璃瓶摇动致使水样溢出后又回流瓶内,从而增加污染。如不能由专人携带送样,也可托运。托运前必须将样品包装好,应能防破损、防冻结、防腐和防冷冻样品升温或融化。在包装上应注明"防碎""易腐""冷藏"等字样。同时做好样品运送记录,写明运送条件、日期、到达地点及其他需要说明的情况,并由运送人签字。

5. 样品的接收

在接收样品时,实验室应与送样人共同确认样品与委托单上的内容是否一致。确认内容一般包括:品名,检验目的,检验项目,形状和包装状况(固体、粉状、冷冻、冷藏、零售、批发、无菌包装等),抽样数量(个数和质量),抽样日期及送达日期,抽样地点,随货样附带的许可申请单编号,生产国或者生产厂家名称(进口商品),抽样者的单位、姓名及有无封印,其他搬运、储存、检验时的注意事项。

6. 样品的保存

实验室接到样品后应在 36 h 内进行检测(贝类样品通常要在 6 h 内检测),对不能立即进行检测的样品,要采取适当的方式进行保存,使样品在检测之前维持取样时的状态,即样品的检测结果能够代表整个产品。实验室应有足够和适当的样品保存设施,如冰箱或冰柜等。

保存的样品应进行必要和清晰的标记,内容包括样品名称、描述、批号、企业名称、地址,取样人,取样时间,取样地点,取样温度(必要时),测试目的等;样品在保存过程中应保持密封状态,以防止引起样品 pH 的变化。不同类型的样品,保存方法不同。

1)易腐样品:要用保温箱或采取必要的措施使样品处于低温状态(0~4℃),应在取样后尽快送至实验室,并保证样品送至实验室时不变质。易腐的非冷冻食品检测前不应冷冻保存(除非不能及时检测)。如需要短时间保存,应在 0~4℃条件下冷藏保存,且应尽快检验(一般不应超过 36 h),因为保存时间过长会造成样品中嗜冷细菌的生长和嗜温细菌的死亡。

2)冷冻样品:要用保温箱或采取必要的措施使样品处于冷冻状态,送至实验室前样品不能融解、变质。冰冻样品要密闭后置于冷冻冰箱(通常为 -20℃冰箱),检测前要始终保持冷冻状态,防止样品暴露在二氧化碳气体中。

3)其他样品:应用塑料袋或类似的材料密封保存,注意不能使其吸潮或水分散失,并要保证从取样到实验室进行检验的过程中其品质不变。必要时可使用冷藏设备。

二、生物待检样品的制备

(一)植物待检样品的制备

1. 新鲜样品的制备

测定植物样品中易转化或易降解的物质(如酚、氰、有机农药等),以及多汁的瓜果、蔬菜样品时，应在新鲜状态下进行测定。制备这些样品时，先将各样品用清水、去离子水（或重蒸馏水）洗净（受大气污染的样品还应先用洗涤剂洗），并用干净纱布轻轻擦洗。然后切碎、混合均匀。例如，蔬菜样品可称取 100 g 放入电动捣碎机的捣碎杯中，加同样质量的蒸馏水或去离子水，含水分多的样品（如熟透的番茄）也可以不加水，含水分少的样品可加两倍于样品质量的水。待检样品按实际质量称量。打碎制成匀浆状。含纤维较多或较硬的样品，如禾本科植物茎秆、叶等，不能用捣碎机捣碎，可用不锈钢刀或剪刀切（剪）成小碎块或碎片，混合均匀备用。

2. 烘干样品的制备

用干样进行检测的样品通常要经过如下处理。

（1）污物的清除　任何灰尘、泥土、肥料、农药等沾污物均会影响测定结果的准确性，因此必须在烘样前擦刷或用清水、0.1%～0.3% 的去污物剂、去离子水等清除样品上的污物，清洗的操作必须迅速，以免溶液和样品长时间接触而引起某些成分如钾、钙的损失。

（2）样品的烘干　经擦净或洗净的样品，如果不用新鲜样品进行测定，最好尽快在鼓风干燥箱（或在低温真空干燥箱中）烘干，以防发霉变质，并减少化学和生物变化。烘干时要注意采用适宜的温度，温度过高会引起易挥发元素的损失。

（3）样品的研磨　为使样品的组成更为均匀和易于处理，须将烘干的样品进行研磨粉碎并混合均匀，谷类的果实样品须先脱壳再进行粉碎。

用于测定金属元素的样品，研磨时应注意金属器械对样品的污染问题。例如，测定样品中的铬等含量时，不能用钢制粉碎机，而用玻璃研钵碾碎，过筛最好用尼龙筛，否则会有锰、镍等元素的污染。总之，在测定样品中的微量元素时，最好是使用玛瑙研钵将样品研碎，以免因再次受到污染而引起误差。粉碎磨好的样品储存于聚乙烯瓶或磨口广口玻璃瓶中备用。

（二）动物待检样品的制备

1. 血液、尿液、唾液、粪样待检样品的制备

（1）血液

1）血样的采集：供测定的血样应能代表整个血液药物浓度。若能从动脉或心脏取血最为理想，但只能用于动物，不能用于人。动物采血可根据不同种类及实验需要，采取适当的方法。例如，大鼠、小鼠可由尾动脉、静脉、心脏、眼眶取血或断头取血等，家兔可由耳缘静脉、颈静脉等多处取血，犬可由前、后肢静脉等处取血。对于人，通常采用静脉取血（成人从肘正中静脉取血，小儿从颈外静脉取血）。静脉取血一般将注射器针头插入静脉血管进行抽取。抽取的血液转移至试管或其他容器时应缓缓压出，以防血细胞破裂。

血样抽取量常受到一定的限制。人体药代动力学研究需要在多个时间点（一般为 12～20 个点）取样，每次由前臂静脉取血 3～5 ml。随着高灵敏度测定方法的建立，取样量可继续降低，从而更易为受试者接受。实验动物取血量应注意是否超过了动物的生理承受能力，一般采集量为 1～5 ml（＜动物总血量的 1/10），应避免溶血。

2）血样的制备。

A. 全血的制备：环境生物测定中所用的全血是抗凝的全血，即在取出人（或动物）的血液后，必须立即与适量的抗凝剂充分混合，以免血液凝固。为了使血液注入容器后均匀地与抗凝剂接触，必须使抗凝剂在容器底部铺成薄层，这可通过在烘干时转动容器来实现。取血量为数毫升时一般用试管储血。用上述方法准备的加有抗凝剂的试管称为抗凝试管。

B．血浆的制备：环境生物污染测定中所用的血浆也是抗凝血浆。制备方法是将抗凝血 4000 r/min 离心 5～10 min，使血细胞下沉，这样所得的上清即为血浆。在血浆制备过程中应防止溶血，故要求采取血液时所用的注射器、针头等都必须清洁干燥，取得全血后也要避免剧烈振荡。

C．血清的制备：血清是指血液凝固后自行析出的液体。制备血清的方法是采取血液不加抗凝剂，在室温下使其凝固，通常经 3 h 后血块收缩析出血清，3000 r/min 离心 5～10 min，吸取上清即为血清。制备血清也要防止溶血，故所用设备必须干燥，且在血块收缩后及早分出血清。

D．无蛋白质血液的制备：在环境生物污染测定中有时需避免蛋白质的干扰（常与试剂发生反应形成浑浊或沉淀），常用沉淀蛋白质的试剂除去血液中的蛋白质，而保留应测定的化学成分，这种操作称为无蛋白质血液的制备。无蛋白质血液的制备应根据具体检测要求来选择沉淀蛋白质的试剂。

（2）尿液　　尿液一般为淡黄色，成人日量 1～5 L，pH 4.8～8.0。

尿药测定主要用于药物剂量回收、药物代谢及生物利用度研究，也可用于乙酰化代谢和氧化代谢快、慢型测定等。因为尿药浓度通常变化较大，所以应测定一定时间内排入尿中药物的总量，这就要同时测定在规定时间内的尿量（体积）及尿药浓度。

在所有体液样品中，尿样最容易获得，并且样品量大，取样次数可以增加，内含药物（母体药物及代谢物）浓度高。健康人的尿液中不含蛋白质，不需除蛋白质，因此常用于药物体内代谢研究。

尿液的主要成分是水、尿素及盐类。它是一种良好的细菌培养基，因而需立即冷藏或进行防腐处理，否则细菌会很快繁殖而引起尿素分解，产生氨气，夏天进行得更快，除产生异常气味外，还有可能导致样品分解。一般可置 4℃冰箱内冷藏。若欲在室温下保存，应在收集尿样后，立即加入防腐剂（常用的防腐剂有甲苯、氯仿），或改变尿液的酸碱性以抑制细菌的繁殖。加入的防腐剂是否干扰测定或与被测组分发生化学反应，应由实验验证，以便选取合适的防腐措施。

（3）唾液　　唾液由腮腺、舌下腺和颌下腺三腺体分泌汇集而成。某些药物在唾液中的浓度与血浆浓度密切相关，因此可利用唾液中的药物浓度反映血浆中的药物浓度。由于唾液样品采集时无伤害、无痛苦，取样不受时间、地点的限制，因而样品容易获得。一般成人每日分泌唾液 1～1.5 L。唾液的相对密度为 1.003～1.008，黏度是水的 1.9 倍；唾液的 pH 为 6.2～7.6，分泌量增加时趋向碱性而接近血液的 pH。通常得到的唾液含有黏蛋白。

唾液的采集应尽可能在刺激少的安静状态下进行，采集前应漱口，除去口腔中的食物残渣。漱口后 15 min，用插入漏斗的试管接收自然流出的唾液，采集时间＞10 min。采集后 3000 r/min 离心 10 min，分取上清作为测定药物浓度的样品。

也可采用物理方法（嚼石蜡片等）或化学方法（广泛应用的是柠檬酸或维生素 C 等，有的将约 10 mg 柠檬酸结晶放在舌尖上，或者将 10% 的柠檬酸溶液喷在舌头上，弃去开始时的唾液后再取样）刺激，在短时间内得到大量唾液，但这样可能影响唾液中的药物浓度。

唾液中的黏蛋白决定了唾液的黏度，它是在唾液分泌后受唾液中的酶催化而生成的。为阻止黏蛋白的生成，应将唾液在 4℃以下保存。如果分析时没有影响，则可用碱处理唾液，使黏蛋白溶解而降低黏度。唾液在保存过程中会放出 CO_2，而使 pH 升高，需要测定唾液 pH 时，在取样时测定较好。冷冻保存的唾液解冻后应将样品混匀后使用，以免产生误差。需要指出的是，只有唾液中药物浓度与血清中药物的总浓度有一定的比值时，唾液中药物浓度的监测才有意义。

（4）粪样　　新鲜粪便收集之后应立即冷冻处理。因粪便内含有大量蛋白质，且微量药物包含在大量固体食物残渣中，给药物的分离和测定都带来不便。因此，必须采取蛋白质变性处理及药物分离、纯化等措施。

2. 动物组织待检样品的制备

离体不久的组织在适宜的温度和 pH 条件下，可以进行一定程度的物质代谢。因此在生物测定中，常利用离体组织制成不同的组织样品，用来研究生物化学变化。常用的组织制品有组织糜、组织匀浆、组织提取液。

1）组织糜：将新鲜组织用剪刀迅速剪碎，再与砂及适当的缓冲液混合，磨碎或用绞肉机绞成糜状。

2）组织匀浆：新鲜组织称量后剪碎，加入适当的匀浆制备液，用高速组织捣碎机搅碎组织而制成匀浆。如果组织量较少，可在剪碎组织后用组织匀浆器磨成匀浆。

3）组织提取液：将组织匀浆用细纱布过滤后得到的液体或经离心去沉淀后的上清，即为组织提取液。

（三）生物样品的去活

为防止含酶样品中被测组分的进一步代谢，采样后必须立即终止酶的活性。常采用的方法有液氮中快速冷冻、微波照射、匀浆及沉淀、加入酶活性阻断剂（通常加入氟化钠）等。另外，某些生物样品中的药物易被空气氧化。例如，儿茶酚类中的阿扑吗啡具有邻苯二酚结构，易被空气氧化产生醌类杂质，若收集的血浆样品不加抗氧化剂直接在 -15℃冷藏，仅能稳定 4 周，但加入维生素 C（抗坏血酸）后，则可稳定 10 周。又如，卡托普利，由于采血后该药仍会被血浆中的酶继续氧化，使血药浓度大大降低，必须在低温下立即分离出血浆并加入抗氧化剂及稳定剂，以防止体外继续代谢。对于见光易分解的药物（如硝苯地平），在采集生物样品时还需注意避光。

三、生物分子的制备

（一）生物分子制备的特点

生物分析对象包括蛋白质、多肽、核酸、多糖等生物大分子和具有生物活性的小分子化合物。与化学产品的分离制备相比，生物样品的制备有以下主要特点。

第一，生物材料的组成极其复杂，常常包含数百种乃至几千种化合物。其中许多化合物至今还是个谜，有待人们研究与开发。有的生物分子在分离过程中还在不断代谢，因此生物分子的分离纯化方法差别极大，想找到一种适合各种生物分子分离制备的标准方法是不可能的。

第二，许多生物分子在生物材料中的含量极微，只有万分之一、几十万分之一，甚至几百万分之一。分离纯化的步骤繁多，流程又长，有的目的产物要经过十几步、几十步的操作才能达到所需纯度的要求。例如，由脑垂体组织取得某些激素的释放因子，要用几吨甚至几十吨的生物材料，才能提取出几毫克的样品。

第三，许多生物分子一旦离开了生物体内环境就极易失活，因此分离过程中如何防止其失活是生物分子提取制备的最困难之处。过酸、过碱、高温、剧烈的搅拌、强辐射及本身的自溶等都会使生物分子变性而失活，因此分离纯化时一定要选用最适宜的环境和条件。

第四，生物分子的制备几乎都是在溶液中进行的，温度、pH、离子强度等各种参数对溶液中各种组成的综合影响很难准确估计和判断，因而实验结果常有很大的经验成分，实验的重复性较差，个人的实验技术水平和经验对实验结果会有较大的影响。

（二）生物分子制备的步骤

生物分子的制备通常可按以下步骤进行：①确定制备生物分子的目的和要求，是进行科研、开发还是要发现新的物质；②建立相应的、可靠的分析测定方法；③通过文献调研和预备性实验，掌握目的生物分子的物理化学性质；④生物材料的破碎和预处理；⑤分离纯化方案的选择和探索，这是最困难的过程；⑥生物分子制备物的均一性（纯度）的鉴定，要求达到一维电泳一条带，二维电泳一个点，或高效液相色谱（HPLC）和毛细管电泳（CE）都是一个峰；⑦产物的浓缩、干燥和保存。

（三）生物分子分析与检测方法

分析与测定的方法主要有两类：生物学的测定方法和物理学、化学的测定方法。生物学的测定方法主要有酶的各种测活方法、蛋白质含量的各种测定法、免疫化学方法、放射性同位素示踪法等；物理学、化学的测定方法主要有比色法、气相色谱和液相色谱法、光谱法（紫外/可见、红外和荧光等分光光度法）、电泳法及核磁共振等。实际操作中尽可能多用仪器分析方法，以使分析测定更加快速、简便。

生物大分子制备物均一性（纯度）的鉴定，通常只采用一种方法是不够的，必须同时采用 2 或 3 种不同的纯度鉴定法才能确定。蛋白质和酶制成品纯度的鉴定最常用的方法是 SDS-聚丙烯酰胺凝胶电泳和等电聚焦电泳，如能再用高效液相色谱和毛细管电泳进行联合鉴定则更为理想，必要时再做 N 端氨基酸残基的分析鉴定，过去曾用的溶解度法和高速离心沉降法，现已很少使用。核酸的纯度鉴定通常采用琼脂糖凝胶电泳和聚丙烯酰胺凝胶电泳，但最方便的还是紫外吸收法，即测定样品于 pH 7.0 时在波长 260 nm 与 280 nm 处的光密度（OD_{260} 和 OD_{280}），从 OD_{260}/OD_{280} 即可判断核酸样品的纯度。

要了解的生物分子的物理、化学性质主要有：①在水和各种有机溶剂中的溶解性；②在不同温度、pH 和各种缓冲液中的稳定性；③固态时在不同温度、含水量的稳定性和冻干时的稳定性；④各种物理性质，如分子大小、穿膜能力、带电情况、在电场中的行为、离心沉降表现、在各种凝胶与树脂等填料中的分配系数等；⑤其他化学性质，如对各种蛋白酶、水解酶的稳定性和对各种化学试剂的稳定性；⑥对其他生物分子的特殊亲和力等。

制备生物大分子的分离纯化方法多种多样，主要是利用它们之间特异性的差异，如分子的大小、形状、酸碱性、溶解性、溶解度、极性、电荷和与其他分子的亲和性等。各种方法的基本原理基本上可以归纳为两个方面：一是利用混合物中几个组分分配系数的差异，把它们分配到两个或几个相中，如盐析、有机溶剂沉淀、层析和结晶等；二是将混合物置于某一物相（大多数是液相）中，通过物理力场的作用，使各组分分配于不同的区域，从而达到分离的目的,如电泳、离心、超滤等,目前纯化蛋白质等生物大分子的关键技术是电泳、层析和高速与超速离心。由于生物大分子不能加热熔化和汽化,因此所能分配的物相只限于固相和液相,在此两相之间交替进行分离纯化。在实际工作中往往要综合运用多种方法,才能制备出高纯度的生物大分子。

纯化生物分子时总是希望纯度和产率都高。例如,纯化某种酶,理想的结果是比活力和总回收率都高,但实际上两者不能兼得,通常在科研上希望比活力尽可能得高,可牺牲一些回收率,而在工业生产上则正好相反。

(四)材料的选择

制备生物分子,首先要选择适当的生物材料。材料的来源无非是动物、植物和微生物及其代谢产物。从工业生产角度选择材料,应选择含量高、来源丰富、制备工艺简单、成本低的原料,但往往这几方面的要求不能同时具备。含量丰富但来源困难,或含量、来源较理想,但材料的分离纯化方法烦琐,流程很长,反倒不如含量低但易于获得纯品的材料。由此可见,必须根据具体情况,抓住主要矛盾决定取舍。从科研工作的角度选材,则只需考虑材料符合实验预定的目标要求即可。除此之外,选材还应注意植物的季节性、地理位置和生长环境等。选动物材料时要注意其年龄、性别、营养状况、遗传素质和生理状态等。例如,动物在饥饿时,脂类和糖类含量相对减少,有利于生物分子的提取分离。选微生物材料时要注意菌种的代数和培养基成分等之间的差异。例如,在微生物的对数期,其酶和核酸的含量较高,可获得较高的产量。

材料选定后要尽可能保持新鲜,尽快加工处理,动物组织要先除去结缔组织、脂肪等非活性部分,绞碎后在适当的溶剂中提取,如果所要求的成分在细胞内,则要先破碎细胞。植物要先去壳、除脂。微生物材料要及时将菌体与发酵液分开。生物材料如暂不提取,应冰冻保存。动物材料则需深度冷冻保存。

(五)细胞的破碎

除了某些细胞外的多肽激素和某些蛋白质及酶,对于细胞内或多细胞生物组织中的各种生物分子的分离纯化,都需要事先将细胞和组织破碎,使生物分子充分释放到溶液中,并不丢失其生物活性。不同的生物体或同一生物体的不同部位的组织,其细胞破碎的难易程度不同,使用的方法也不相同,如动物脏器的细胞膜较脆弱,容易破碎,植物和一些微生物由于具有较坚固的细胞壁,要采取专门的细胞破碎方法。

1. 机械法

1)研磨:将剪碎的动物组织置于研钵或匀浆器中,加入少量石英砂进行研磨或匀浆,即可将动物细胞破碎,这种方法比较温和,适宜实验室使用。工业生产中可用电磨研磨。细菌和植物组织细胞的破碎也可用此法。

2)组织捣碎器:这是一种较剧烈的破碎细胞的方法,通常可先用家用食品加工机将组织打碎,然后再用 10 000~20 000 r/min 的内刀式组织捣碎机(高速分散器)将组织细胞打碎,为了防止发热和升温过高,通常是工作 10~20 s、停 10~20 s,可反复多次。

2. 物理法

1)反复冻融法:将待破碎的细胞冷冻至 −20~−15℃,然后放于室温(或40℃)迅速融化，如此反复冻融多次，细胞内形成的冰粒使剩余的细胞液的盐浓度升高，进而引起细胞溶胀破碎。

2）超声波处理法：此法是借助超声波的振动力来破碎细胞壁和细胞器。破碎细菌和酵母菌时，时间要长一些，处理效果与样品浓度和使用频率有关。使用时注意降温，防止过热。

3）压榨法：这是一种温和的、彻底破碎细胞的方法。在 $1000 \times 10^5 \sim 2000 \times 10^5$ Pa 的高压下使几十毫升的细胞悬液通过一个小孔突然释放至常压，细胞将彻底破碎。这是一种较理想的破碎细胞的方法，但仪器费用较高。

4）冷热交替法：从细菌或病毒中提取蛋白质和核酸时可用此法。在 90℃ 左右维持数分钟，立即放入冰浴中使之冷却，如此反复多次，绝大部分细胞可以被破碎。

3. 化学与生物化学方法

1）自溶法：将新鲜的生物材料存放于一定的 pH 和适当的温度条件下，细胞结构在自身所具有的各种水解酶（如蛋白酶和酯酶等）的作用下发生溶解，使细胞内含物释放出来，此法称为自溶法。使用时要特别小心操作，因为水解酶不仅可以破坏细胞壁和细胞膜，同时也可能会分解某些要提取的有效成分。

2）溶胀法：细胞膜为天然的半透膜，在低渗溶液和低浓度的稀盐溶液中，由于存在渗透压差，溶剂分子大量进入细胞，将细胞膜胀破释放出细胞内含物。

3）酶解法：利用各种水解酶，如溶菌酶、纤维素酶、蜗牛酶和酯酶等，于 37℃、pH 8 条件下处理 15 min，可以专一性地将细胞壁分解，释放出细胞内含物，此法适用于多种微生物。例如，从某些细菌细胞提取质粒 DNA 时，可采用溶菌酶（来自蛋清）破坏细胞壁，而在破碎酵母细胞时，常采用蜗牛酶（来自蜗牛），将酵母细胞悬于 0.1 mmol/L 柠檬酸 - 磷酸氢二钠缓冲液（pH 5.4）中，加 1% 蜗牛酶，在 30℃ 处理 30 min，即可使大部分细胞壁破裂，如同时加入 0.2% 巯基乙醇效果会更好。此法可以与研磨法联合使用。

4）有机溶剂处理法：利用氯仿、甲苯、丙酮等脂溶性溶剂或十二烷基硫酸钠（sodium dodecylsulfate，SDS）等表面活性剂处理细胞，可将细胞膜溶解，从而使细胞破裂，此法也可以与研磨法联合使用。

（六）生物分子的提取

提取是在分离纯化之前将经过预处理或破碎的细胞置于溶剂中，使被分离的生物分子充分地释放到溶剂中，并尽可能保持其天然状态而不丢失生物活性的过程。这一过程是将目的产物与细胞中其他化合物和生物分子分离，即由固相转入液相，或从细胞内的生理状况转入外界特定的溶液中。

影响提取的因素主要有：目的产物在提取溶剂中溶解度的大小；由固相扩散到液相的难易程度；溶剂的 pH 和提取时间等。一种物质在某一溶剂中溶解度的大小与该物质的分子结构及所用溶剂的理化性质有关。一般来说，极性物质易溶于极性溶剂，非极性物质易溶于非极性溶剂；碱性物质易溶于酸性溶剂，酸性物质易溶于碱性溶剂；温度升高，溶解度加大，远离等电点的 pH，溶解度增加。提取时所选择的条件应有利于目的产物溶解度的增加和保持其生物活性。

1. 水溶液提取

蛋白质和酶的提取一般以水溶液为主。稀盐溶液和缓冲液对蛋白质的稳定性好，溶解度大，是提取蛋白质和酶最常用的溶剂。用水溶液提取生物大分子时应注意以下几个主要影响因素。

1）盐浓度（离子强度）：离子强度对生物分子的溶解度有极大的影响，有些物质，如 DNA- 蛋白质复合物，在高离子强度下溶解度增加，而另一些物质，如 RNA- 蛋白质复合物，在低离子强度下溶解度增加，在高离子强度下溶解度减小。绝大多数蛋白质和酶，在低离子强度的溶液中都有较大的溶解度，如在纯水中加入少量中性盐，蛋白质的溶解度比在纯水时大大增加，称为"盐溶"现象。但中性盐增加至一定浓度时，蛋白质的溶解度又逐渐下降，直至沉淀析出，称为"盐析"现象。盐溶现象的产生主要是少量离子的活动减少了偶极分子之间极性基团的静电吸引力，增加了溶质和溶剂分子间相互作用力的结果。所以低盐溶液常用于大多数生化物质的提取。通常使用 0.02～0.05 mol/L 缓冲液或 0.09～0.15 mol/L NaCl 溶液提取蛋白质和酶。不同的蛋白质极性大小不同，为了提高提取效率，有时需要降低或提高溶剂的极性。向水溶液中加入蔗糖或甘油可使其极性降低，增加离子强度［如加入 KCl、NaCl、NH_4Cl 或（NH_4）$_2SO_4$］可以增加溶液的极性。

2）pH：蛋白质、酶与核酸的溶解度和稳定性与 pH 有关。过酸、过碱均应尽量避免，一般将 pH 控制在 6～8，提取溶剂的 pH 应在蛋白质和酶的稳定范围内，通常选择偏离等电点的两侧。碱性蛋白质选在偏酸一侧，酸性蛋白质选在偏碱一侧，以增加蛋白质的溶解度，提高提取效率。例如，胰蛋白酶为碱性蛋白质，常用稀酸提取，而肌肉甘油醛 -3- 磷酸脱氢酶属酸性蛋白质，则常用稀碱来提取。

3）温度：为防止变性和降解，制备具有活性的蛋白质和酶，提取时一般在 0～5℃的低温条件下操作。但少数对温度耐受力强的蛋白质和酶，可提高温度使杂蛋白变性，有利于提取和下一步的纯化。

4）防止蛋白酶或核酸酶的降解作用：在提取蛋白质、酶和核酸时，常常由于提取物自身存在的蛋白酶或核酸酶的降解作用而导致实验失败。为防止这一现象的发生，常常采用加入抑制剂或调节提取液的 pH、离子强度或极性等方法使这些水解酶失去活性，防止它们对欲提纯的蛋白质、酶及核酸的降解。例如，在提取 DNA 时加入乙二胺四乙酸（EDTA）以络合 DNase 活化所必需的 Mg^{2+}。

5）搅拌与氧化：搅拌能促使被提取物的溶解，一般以温和搅拌为宜，速度太快容易产生大量泡沫，增大与空气的接触面，引起酶等物质的变性失活。因为一般蛋白质都含有相当数量的巯基，有些巯基常常是活性部位的必需基团，若提取液中有氧化剂或与空气中的氧气接触过多都会使巯基氧化为分子内或分子间的二硫键，导致酶活性的丧失。在提取液中加入少量巯基乙醇或半胱氨酸可防止巯基氧化。

2. 有机溶剂提取

一些和脂类结合比较牢固或分子中非极性侧链较多的蛋白质和酶难溶于水、稀盐、稀酸或稀碱中，常用不同比例的有机溶剂提取。常用的有机溶剂有乙醇、丙酮、异丙醇、正丁酮等，这些溶剂可以与水互溶或部分互溶，同时具有亲水性和亲脂性，其中正丁醇于 0℃时在水中的溶解度为 10.5%，40℃时为 6.6%，同时又具有较强的亲脂性，因此常用来提取与脂结合较牢或含非极性侧链较多的蛋白质、酶和脂类。例如，植物种子中的玉米醇溶蛋白、麸蛋白，常用 70%～80% 的乙醇提取，动物组织中一些线粒体及微粒上的酶常用正丁醇提取。

有些蛋白质和酶既溶于稀酸、稀碱，又溶于含有一定比例的有机溶剂的水溶液，在这种情况下，采用稀有机溶液提取常常可以防止水解酶被破坏，并兼有除去杂质、提高纯化效率的作用。例如，胰岛素可溶于稀酸、稀碱和稀醇溶液，但在组织中与其共存的糜蛋白酶对胰岛素有极高的水解活性，因而采用6.8%乙醇溶液并用草酸调节溶液的pH为2.5～3.0进行提取，这样可从以下三个方面抑制糜蛋白酶的水解活性：①6.8%的乙醇可以使糜蛋白酶暂时失活；②草酸可以除去激活糜蛋白酶的Ca^{2+}；③pH 2.5～3.0是糜蛋白酶不宜作用的pH。以上条件对胰岛素的溶解性和稳定性都没有影响，却可除去一部分在稀醇与稀酸中不溶解的杂蛋白。

（七）生物分子的分离纯化

由于生物体的组成成分极其复杂，数千种乃至上万种生物分子又处于同一体系中，因此不可能有一个适合于各类分子的固定分离程序，但多数分离工作关键部分的基本手段是相同的。为了避免盲目性，节省实验探索时间，要认真参考和借鉴前人的经验，少走弯路。常用的分离纯化方法和技术有沉淀（包括盐析、有机溶剂沉淀、选择性沉淀等）、离心、吸附层析、凝胶过滤层析、离子交换层析、亲和层析、快速制备型液相色谱及等电聚焦制备电泳等。

四、生物样品的储存处理

生物样本是生物学、医学研究的基础，其质量在很大程度上决定着研究结果的准确性和可靠性。由于实验设计的要求，如药代动力学研究，必须在一定时间内采集大量的样品，受分析速度的限制，往往不能做到边采样边分析，需将部分样品适当储存。一旦保存不当，辛苦制成的样品会失活、变性、变质，使前面的全部制备工作化为乌有，损失惨重。

（一）影响生物样品保存的主要因素

1. 空气

空气的影响主要是潮解、微生物污染和自动氧化。空气中微生物的污染可使样品腐败变质，样品吸湿后会引起潮解变性，同时也为微生物污染提供了有利的条件。某些样品与空气中的氧接触会自发引起游离基链式反应，还原性强的样品易氧化变质和失活，如维生素C、巯基酶等。

2. 温度

每种生物分子都有其稳定的温度范围，温度每升高10℃，氧化反应速率会加快数倍，酶促反应速率增加1～3倍。因此绝大多数样品都需低温保存，以抑制氧化、水解等化学反应和微生物的污染。

3. 水分

水分包括样品本身所带的水分和由空气中吸收的水分。水可以参加水解、酶解、水合和加合，加速氧化、聚合、解离和霉变。

4. 光线

某些生物分子可以吸收一定波长的光，使分子活化而不利于样品保存，尤其是日光中的紫外线，其能量大，对生物分子制品的影响也最大，样品受光催化的反应有变色、氧化和分解等，通称为光化作用。因此样品通常都要避光保存。

5. pH

保存液态样品时需注意其稳定的 pH 范围，通常可从文献和手册中查得或做实验求得，正确选择保存液态样品的缓冲剂的种类和浓度十分重要。

6. 时间

生化和分子生物学样品不可能永久存活，不同的样品有不同的有效期，因此保存的样品必须写明日期，定期检查和处理。

（二）生物样品的保存方法

1. 冷冻保存

冷冻既可以终止样品中酶的活性，又可以储存样品。在某些情况下若收集的样品来不及冷冻处理，可先将其置于冰中，然后再进行冷冻储存。冷冻时，若使用玻璃容器储存样品，需注意防止温度骤降而使容器破裂，造成样品损失或污染。而塑料容器常含有高沸点的增塑剂，可能释放到样品中造成污染，还会吸留某些药物，引起分析误差。某些药物特别是碱性药物会被玻璃容器表面吸附，影响样品中药物的定量回收，因此必要时应将玻璃容器进行硅烷化处理。

血液和血清样品采集后应及时分离，不超过 2 h，分离后 4℃冷藏或 -20℃冷冻；尿液样品应立即测定，不能立即测定的应加防腐剂后置冰箱 4℃冷藏或 -20℃冷冻；唾液样品需测 pH 时，应取样后立即测定；冷冻的样品，须解冻且充分搅拌后再测定，解冻的样品应一次性测完。

2. 深低温冻存

有研究表明，-25℃低温冻存约 1 年后，组织中的蛋白质活性发生了显著下降。相比之下，深低温冻存（-196~-80℃）的保存效果更佳，已成为一种广为接受的生物样品长期（15 年以上）保存方式。目前，液氮保存（-196℃）是公认的最可靠的样品保存方式，样品在此温度可长期保持稳定。然而，由于样品完全浸没在液氮中，游离的组织碎片可能会带来生物交叉污染的潜在风险，因此催生了气相液氮（-150℃）这种新型保存方式。所谓气相液氮保存，就是将样品置于气相氮的包围之中，可以很好地避免交叉污染的风险。此外，还可以通过电力冰箱制冷达到 -150℃ 的深低温。对于 -150℃ 深低温的保存效果，目前虽缺乏长期数据支持，但从理论上说，该温度应该可以满足样品的长期保存需求。因为 -137℃ 是水的玻璃化温度，低于此温度能导致细胞内容物降解的一切生化反应均处于失活状态，可长期保存样品并保证其质量。

在不具备液氮保存条件的生物样品库，也可考虑使用 -80℃ 深低温冰箱代替液氮来保存组织样品。组织长期保存在 -80℃ 环境，可以很好地保护其内部的蛋白质成分，也可以提取到高质量的 RNA，与冻存在气相液氮（-150℃）中相比没有显著差异；但也有研究发现，组织冻存在 -80℃ 深低温环境，虽然其 DNA 产量、完整性及 RNA 产量可以维持长达 7 年而不发生明显改变，但其 RNA 完整性在冻存 5 年后开始下降。因此，有研究者建议将组织小份分装，加入 RNA 特异性稳定剂后再冻存于 -80℃ 环境，更有利于组织内 RNA 的保存。

关于蛋白质的保存，目前以深低温冻存为主，可以很好地保护其稳定性。也有研究表明，冻存之前添加蛋白保护剂，如海藻糖等，保存效果更佳。除此之外，有研究者对组织进行苏木精 - 伊红染色，发现组织于 −80℃ 深低温冻存 27 年后，光镜下其形态结构仍保持良好状态。以上研究证明，在不具备液氮保存条件时，生物样品小份分装并根据需要结合核酸稳定剂后冻存在 −80℃ 深低温环境，可以长期有效地保护其质量，以满足多种下游实验的需要。

但存在诸如运输和操作不便、能源消耗大、空间利用率低等缺点和风险。

3. 常温保存

常温保存技术的原理可类比线虫的脱水休眠现象，利用某些特殊技术或容器将脱水干燥后的样品置于密闭环境中，隔绝水、空气、微生物等有害因素；或者向生物样品中添加保护剂，保护剂渗入组织细胞内部，使相关酶失活，从而达到常温环境下保护样品的目的。

在实际的科研中，除了直接保存生物样品之外，也可以将后续实验所需的生物分子提取出来加以保存。因此，在研究样品常温保存方式的同时，研发人员也致力于探索如何在常温环境下有效保存样品提取产物的方法。

（1）特殊技术或容器

1）石蜡包埋：石蜡包埋技术被广泛应用于组织学、免疫组织化学等领域，技术成熟，历史悠久。一直以来，科学家都致力于从石蜡包埋组织中提取高质量的核酸，用于分子生物标志物的检测，但是结果并不乐观，不利于多元化、充分利用样品。在石蜡包埋操作之前，组织的固定非常重要。甲醛液因其固定效果好，且不会影响组织形态，一直以来都是石蜡包埋技术中应用最广泛的一种组织固定液。但甲醛会对组织内部的生物分子进行化学修饰，并且在蛋白质与核酸之间形成交叉连接，从而影响生物分子的质量。因此近年来，为了从石蜡包埋组织中得到高质量的生物分子，对新型组织固定液的研究不断发展。

以 PAXgene 为例，这是一种不含甲醛成分的新型组织固定液。研究发现，与新鲜冰冻组织相比，组织经 PAXgene 或甲醛固定后，其 RNA 完整性都有所降低，但 RNA 完整值（RNA integrity number，RIN）仍大于 7，在公认许可范围之内。完成后续石蜡包埋操作后，甲醛固定石蜡包埋组织中所得 RNA 明显降解，已不适合用于测序等下游实验，而 PAXgene 固定石蜡包埋组织中的 RNA 完整性只发生轻微下降，RIN 仍大于 7。在组织学方面，两种组织切片经苏木精 - 伊红染色后，光镜下未见显著差异，均保持良好的组织形态。由此可见，固定液不同，虽然对石蜡包埋后的组织形态没有影响，但从中提取的 RNA 质量存在显著差异。因此，常规甲醛固定后的石蜡包埋组织目前仍旧是形态及分子病理诊断最主要的样品来源，如能在取材后就使用新型固定液，由此制成的石蜡包埋组织也可用于抽提高质量的 RNA 等生物大分子，用于下游实验。

2）FTA 卡（flinders technology associates card）：是美国 GE 公司下属 Whatman 公司推出的产品，是一种经过专利化学配方浸渍的特制滤纸，内含特殊基质，可以将接触到的细胞裂解，然后与释放出的核酸紧密结合，保护 DNA 的完整性。有研究者从肿瘤组织中分离出肿瘤细胞，用 FTA 卡常温保存后提取 DNA，并与新鲜组织抽提的 DNA 进行质量比较分析，发现两组 DNA 的扩增能力和功能特性并没有显著差异。另有研究发现，全血用 FTA 卡保存也可以得到高质量的 DNA，与 EDTA 抗凝全血中的 DNA 没有显著差异。FTA 卡使用方便，安全稳定，可用于长期常温保存基因组、质粒等，但此方法会将细胞裂解，破坏其形态学结构，故存在一定的局限性，也不适合 RNA 和蛋白质的保存。

3）DNA/RNA shells：是法国 Imagene 公司推出的产品。DNA/RNA shells 是用于保存核

酸的一种容器，核酸脱水处理后置于这种微型金属管，配合后续的特殊包装系统，使其处于无水无氧的密闭环境，隔绝空气、水、光、微生物等因素对样品的影响，实现常温环境长期保存的目的。

（2）样品保护剂

1）DNA/RNA stable：Biomatrica公司推出的产品，是用于DNA或RNA的液相保护剂，核酸样品与之混合孵育后可在内部形成一种热稳定屏障，脱水干燥后核酸可长期保存于常温环境。DNA stable对DNA的常温保存效果已有多项研究进行评估，证实加入DNA stable后，DNA能够长期保存在常温环境下，其完整性不会发生显著变化。同时有研究证实，加入RNA stable后的RNA常温保存4年多，其RIN仍在9以上，可用于下游实验如实时聚合酶链反应（real-time PCR）、测序等。因此，DNA/RNA stable适用于长期常温保存核酸，并有效保护其质量，但目前尚未有可以常温保存蛋白质的类似保护剂。

2）Allprotect：Qiagen公司推出的产品，是一种胶状保护基质，可以渗透入组织内部并对其中的生物分子形成化学保护。将组织浸没于Allprotect后分别置于室温（19℃）和冰箱（4℃、−20℃、−80℃）保存1周。与液氮速冻后转入−80℃的组织保存方式相比，这几种方法保存的生物分子质量没有显著差异。但遗憾的是，Allprotect对组织的长期保存效果不佳。例如，组织浸没于Allprotect后存放于4℃环境，其RNA完整性1周后就开始降低，RIN降至7以下；用蛋白质印迹法（Western blotting）检测到蛋白质表达量在第3周就开始下降。因此，Allprotect仅适用于样品的采集阶段，或者作为一个中转途径，在将样品转移至更稳定的保存环境之前用以暂时保存组织。

3）RNA later：是一种液态组织保护剂，研究发现其可以渗入组织内部对生物分子形成化学保护，从而有效保护组织，同时不会影响下游实验的进行。目前RNA later主要应用于组织的常温保存，适于采集或转移阶段，可以很好地保护组织DNA和RNA，但当下游实验涉及蛋白质分子时，则需根据组织种类选择合适的样品保存方式。

现将生物样品及样品提取物常用保存方式列于表1-1。

表 1-1　生物样品及样品提取物常用保存方式比较

保存方式	用途	原理	优点	缺点
深低温冻存				
−196℃/−150℃	用于样品及样品提取物的长期保存	深低温使酶失活，细胞内生化反应停止	全面保护核酸及蛋白质等各种生物分子，效果稳定	操作及运输有风险，需特定空间，耗费液氮或能源
−80℃	用于样品及样品提取物的长期保存	深低温降低酶活性	全面保护核酸及蛋白质等各种生物分子，效果稳定	RNA需联合特异性稳定剂使用；耗费能源，存在电力崩溃等风险
常温保存				
石蜡包埋	用于样品的长期常温保存	将组织脱水干燥，使核酸及蛋白质相关酶失活	技术成熟，经济方便，空间利用率高；适于多层次研究技术	新型固定液未能广泛投入使用，不适合抽提生物分子
FTA卡	用于DNA、质粒等的长期常温保存	所含特殊基质可使蛋白质降解、核酸酶失活，并使核酸处于脱水干燥状态	使用方便，效果稳定，空间利用率高，可满足DNA相关的多种实验	破坏细胞结构；可保存的样品量较小

续表

保存方式	用途	原理	优点	缺点
常温保存				
DNA/RNA shells	用于 DNA/RNA 的长期常温保存	专用容器，使核酸处于隔绝水、光、微生物等有害因素的环境	安全稳定，空间利用率高，不影响下游实验	样品处理需专业仪器，初期成本高
DNA/RNA stable	用于 DNA/RNA 的长期常温保存	在核酸表面形成保护屏障，隔绝水、光、微生物等有害因素	空间利用率高，核酸回收率高，不影响下游实验	样品处理需专业仪器，初期成本高
Allprotect	用于组织的短期常温保存，适用于组织采集阶段或转移过程	保护剂渗入组织，对内部核酸及蛋白质形成化学保护	使用方便，对组织短期常温保护效果好	常温环境保存组织时间太短，其 RNA 1 周后即发生降解
RNA later	用于组织的短期常温保存，适用于组织采集阶段或转移过程	保护剂渗入组织，对内部核酸及蛋白质形成化学保护	使用方便，保护组织中 RNA 的同时不会影响其中的 DNA	对组织的保护有时间限制，对蛋白质的影响与组织种类相关

第二节　DNA 的提取

脱氧核糖核酸（deoxyribonucleic acid，DNA）是一切生物细胞的重要组成成分，主要存在于细胞核中。从细胞中分离得到的是与蛋白质结合的 DNA，其中还含有大量的 RNA。有效地将 DNA 与蛋白质分开是关键。DNA 不溶于 0.14 mol/L NaCl 溶液，而 RNA 能溶于 0.14 mol/L NaCl 溶液，利用这一性质就可以将 DNA 与 RNA 从破碎细胞浆液中分开。

一、真核细胞 DNA 的提取

本方法获得的 DNA 不仅经酶切后可用于 DNA 印迹法（Southern blotting）分析，还可用于 PCR 模板、文库构建等实验。

（一）实验原理

一般真核细胞基因组 DNA 有 $10^7 \sim 10^9$ bp，可以从新鲜组织、培养细胞或低温保存的组织细胞中提取。制备过程中，细胞破碎的同时就有 DNase 释放到提取液中，使 DNA 因被降解而影响得率。根据材料来源不同，采取不同的材料处理方法，之后的 DNA 提取方法大体类似，但都应考虑以下两个原则：①防止和抑制 DNase 对 DNA 的降解；②尽量减少对溶液中 DNA 的机械剪切破坏作用。

苯酚/氯仿提取 DNA 的原理是利用酚是蛋白质的变性剂，反复抽提，使蛋白质变性，十二烷基硫酸钠（SDS）可将细胞膜裂解，在蛋白酶 K、EDTA 的存在下消化蛋白质、多肽或小肽分子，核蛋白变性降解，使 DNA 从核蛋白中游离出来。DNA 易溶于水，不溶于有机溶剂。蛋白质分子表面带有亲水基团，也容易进行水合作用，并在表面形成一层水化层，使蛋白质分子能顺利地进入水溶液中形成稳定的胶体溶液。当有机溶液存在时，蛋白质的这种胶体稳定性遭到破坏，变性沉淀。离心后有机溶剂在试管底层（有机相），DNA 存在于上层水相中，蛋白质则沉淀于两相之间。苯酚/氯仿抽提的作用是除去未消化的蛋白质。氯仿有助于水相与有机相分离和除去 DNA 溶液中的酚。

（二）材料、试剂与器材

1. 材料

组织或细胞。

2. 试剂

TE 缓冲液 [10 mmol/L Tris-HCl（pH 8.0），1 mmol/L EDTA（pH 8.0）]：1.211 g Tris，0.037 g EDTA-Na$_2$，用 800 ml 双蒸水溶解，用分析纯盐酸调整 pH 至 8.0，加双蒸水定容至 1000 ml。

TBS 缓冲液：25 mmol/L Tris-HCl（pH 7.4），200 mmol/L NaCl，5 mmol/L KCl。

裂解缓冲液：250 mmol/L SDS，使用前加入蛋白酶 K 至 100 mg/ml。

20% SDS，2 mg/ml 蛋白酶 K，Tris 饱和酚（pH 8.0），苯酚 / 氯仿（24∶1），氯仿，无水乙醇，75% 乙醇，3 mol/L 乙酸钠（pH 5.2）等。

3. 器材

匀浆器，离心管，水浴锅，离心机，微量紫外 - 可见分光光度计，电泳仪等。

（三）实验步骤

1. 材料处理

（1）新鲜或冰冻组织处理　　　取组织块 0.3～0.5 cm^3，剪碎，加 0.5 ml TE 缓冲液，转移到匀浆器中匀浆。将匀浆液转移到 1.5 ml 离心管中。加 20% SDS 25 ml，蛋白酶 K（2 mg/ml）25 ml，混匀。60℃水浴 1～3 h。

（2）培养细胞处理　　　将培养细胞悬浮后，用 TBS 缓冲液洗涤一次。4000 r/min 离心 5 min，去除上清。加 10 倍体积的裂解缓冲液。50～55℃水浴 1～2 h。

2. DNA 提取

1）加等体积 Tris 饱和酚至上述样品处理液中，温和、充分混匀 3 min。

2）4000 r/min 离心 10 min，取上层水相到另一 1.5 ml 离心管中。

3）加等体积 Tris 饱和酚，混匀，4000 r/min 离心 10 min，取上层水相到另一离心管中。

4）加等体积苯酚 / 氯仿，轻轻混匀，4000 r/min 离心 10 min，取上层水相到另一离心管中。如水相仍不澄清，可重复此步骤数次。

5）加等体积氯仿，轻轻混匀，4000 r/min 离心 10 min，取上层水相到另一离心管中。

6）加 1/10 体积的 3 mol/L 乙酸钠（pH 5.2）和 2.5 倍体积的无水乙醇，轻轻倒置混匀。

7）待絮状物出现后，4000 r/min 离心 5 min，弃上清。

8）沉淀用 75% 乙醇洗涤，4000 r/min 离心 3 min，弃上清。

9）室温下挥发乙醇，待沉淀接近透明后加 50～100 ml TE 缓冲液溶解过夜。

3. DNA 定量和电泳检测

1）DNA 定量：DNA 在 260 nm 处有最大的吸收峰，蛋白质在 280 nm 处有最大的吸收峰，盐和小分子则集中在 230 nm 处。因此，可以在波长 260 nm 进行分光测定 DNA 浓度，OD 值为 1 相当于大约 50 μg/ml 双链 DNA。如用 1 cm 光径，用 H$_2$O 稀释 DNA 样品 n 倍并以 H$_2$O 为空白对照，根据此时读出的 OD$_{260}$ 值即可计算出样品稀释前的浓度：DNA（mg/ml）= 50×OD$_{260}$× 稀释倍数 /1000。DNA 纯品的 OD$_{260}$/OD$_{280}$ 为 1.8，故根据 OD$_{260}$/OD$_{280}$ 的值可以估计 DNA 的纯度。若比值较高说明含有 RNA，比值较低说明有残余蛋白质存在。

2）电泳检测：取 1 μg 基因组 DNA 用 0.8% 琼脂糖凝胶进行电泳，检测 DNA 的完整性，或多个样品的浓度是否相同。电泳结束后在点样孔附近应有单一的高分子质量条带。

（四）注意事项

1）所有用品均需高温高压灭菌，以灭活残余的 DNase。

2）所有试剂均用高压灭菌双蒸水配制。

3）用大口吸管或吸头操作，以尽量减少打断 DNA 的可能性。

4）用上述方法提取的 DNA 纯度可以满足一般实验（如 DNA 印迹法、PCR 等）的要求，如要求更高，可继续进行 DNA 纯化。

二、外周血 DNA 的提取

（一）实验原理

从全血中分离白膜层，去除其中的红细胞及蛋白质，裂解白细胞释放 DNA，再通过去除 DNA 中的杂质使其纯化，得到高纯度的 DNA 原液，最后使用微量紫外 - 可见分光光度计对 DNA 的浓度及纯度进行定量检测。

（二）材料、试剂与器材

1. 材料

人肘静脉血，应避免反复冻融，否则会导致提取的 DNA 片段较小且提取量下降。

2. 试剂

溶血液：155 mmol/L NH_4Cl，10 mmol/L $NaHCO_3$，1.0 mmol/L EDTA。

Ligsis 缓冲液：133 mmol/L NH_4Cl，0.9 mmol/L NH_4HCO_3，0.1 mmol/L EDTA。

提取缓冲液：10 mmol/L Tris-HCl（pH 8.0），0.1 mmol/L EDTA（pH 8.0），0.5% SDS。

EDTA，1 mg/ml 蛋白酶 K，饱和酚，氯仿 / 异戊醇（24∶1），3mol/L 乙酸钠，无水乙醇，70% 乙醇，磷酸缓冲液（PBS），TE 缓冲液，异丙醇，6 mol/L NaI 等。

3. 器材

离心管，微量移液器，涡旋振荡器，数显恒温搅拌循环水箱，收集管，离心机，微量紫外 - 可见分光光度计，37℃恒温箱等。

（三）实验步骤

1. 分离外周血白细胞

1）取人肘静脉血 5 ml，加 1% EDTA 抗凝，2500 r/min 离心 10 min。

2）小心吸取上层血浆，分装到 3 个 0.5 ml 离心管中。

3）在血细胞中加入 3 倍体积的溶血液，摇匀，冰浴 15 min。

4）2500 r/min 离心 10 min，弃上清。

5）加入 10 ml 溶血液，摇匀，冰浴 15 min。

6）3000 r/min 离心 10 min，弃上清。

7）倒置离心管，去掉残液。

8）得白细胞，-80℃冻存。

取血至分离白细胞之间隔的时间在室温下放置不超过 2 h，4℃放置不超过 5 h，以防白细胞自溶。

2. 氯仿法抽提外周血白细胞 DNA

1）在 500 μl 抗凝血中加入 Ligsis 缓冲液 1000 μl，充分颠混至清亮。以 4000 r/min 离心 5 min，弃上清。

2）沉淀中加入 Ligsis 缓冲液 1500 μl，充分匀浆，6000 r/min 离心 5 min。

3）彻底弃去上清，加入提取缓冲液 500 μl（裂解细胞），混匀，置于 37℃水浴 1 h。

4）加入 8 μl 的蛋白酶 K，颠混，37℃过夜（或 55℃ 3 h，但是 37℃效果要好些）。

5）每管加入 450 μl 饱和酚（取溶液下层）缓慢摇晃 10 min，以 5500 r/min 离心 15 min。

6）取上清，每管加入 250 μl 饱和酚和 250 μl 氯仿/异戊醇，摇匀 10 min，以 5500 r/min 离心 15 min。

7）取上清，每管加入 500 μl 氯仿/异戊醇，摇匀 10 min，以 5500 r/min 离心 15 min。

8）取上清，每管加 50 μl 的 3 mol/L 乙酸钠，加适量无水乙醇（预冷）至满，摇匀放入 -20℃保存 2 h 以上。

9）12 000 r/min 离心 20 min。去上清，加入 70% 乙醇 500 μl，12 000 r/min 离心 5 min，去上清，50~60℃干燥。

10）加入 50 μl 灭菌去离子水，混匀。

3. 苯酚/氯仿提取外周血白细胞 DNA

1）将 1 ml EDTA 抗凝贮冻血液于室温解冻后移入 5 ml 离心管中，加入 1 ml 磷酸缓冲液（PBS），混匀，3500 r/min 离心 15 min，倾去含裂解红细胞的上清。重复一次。用 0.7 ml DNA 提取缓冲液混悬白细胞沉淀，37℃水浴温育 1 h。

2）用上述 DNA 提取液混悬白细胞，37℃水浴温育 1 h 后，加入 1 mg/ml 蛋白酶 K 0.2 ml，至终浓度为 100~200 μg/ml，上下转动混匀，液体变黏稠。50℃水浴保温 3 h，裂解细胞，消化蛋白质。保温过程中应不时上下转动几次，混匀反应液。

3）反应液冷却至室温后，加入等体积的饱和酚溶液，温和地上下转动离心管 5~10 min，直至水相与酚相混匀成乳状液。5000 r/min 离心 15 min，用大口吸管小心吸取上层黏稠水相，移至另一离心管中。重复酚抽提一次。加等体积的氯仿/异戊醇（24:1），上下转动混匀，5000 r/min 离心 15 min，用大口吸管小心吸取上层黏稠水相，移至另一离心管中。重复一次。

4）加入 1/5 体积的 3 mol/L 乙酸钠及 2 倍体积的预冷无水乙醇，室温下慢慢摇动离心管，即有乳白色云絮状 DNA 出现。用玻璃棒小心挑取云絮状 DNA，转入另一 1.5 ml 离心管中，加 70% 乙醇 0.2 ml，以 5000 r/min 离心 5 min。洗涤 DNA，弃上清，去除残留的乙酸钠。重复一次。室温挥发残留的乙醇，但不要让 DNA 完全干燥。加 TE 缓冲液 20 μl 溶解 DNA，置于摇床平台上缓慢摇动，DNA 完全溶解通常需 12~24 h。制成的 DNA 液于 -20℃冰箱保存备用。

4. NaI 提取法提取外周血白细胞 DNA

1）取外周抗凝血（全血）100 μl 于离心管中，12 000 r/min 离心 12 min。

2）弃上清，加双蒸水 200 μl 溶解，摇匀 20 s。

3）混匀后加 6 mol/L NaI 溶液 200 μl，摇匀 20 s。

4）加入氯仿 / 异戊醇（24∶1）400 μl，边加边摇，摇匀 20 s，12 000 r/min 离心 12 min。

5）取上层液 350 μl，加入另一新离心管中，加 3/5 体积异丙醇，摇匀 20 s，室温静置 15 min，15 000 r/min 离心 12 min，使沉淀紧贴离心管壁。

6）弃异丙醇，加 70% 乙醇 1 ml（不振动），15 000 r/min 离心 12 min。

7）弃乙醇，敞开离心管盖，烘干（37℃恒温箱）后，加 TE 缓冲液 30 μl，溶解 DNA 12 h 以上，制成的 DNA 液于 −20℃冰箱保存备用。

三、质粒 DNA 的提取

细菌质粒是一类双链、闭环的 DNA，大小为 1～200 kb。各种质粒都是存在于细胞质中且独立于细胞染色体之外的自主复制的遗传成分，通常情况下可持续稳定地处于染色体外的游离状态，但在一定条件下也会可逆地整合到寄主染色体上，随着染色体的复制而复制，并通过细胞分裂传递给后代。目前已有许多方法可用于质粒 DNA 的提取，本实验采用碱裂解法提取质粒 DNA。

（一）实验原理

碱裂解法是一种应用最为广泛的制备质粒 DNA 的方法，该方法基于染色体 DNA 与质粒 DNA 的变性预复性差异而达到分离目的。在 pH>12 的碱性条件下，染色体 DNA 的氢键断裂，双螺旋结构解开变性。质粒 DNA 的大部分氢键也断裂，但超螺旋共价闭合环状结构的两条互补链不会完全分离，当以 pH 5.2 的乙酸钠高盐缓冲液调节其 pH 至中性时，变性的质粒 DNA 又恢复到原来的构型，保存在溶液中。而染色体 DNA 不能复性而形成缠连的网状结构。通过离心，染色体 DNA 与不稳定的大分子 RNA、蛋白质 -SDS 复合物等一起沉淀下来而被除去。

纯化质粒 DNA 的方法通常是利用质粒 DNA 相对较小及共价闭环两个性质，如氯化铯 - 溴化乙锭梯度平衡离心、离子交换层析、凝胶过滤层析、聚乙二醇分级沉淀等方法，但这些方法相对昂贵或费时。小量制备的质粒 DNA，经过苯酚、氯仿抽提，RNA 酶消化和乙醇沉淀等简单步骤去除残余蛋白质和 RNA，所得纯化的质粒 DNA 已可满足细菌转化、DNA 片段的分离和酶切、常规亚克隆及探针标记等要求，故在分子生物学实验室中常用。

（二）材料、试剂与器材

1. 材料

菌种：大肠杆菌（pUC57）。

LB 液体培养基：精解蛋白胨 3 g，酵母浸出粉 1.5 g，氯化钠 3 g，葡萄糖 0.6 g，用双蒸水（ddH$_2$O 表示，下同）溶解至 300 ml。10 mol/L NaOH 调 pH 至 7.2～7.4。分装于 15 ml 试管中，每支 5 ml。然后置高压蒸汽灭菌锅以 1.1 kg/cm^2 灭菌 20 min。

抗生素：氨苄西林（Amp），临用时用无菌水在无菌有盖试管中配制，浓度为 100 mg/ml。

2. 试剂

TE 缓冲液（10 mmol/L Tris-HCl，pH 8.0；1 mmol/L EDTA，pH 8.0）。

TENS 溶液 [10 mmol/L Tris-HCl（pH 8.0），1 mmol/L EDTA，0.1 mol/L NaOH，0.5% SDS]：0.4 g NaOH，0.5 g SDS，加 80 ml TE 缓冲液溶解，并定容至 100 ml。

3.0 mol/l 乙酸钠溶液（pH 5.2）：24.6 g 乙酸钠，用 70 ml 双蒸水溶解，再用冰醋酸调 pH 至 5.2，加双蒸水定容至 100 ml。

饱和酚：纯净的酚使用时不需要重蒸。市售的酚一般为红色或黄色结晶体，使用之前必须重蒸，以除去能引起 DNA 和 RNA 断裂与聚合的杂质。将苯酚置于 65℃水浴中溶解，重新进行蒸馏，当温度升至 183℃时，开始收集在若干个棕色瓶中。纯酚和重蒸酚都应贮存在 -20℃条件下，使用前取一瓶重蒸酚于分液漏斗中，加入等体积的 1 mol/L Tris-HCl（pH 8.0）缓冲液，立即加盖，激烈振荡，并加入固体 Tris 摇匀调 pH（一般 100 ml 苯酚约加 1 g 固体 Tris），分层后调上层水相 pH 至 7.6～8.0。从分液漏斗中放出下层酚相于棕色瓶中，并加一定体积 0.1 mol/L Tris-HCl（pH 8.0）覆盖在酚相上，置 4℃冰箱贮存备用。酚是一种强腐蚀剂，能引起腐蚀性损伤，操作时应戴上眼镜和手套。如果不小心溅到了皮肤上，应用大量水或肥皂水冲洗。酚在空气中极易氧化变红，要随时加盖，也可加入抗氧化剂 0.1% 8- 羟基喹啉及 0.2% β-巯基乙醇。

核糖核酸酶（10 mg/ml）：称取 10 mg 核糖核酸酶 A（RNase A），置于灭菌的微量离心管内，加 1 ml 100 mmol/L pH 5.0 的乙酸钠溶液（完全溶解），即为 10 mg/ml RNase A，为了破坏 DNase，置 80℃水浴中 10 min 或 100℃水浴 2 min，然后置 -20℃冰箱保存。

无水乙醇、70% 乙醇置于 -20℃冰箱中保存备用。

3. 器材

恒温振荡器，冰箱，水浴锅，台式高速离心机等。

（三）实验步骤

1）挑取一环在 LB 固体培养基平板上生长的含 pUC57 质粒的大肠杆菌，接在含有 100 μg/ml 氨苄西林（Amp）的 LB 液体培养基（5 ml/15 ml 试管）中，37℃振摇培养过夜。

2）将 1.5 ml 菌液加入微量离心管中，14 000 r/min 离心 10 s，弃去上清。反复数次，收集全部菌体。

3）倾去上清，滤纸吸干。

4）加 30 μl TE 缓冲液，振荡起菌体。

5）加 30 μl TENS 溶液，振荡 10 s 至溶液变黏稠。

6）加 150 μl 3.0 mol/L 乙酸钠溶液，振荡 3～5 s，14 000 r/min 离心 3 min，沉淀细胞碎片及染色体 DNA。

7）将上清转移至另一微量离心管中，加等体积饱和酚，混匀，12 000 r/min 离心 2 min。

8）将上层水相转移至另一离心管，加 2 倍体积冷无水乙醇，14 000 r/min 离心 20 min。

9）倾去乙醇，加入 70% 冷乙醇淋洗。

10）倾去乙醇，滤纸吸干，真空抽吸 2～3 min。

11）加入 50 μl TE 缓冲液，溶解 DNA。

12）加入 1 μl 核糖核酸酶（10 mg/ml），14 000 r/min 离心 2 s，使核糖核酸酶与管底液体混匀。

13）37℃水浴 30 min。

14）样品放 –20℃冰箱保存备用。

（四）注意事项

1）质粒 DNA 提取的方法有碱变性法、羟基磷灰石柱层析法、溴化乙锭 - 氯化铯梯度超离心法等。本实验介绍的是一种小量快速提取法。小量快速提取法也有多种，但基本原理和步骤是一致的，包括下述步骤：①裂解菌体细胞；②质粒和染色体 DNA 的分离；③除去蛋白质、RNA 及其他影响限制性酶活性的细胞成分；④除去提取过程中使用的去垢剂、盐等。

2）在基因操作实验中，保存或提取 DNA 的过程中，一般都采用 TE 缓冲液，而不选用其他缓冲液。虽然很多缓冲系统，如磷酸盐缓冲系统、硼酸系统都符合细胞内环境的生理范围，可以作为 DNA 的保存液，但在某些实验中，这些缓冲体系会影响实验。例如，在转化实验中，要用到 Ca^{2+}，如果用磷酸盐缓冲液，磷酸根将与 Ca^{2+} 产生 $Ca_3(PO_4)_2$ 沉淀；在各种工具酶反应时，不同的酶对辅助因子的种类及数量要求不同，有的要求高盐离子浓度，有的则要求低盐离子浓度，采用 Tris-HCl 缓冲系统，不存在金属离子的干扰作用；EDTA 是二价离子 Mg^{2+}、Ca^{2+} 等的螯合剂，可降低系统中这些离子的浓度，而这些离子是脱氧核糖核酸酶的辅助因子，因此 EDTA 可以抑制脱氧核糖核酸酶对 DNA 的降解作用。

3）TENS 溶液中 NaOH 的作用：核酸在 5＜pH＜9 的溶液中稳定，当 pH 大于 12 或小于 3 时，就会引起 DNA 两条链之间氢键解离而变性。TENS 溶液中有 NaOH 可使其 pH 大于12，因而使染色体 DNA 与质粒 DNA 变性。

4）TENS 溶液中 SDS 的作用：SDS 是离子型表面活性剂。它的主要功能有：①溶解细胞膜上的脂肪与蛋白质，因而可溶解膜蛋白而破坏细胞膜；②解聚细胞中的核蛋白；③ SDS 能与蛋白质结合成为 $R_1-O-SO_3^-\cdots R_2^+$- 蛋白质复合物，使蛋白质变性而沉淀下来。但是 SDS 也具有抑制核糖核酸酶的作用，因此在以后的提取过程中，必须把它去除干净，防止在下一步操作中（用 RNase 去除 RNA 时）产生干扰。

5）3.0 mol/L 乙酸钠（pH 5.2）使 pH 大于 12 的 DNA 抽提液回到中性，使变性的质粒 DNA 能够复性，并能稳定存在。染色体 DNA 不能复性（染色体 DNA 不存在超螺旋共价闭合环结构），而高盐的 3.0 mol/L 乙酸钠有利于变性的大分子染色体 DNA、RNA 及 SDS- 蛋白质复合物凝聚沉淀。pH 5.2 也能中和核酸上的电荷，减少相互斥力而互相聚合。同时，钠盐与 SDS- 蛋白质复合物作用后，可形成溶解度较小的钠盐形式复合物，使沉淀更完全。

6）饱和酚：酚是一种表面变性剂，属于非极性分子。水是极性分子。当蛋白质溶液与酚混合时，蛋白质分子之间的水分子被酚挤走，使蛋白质失去水合状态而变性。经过离心，变性蛋白质的密度比水的密度大，因而与水相分离，沉淀在水相下面，酚的相对密度更大，保留在最下层。酚作为变性剂也有一些缺点：①酚与水有一定程度的互溶，酚相中混溶的水的含量可达 10%～15%，溶解在这部分水相中的 DNA 会损失；②酚很容易氧化，变成粉红色，氧化的酚容易降解 DNA。解决酚氧化和带水的办法是将酚重蒸，除去氧化的部分，再用 Tris-HCl 缓冲液饱和，使酚不至于夺去 DNA 中的水，带走部分 DNA。饱和酚中加上 8-羟基喹啉及 β-巯基乙醇，可防止酚氧化，还是弱的螯合剂，可抑制 DNase 的作用。由于有颜色，溶解在酚中后，使酚带上颜色，便于酚相与水相的观察，酚饱和后，表面盖上一层

Tris-HCl 溶液，隔绝空气，阻止酚氧化。

7）关于无水乙醇沉淀 DNA 的说明：用无水乙醇沉淀 DNA，是实验中最常用的沉淀 DNA 的方法。乙醇的优点是具有极性，可以以任意比例和水相混溶，乙醇与核酸不会起化学反应，对 DNA 很安全，因此是理想的沉淀剂。

乙醇之所以能沉淀 DNA，是由于 DNA 溶液是以水合状态稳定存在的 DNA，当加入乙醇后，乙醇会夺去 DNA 周围的水分子，使 DNA 失水而易于聚合沉淀，一般实验中，用 2 倍体积的无水乙醇与 DNA 相混合，使乙醇的最终含量达 67% 左右。由此可预见，也可用 95% 乙醇沉淀 DNA，但是用 95% 乙醇使总体积增大，而 DNA 在醇溶液中总有一定程度的溶解，因而 DNA 损失也增大，影响收率。

乙醇沉淀 DNA 溶液时，DNA 溶液中应该有一定浓度的盐，以中和 DNA 表面的电荷。如果溶液中盐浓度太低，要加乙酸钠或 NaCl 至最终浓度为 0.1~0.25 mol/L。在 pH 8 左右的 DNA 溶液中，DNA 分子带负电荷，加一定浓度的乙酸钠或 NaCl 使 Na^+ 中和 DNA 分子上的负电荷，减少 DNA 分子之间的同性电荷相斥力，易于互相聚合而形成 DNA 钠盐沉淀。当加入的盐溶液浓度太低时，只有部分 DNA 形成 DNA 钠盐而聚合，这样就造成 DNA 沉淀不完全；但当加入的盐溶液浓度太高时，其效果也不好，在沉淀的 DNA 中，由于过多的盐杂质存在，影响 DNA 的酶切等反应，必须进行洗涤或重沉淀。

乙醇沉淀 DNA 一般采用低温条件，这是由于在低温条件下，分子运动大大减少，DNA 易于聚合而沉淀。为了使质粒 DNA 能充分沉淀，一般保存时间总是过长的，同时也要视样品的体积而定，在微量离心管中的样品要比 40 ml 离心管中的样品少，冷却就较迅速。大量提取 DNA 时，目前习惯采用如下几种方法：①保存在家用冰箱结冰盒内过夜；②保存在 −20℃ 冰箱内过夜；③保存在 −80℃ 冰箱内 30 min 至 2 h；④放置于干冰中（约 −20℃）30 min；⑤放置于干冰加乙醇中（约 −80℃）16 min；⑥放置在液氮缸中液氮的气相内 5~15 min，不可以浸在液氮中（约 −196℃）。

除了用乙醇外，还可用等体积的异丙醇（相当于 2 倍体积的乙醇）使 DNA 沉淀。用异丙醇的好处是要求离心的液体体积小，但异丙醇挥发性不如乙醇，最终除去残留的难度更大。此外，异丙醇能促使蔗糖、氯化钠等溶质与 DNA 一起沉淀，在 −70℃ 时更易发生，所以一般以乙醇沉淀为宜，除非要求液体体积很小。

8）影响质粒 DNA 提纯质量和产率的因素主要有菌株、质粒的拷贝数和细菌培养，现分述如下。

A. 菌株：质粒宿主菌菌株的不同对质粒 DNA 纯化的质量和产率影响很大。一般最好选用 enA 基因突变的宿主菌，即 enA⁻ 菌株，如 DH5α、JM109 和 XL1-Blue 等。使用含野生型 enA 基因的菌株会影响质粒 DNA 的纯度。

enA 基因编码的是核酸内切酶 I。核酸内切酶 I 是一种 12 kDa 的壁膜蛋白，受 Mg^{2+} 激活，可被 EDTA 抑制，对热敏感。双链 DNA 是核酸内切酶 I 的底物，但 RNA 是该酶的竞争性抑制剂，能改变酶的特异性，使其由水解产生 7 个碱基的寡聚核苷酸的双链 DNA 内切酶活性变为平均每底物每次切割一次的切口酶活性。目前核酸内切酶 I 的功能仍不清楚，enA 基因突变的菌株的表现没有明显改变，但质粒产量及稳定性明显提高。细菌不同生长期核酸内切酶 I 的表达水平不同。生长的指数期较稳定期核酸内切酶 I 水平高 300 倍。此外，培养基中促进快速生长的成分如高葡萄糖水及氨基酸都会使核酸内切酶 I 水平升高。

此外，菌株的其他性质有时也应加以考虑。例如，菌株 XL1-Blue 生长速度较慢，HB101 及其衍生菌株如 TG1 及 JM100 系列含大量的糖，这些糖如果在质粒纯化过程中不除去，在菌体裂解后释放出来，可能会影响内切核酸酶活性。

B. 质粒的拷贝数：细菌中质粒的拷贝数是影响质粒产量最主要的因素。质粒的拷贝数主要由复制起点（replication origin）如 pMB1 和 pSC101 及其附近的 DNA 序列决定。这些被称为复制起点的区域通过细菌的酶复合物控制质粒 DNA 的复制。当插进一些特殊的载体时，能降低质粒的拷贝数。此外，太大的 DNA 插入也能使质粒拷贝数下降。一些质粒，如 pUC，由于经过了突变和改造，在细菌细胞内的拷贝数很大。以 pBR322 质粒为基础的质粒拷贝数较低，黏粒（cosmid）及特别大的质粒通常拷贝数极低（表 1-2）。

表 1-2　各种质粒和黏粒的复制起点与拷贝数

载体	复制起点	拷贝数	特点
质粒			
pUC 载体	ColE1	500～700	高拷贝
pBluescript 载体	ColE1	300～500	高拷贝
pGEM 载体	pMB1	300～400	高拷贝
pTZ 载体	pMB1	>1000	高拷贝
pBR322 及其衍生质粒	pMB1	15～20	低拷贝
pACYC 及其衍生质粒	p15A	10～12	低拷贝
pSC101 及其衍生质粒	pSC101	约 5	极低拷贝
黏粒			
SuperCos	ColE1	10～20	低拷贝
PWE15	ColE1	10～20	低拷贝

C. 细菌培养：用于制备质粒的细菌应该从选择性培养平板中挑取，以单个菌落进行培养。不应该直接从甘油保存菌、半固体培养基及液体培养基中挑菌，这可能导致质粒丢失。也不该从长期保存的平板上直接挑菌，这也可能使质粒丢失，或引起质粒突变。挑取单个菌落至 3 ml 选择性培养基中，培养至饱和状态（12～14 h）就可进行小量质粒提取。

（五）试剂盒提取质粒 DNA

除了本实验采用的小量质粒 DNA 提取法外，很多生物试剂公司还提供试剂盒用于小量质粒 DNA 的提取。通常情况下，采用试剂盒都能获得较高质量的 DNA，所得到的 DNA 都可直接用于转染、测序及限制酶分析等。具体操作参照试剂盒说明书进行。

四、植物组织中 DNA 的提取

（一）实验原理

通常采用机械研磨的方法破碎植物的组织和细胞。由于植物细胞匀浆含有多种酶类（尤其是氧化酶类），对 DNA 的抽提有不利影响，在抽提缓冲液中需加入抗氧化剂或强还原剂（如巯基乙醇）以降低这些酶类的活性。另外，在液氮中研磨，材料易于破碎，并可减少研磨过程中各种酶类的作用。

十二烷基肌氨酸钠（sarkosyl）、十二烷基硫酸钠（SDS）、十六烷基三甲基溴化铵（hexadecyl trimethyl ammomium bromide，CTAB）等离子型表面活性剂能溶解细胞膜和核膜蛋白，使核蛋白解聚，从而使 DNA 得以游离出来。再加入苯酚和氯仿等有机溶剂，使蛋白质变性，并使抽提液分相。因核酸（DNA、RNA）的水溶性很强，经离心后即可从抽提液中除去细胞碎片和大部分蛋白质。上清中加入无水乙醇使 DNA 沉淀，沉淀 DNA 溶于 TE 缓冲液中，即得植物总 DNA 溶液。

（二）材料、试剂与器材

1. 材料

水稻幼叶。

2. 试剂

研磨缓冲液：称取 59.63 g NaCl，13.25 g 柠檬酸三钠，37.2 g EDTA-Na$_2$ 分别溶解后合并，用 0.2 mol/L NaOH 调 pH 至 7.0，并定容至 1000 ml。

10×SSC 溶液：称取 87.66 g NaCl 和 44.12 g 柠檬酸三钠，分别溶解，合并后定容至 1000 ml。

RNase 溶液：用 0.14 mol/L NaCl 溶液配制成 25 mg/ml 的酶液，用 1 mol/L HCl 调 pH 至 5.0，使用前经 80℃水浴处理 5 min（以破坏可能存在的 DNase）。

氯仿/异戊醇（24∶1）：先加 96 ml 氯仿，再加 4 ml 异戊醇，摇匀即可。

5 mol/L 高氯酸钠溶液：称取 NaClO$_4$·H$_2$O 70.23 g，先加入少量蒸馏水溶解，再定容至 100 ml。

SDS 的重结晶：将 SDS 放入无水乙醇中达到饱和为止，然后在 70～80℃的水浴中溶解，趁热过滤，冷却之后即将滤液放入冰箱，待结晶出现再置室温下晾干待用。

二苯胺乙醛试剂：将 1.5 g 二苯胺溶于 100 ml 冰醋酸中，添加 1.5 ml 浓硫酸，装入棕色瓶，贮存于暗处，使用时加 0.1 ml 乙醛溶液［浓乙醛∶H$_2$O＝1∶50（V/V）］。

DNA 标准溶液：取标准 DNA 25 mg 溶于少量 0.05 mol/L NaOH 中，再用 0.05 mol/L NaOH 定容至 25 ml，然后用移液管吸取此液 5 ml 至 50 ml 容量瓶中，加 5.0 ml 1 mol/L HClO$_4$，混合冷却后用 0.5 mol/L HClO$_4$ 定容至刻度，即得 100 μg/ml 的 DNA 标准溶液。

2% CTAB 抽提缓冲液：CTAB 4 g，NaCl 16.364 g，1 mol/L Tris-HCl（pH 8.0）20 ml，0.5 mol/L EDTA 8 ml，先用 70 ml ddH$_2$O 溶解，再定容至 200 ml，灭菌，冷却后加 0.2%～1% β-巯基乙醇（400 μl）。

异丙醇，75% 乙醇、95% 乙醇，5 mol/L 乙酸钠，0.5×TE（含 RNase）缓冲液，1 mol/L HCl，0.14 mol/L NaCl，浓硫酸，1 mol/L Tris-HCl，0.5 mol/L EDTA，0.2 mol/L NaOH、0.05 mol/L NaOH 等。

3. 器材

研钵，离心机，水浴锅，恒温振荡器等。

（三）实验步骤

1. 植物 DNA 的 SDS 提取法

1）称取水稻幼叶 10 g 剪碎置研钵中，加 10 ml 预冷研磨缓冲液并加入 0.1 g 左右的

SDS，置冰浴上研磨成糊状。

2）将匀浆无损转入 25 ml 试管中，加入等体积的氯仿 / 异戊醇混合液，加上塞子，剧烈振荡 30 s，转入离心管，静置片刻以脱除组织蛋白质，以 4000 r/min 离心 5 min。

3）离心后形成三层，小心地吸取上层清液至刻度试管中，弃去中间层的细胞碎片、变性蛋白质及下层的氯仿。

4）将试管置 72℃水浴中保温 3 min（不超过 4 min），以灭活组织的 DNase，然后迅速取出试管置冰水浴中冷却到室温，加 5 mol/L 高氯酸钠溶液［提取液：高氯酸钠溶液＝4：1（V/V）］，使溶液中高氯酸钠的最终浓度为 1 mol/L。

5）再次加入等体积氯仿 / 异戊醇混合液至大试管中，振荡 1 min，静置后在室温下 4000 r/min 离心 5 min，取上清置小烧杯中。

6）用滴管吸预冷的 95% 乙醇，慢慢地加到烧杯中上清的表面上，直至乙醇的体积为上清的两倍，用玻璃棒轻轻搅动。此时核酸迅速以纤维状沉淀缠绕在玻璃棒上。

7）然后加入 0.5 ml 左右的 10×SSC 溶液，使最终浓度为 1×SSC 溶液。

8）重复步骤 6）和步骤 7）即得到 DNA 的粗制品。

9）加入已处理的 RNase 溶液，使其最后的作用浓度为 50～70 μg/ml，并在 37℃水浴中保温 30 min，以除去 RNA。

10）加入等体积的氯仿 / 异戊醇混合液，在锥形瓶中振荡 1 min，再除去残留蛋白质及所加 RNase，室温下以 4000 r/min 离心 5 min，收集上层水溶液。

11）再按步骤 6）和步骤 7）处理即可得到纯化的 DNA 液。

2. 植物 DNA 的 CTAB 提取法

（1）DNA 的提取

1）将 2% CTAB 抽提缓冲液在 65℃水浴中预热。

2）取少量水稻幼叶（约 1 g）置于研钵中，加液氮磨至粉状。

3）加入 700 μl 2% CTAB 抽提缓冲液，轻轻搅动。

4）将磨碎液倒入 1.5 ml 灭菌离心管中，磨碎液的高度约占管的 2/3。

5）置于 65℃的水浴锅或恒温箱中，每隔 10 min 轻轻摇动，40 min 后取出。

6）冷却 2 min 后，加入氯仿 / 异戊醇（24：1）至满管，剧烈振荡 2～3 min，使两者混合均匀。

7）放入离心机中 10 000 r/min 离心 10 min，与此同时，将 600 μl 异丙醇加入另一新的灭菌离心管中。

8）10 000 r/min 离心 1 min 后，用移液器轻轻地吸取上清，转入含有异丙醇的管内，将离心管慢慢上下摇动 30 s，使异丙醇与水层充分混合至能见到 DNA 絮状物。

9）10 000 r/min 离心 1 min 后，立即倒掉液体，注意勿将白色 DNA 沉淀倒出，将离心管倒立于铺开的纸巾上。

10）60 s 后，直立离心管，加入 720 μl 75% 乙醇及 80 μl 5 mol/L 乙酸钠，轻轻转动，用手指弹管尖，使沉淀与管底的 DNA 块状物浮于液体中。

11）放置 30 min，使 DNA 块状不纯物溶解。

12）10 000 r/min 离心 1 min 后，倒掉液体，再加入 800 μl 75% 乙醇，将 DNA 再洗 30 min。

13）10 000 r/min 离心 30 s 后，立即倒掉液体，将离心管倒立于铺开的纸巾上；数分钟后，直立离心管，干燥 DNA（自然风干或用风筒吹干）。

14）加入 50 µl 0.5×TE（含 RNase）缓冲液，使 DNA 溶解，置于 37℃恒温箱约 15 h，使 RNA 消解。

15）置于 −20℃保存、备用。

（2）DNA 质量检测　　琼脂糖凝胶电泳检测。

（四）注意事项

1）叶片磨得越细越好。

2）由于植物细胞中含有大量的 DNase，因此除在抽提液中加入 EDTA 抑制酶的活性外，第一步操作应迅速，以免组织解冻，导致细胞裂解，释放出 DNase 使 DNA 降解。

五、细菌 DNA 的提取

（一）材料、试剂与器材

1. 材料
菌株（*E. coli*）。

2. 试剂
抽提缓冲液：2% CTAB（*m/V*），2% 聚乙烯吡咯烷酮 K25（PVPK25）（*m/V*）（去色素），100 mmol/L Tris-HCl（pH 8.0），25 mmol/L EDTA（pH 8.0），2.0 mol/L NaCl。

无酶水（RNase-free water）：将焦磷酸二乙酯（DEPC）按 0.01%（*V/V*）加在 ddH₂O 中（500 ml 加 50 µl），在 37℃过夜，并高压灭菌（150℃ 3 h）即得。

TE 缓冲液：10 mmol/L Tris-HCl（pH 8.0），1 mmol/L EDTA（pH 8.0）。

CTAB/NaCl 溶液 (5% *m/V*)：5 g CTAB 溶于 100 ml 0.5 mol/L NaCl 溶液中，需要加热到 65℃使之溶解，然后室温保存。

苯酚，氯仿，异戊醇，异丙醇，10 mol/L LiCl，3 mol/L 乙酸钠 (pH 5.2)，无水乙醇，70%乙醇，10% SDS，20 mg/ml 蛋白酶 K，5 mol/L NaCl 等。

3. 器材
水浴锅，离心机等。

（二）实验步骤

1. 针对一些不易提取的细菌的方法
1）将抽提缓冲液 65℃预热。

2）加菌体到已经预热的抽提缓冲液（700 µl）中并混匀，65℃处理 10 min。

3）加苯酚/氯仿/异戊醇（25∶24∶1），振荡，以 12 000 r/min 离心 10 min。

4）取上清，加氯仿/异戊醇（24∶1）振荡，以 12 000 r/min 离心 10 min。

5）重复一次步骤 4）。

6）加 1/4 体积 10 mol/L LiCl 到上清中，4℃过夜以沉淀 DNA；12 000 r/min 离心 10 min，弃上清；用 70% 乙醇洗，再用无水乙醇洗，风干。

7）加入 1/10 体积的 3 mol/L 乙酸钠和 1.5 倍体积的预冷无水乙醇（或加入等体积的异丙醇），−20℃条件下沉淀。

8）以 2000 r/min 离心 10 min。

9）弃上清，以 70% 乙醇洗涤沉淀，也可以再用无水乙醇洗，真空干燥后，用 50 μl TE 缓冲液或超纯水溶解 DNA，−20℃放置备用。

2. 较为常用的细菌 DNA 提取方法

1）将菌株接种于 LB 液体培养基，37℃振荡培养过夜。

2）取 1.5 ml 培养物 12 000 r/min 离心 2 min。

3）在沉淀中加入 567 μl TE 缓冲液，反复吹打使之重新悬浮，加入 30 μl 10% SDS 和 15 μl 蛋白酶 K，混匀，于 37℃温育 1 h。

4）加入 100 μl 5 mol/L NaCl，充分混匀，再加入 80 μl CTAB/NaCl 溶液，混匀后再于 65℃条件下温育 10 min。

5）加入等体积的苯酚 / 氯仿 / 异戊醇（25：24：1）混匀，离心 4～5 min，将上清转入一支新离心管中，加入 0.6～0.8 倍体积的异丙醇，轻轻混合直到 DNA 沉淀下来，沉淀可稍加离心。

6）沉淀用 1 ml 70% 乙醇洗涤后，离心弃乙醇。

第三节　RNA 的提取

细胞中的 RNA 可以分为信使 RNA、转运 RNA 和核糖体 RNA 三大类，不同组织总 RNA 提取的实质是将细胞裂解，释放出 RNA，并通过不同方式去除蛋白质、DNA 等杂质，最终获得高纯度 RNA 产物的过程。

一、总 RNA 提取（Trizol 法）

（一）实验原理

Trizol 试剂是直接从细胞或组织中提取总 RNA 的试剂。在样品裂解或匀浆过程中，Trizol 试剂能保持 RNA 的完整性。加入氯仿后离心，样品分成水样层和有机层。RNA 存在于水样层中。收集上面的水样层后，RNA 可以通过异丙醇沉淀来还原。在除去水样层后，样品中的 DNA 和蛋白质也能相继以沉淀的形式还原。乙醇沉淀能析出中间层的 DNA，在有机层中加入异丙醇能析出其中的蛋白质。共纯化 DNA 对于样品间标准化 RNA 的产量十分有用。

Trizol 试剂可用于小量样品（50～100 mg 组织或 5×10^6 个细胞），也可用于大量样品（≥1 g 组织或 ≥10^7 个细胞），对动物、植物和细菌都适用，可同时处理大量不同样品。1 h 内即可完成反应，提取的总 RNA 没有 DNA 和蛋白质污染，可用于 RNA 印迹法、反转录 PCR（RT-PCR）、斑点印迹法（dot blotting）、RNase 保护分析等。

本试剂为红色，便于区分水相和有机相，同时可最大限度地保持 RNA 的完整性。

Trizol 试剂保存条件：2～8℃避光保存 12 个月。

（二）材料、试剂与器材

1. 材料

微生物，动物组织、植物组织。

2. 试剂

50×TAE 缓冲液：称量 Tris 242 g、EDTA 18.612 g 于 1 L 烧杯中；向烧杯中加入约 800 ml 去离子水，充分搅拌均匀；加入 57.1 ml 冰醋酸，充分溶解；用 NaOH 调 pH 至 8.3，加去离子水定容至 1 L 后，室温保存。使用时稀释 50 倍即 1×TAE 缓冲液。

10× 上样缓冲液：50% 甘油，1 mmol/L EDTA，0.4% 二甲苯蓝。

PBS，Trizol 试剂，4-溴甲氧基苯（4-bromoanisole），氯仿，异丙醇，75% 乙醇（用 RNase-free 水配制），琼脂糖，RNase-free 水，0.5 μg/ml 溴化乙锭（EB）染液等。

3. 器材

离心机，研钵，匀浆仪，1.5 ml 离心管（EP 管）（DEPC 处理过），移液器及大、中、小号枪头（DEPC 处理过），分光光度计，琼脂糖凝胶电泳系统，紫外透射检测仪等。

（三）实验步骤

1. 样品处理

（1）贴壁培养细胞　　倒出培养液，用 PBS 漂洗一次。

每 10 cm² 生长的培养细胞中加入 1 ml Trizol 试剂，水平放置片刻，使裂解液均匀分布于细胞表面并裂解细胞，然后使用移液枪吹打细胞使其脱落（对于贴壁牢固的培养细胞可用细胞刮刀剥离细胞）。将细胞裂解液转移至离心管中，用移液器反复吹吸直至裂解液中无明显沉淀，室温静置 5 min。

（2）菌液、悬浮培养细胞　　将菌液或悬浮培养细胞连同培养液一起转移至离心管中，6000 r/min 4℃离心 2 min，弃上清。加入 Trizol 试剂（每≤2×10⁹ 个细菌或≤1×10⁷ 个细胞中加入 1 ml Trizol 试剂）。用移液器反复吹吸直至裂解液中无明显沉淀，室温静置 5 min。

（3）血液样品　　加入 Trizol 试剂（每≤200 μl 血液中加入 1 ml Trizol 试剂，建议血液量不低于 50 μl）。用移液器充分吹吸混匀，室温静置 5 min。

（4）动物、植物样品　　取 50～100 mg 组织（新鲜或 -70℃ 及液氮中保存的组织均可），迅速转移至用液氮预冷的研钵中，用研杵充分研磨直至将其研磨成粉末状，其间可以补加液氮。如果没有研磨彻底会影响 RNA 的提取量和质量。将研磨成粉末状的样品转移至离心管中，每 50～100 mg 样品加入 1 ml Trizol 试剂。匀浆处理，或用移液器反复吹吸混匀，室温静置 5 min。

2. RNA 提取

1）可选步骤：如样品中含有较多蛋白质、脂肪、多糖或胞外物质（如肌肉、植物结节部分等），可于 2～8℃ 8000 r/min 离心 10 min，取上清。离心得到的沉淀中包括细胞膜、多糖、高分子质量 DNA，上清中含有 RNA。处理脂肪组织时，上层有大量油脂，应去除。取澄清的匀浆液进行下一步操作。

2）每使用 1 ml Trizol 试剂，加 0.2 ml 氯仿或 50 μl 4-溴甲氧基苯，剧烈振荡 15～30 s，静置 2～3 min。

3）4℃ 10 000 r/min 离心 15 min，样品分为三层：底层黄色或粉色有机相，上层无色水相，以及一个中间层。RNA 主要在水相中，水相体积约为所用 Trizol 试剂的 50%～60%（为了避免吸到中间层导致 DNA 污染，可以适当留下一部分水相）。

4）小心吸取无色上清至一新的 DEPC 处理过的 1.5 ml EP 管中（如要分离 DNA 和蛋白质可保留有机相），加入 0.5 ml 异丙醇，将管中液体轻轻混匀，室温静置 10 min。

5）4℃ 10 000 r/min 离心 10 min。离心前看不出 RNA 沉淀，离心后在管侧和管底出现胶状沉淀。

6）弃上清，于沉淀中加入 75% 乙醇（冰冷）1 ml，振摇，充分洗涤沉淀。

7）4℃ 10 000 r/min 离心 5 min。

8）弃上清，短暂离心，小心吸取，弃去上清。

9）加入适量（20 μl）RNase-free 水溶解 RNA（65℃促溶 10～15 min）。

10）取 2 μl 进行电泳，其余置 -80℃冰箱保存。

注意：在加入氯仿之前，样品能于 -70～-60℃保存至少一个月。RNA 沉淀［第 6）步］在 75% 乙醇中于 2～8℃能保存至少一周，于 -20～-5℃能保存至少一年。

3. RNA 电泳

1）将制胶用具用 75% 乙醇冲洗一遍，晾干备用。

2）配制琼脂糖凝胶：称取 0.6 g 琼脂糖，置于干净的 100 ml 锥形瓶中，加入 1×TAE 缓冲液 40 ml，微波炉内加热至沸腾使琼脂糖彻底溶化，摇匀，制胶。

3）在超净工作台上，用移液枪吸取总 RNA 样品 4 μl 于封口膜上，在超净工作台上再加入 5 μl 1×TAE 缓冲液及 1 μl 10× 上样缓冲液，混匀后，小心加入点样孔。

4）打开电源开关，调节电压至 100 V，使 RNA 由负极向正极电泳，约 30 min 后将凝胶放入 EB 染液中染色 5 min，取出用清水稍微漂洗。在紫外透射检测仪上观察 RNA 电泳结果。

4. RNA 纯度检测——分光光度计法

通过 OD_{260}/OD_{280} 来检测 RNA 纯度，OD_{260}/OD_{230} 作为参考值。OD_{260}/OD_{280} 为 1.9～2.1，可以认为 RNA 的纯度较好；OD_{260}/OD_{280} 小于 1.8，则表明蛋白质杂质较多；OD_{260}/OD_{280} 大于 2.2，则表明 RNA 已经降解。OD_{260}/OD_{230} 小于 2.0，则表明裂解液中有异硫氰酸胍和 β- 巯基乙醇残留。

注意：如果用 TE 缓冲液溶解或洗脱 RNA，会使 OD_{260}/OD_{280} 偏大。

5. RNA 定量

RNA 得率有很强的组织特异性，不同组织 RNA 的丰度和 RNA 提取的难易程度共同决定了该种组织的 RNA 得率。一般来说，可通过分光光度计测定 RNA 溶液在 260 nm 处的吸光值来计算 RNA 的含量。RNA 溶液在 260 nm、320 nm、230 nm、280 nm 处的吸光度分别代表了核酸、溶液浑浊度、杂质浓度和蛋白质等的吸收值。

用标准样品测得在波长 260 nm 处，1 μg/ml RNA 吸光度为 0.025（光程为 1 cm），即 $OD_{260}=1$ 时，样品中 RNA 浓度为 40 μg/ml。通常分光光度计 OD_{260} 的读数要在 0.15～1.0 才可靠。因此 RNA 提取结束后，要根据大概产量稀释到适当浓度范围，再用分光光度计检测。按下面的公式计算总 RNA 浓度：

$$总 RNA 浓度（μg/ml）=OD_{260}× 稀释倍数 ×40$$

（四）注意事项

1. 样品前处理的注意事项

1）选择新鲜血液，不得超过 4 h。

2）选择新鲜且生长旺盛的组织。

3）选择新鲜的幼嫩组织。

4）选择处于生长旺盛时期的细胞。

2. RNA 纯化的注意事项

1）纯化后不应存在对酶（如反转录酶）有抑制作用的物质。

2）排除有机溶剂和金属离子的污染。

3）蛋白质、多糖和脂类分子等的污染降到最低程度。

4）排除 DNA 分子的污染。

3. RNA 提取的注意事项

（1）杜绝外源酶的污染

1）严格戴好口罩、手套。

2）实验所涉及的离心管、枪头、移液器杆、电泳槽、实验台面等要彻底处理。

3）实验所涉及的试剂或溶液，尤其是水，必须确保无 RNase。

（2）阻止内源酶的活性

1）选择合适的匀浆方法。

2）选择合适的裂解液。

3）控制好样品的起始量。

（3）明确提取目的

1）任何裂解液系统在接近样品最大起始量时，提取成功率都会急剧下降。

2）RNA 提取成功的唯一标准是后续实验的一次成功，而不是得率。

二、总 RNA 提取（GTC 和 *N*- 十二烷基肌氨酸钠联合）

（一）实验原理

异硫氰酸胍（GTC）和 *N*- 十二烷基肌氨酸钠的联合使用，将促使核蛋白复合体的解离，使 RNA 与蛋白质分离，并将 RNA 释放到溶液中。而进一步从复合体中纯化 RNA，则采用酸性酚 / 氯仿混合液进行抽提。低 pH 的酚使 RNA 进入水相，这样使其与仍留在有机相中的蛋白质和 DNA 分离。水相中的 RNA 可用异丙醇沉淀浓缩。进一步将上述 RNA 沉淀复溶于 GTC 裂解液中，接着用异丙醇进行二次沉淀，随后用乙醇洗涤沉淀，即可除去所有残留的蛋白质和无机盐，若 RNA 中含无机盐，则有可能对以后操作中的一些酶促反应产生抑制。

（二）材料、试剂与器材

1. 材料

细菌或真菌，动物、植物组织。

2. 试剂

GTC 裂解液：25 g GTC 溶于 33 ml CSB（42 mmol/L pH 4.0 乙酸钠、0.83% 十二烷基肌

氨酸钠、0.2 mmol/L β- 巯基乙醇），65℃溶解，过滤灭菌，4℃预冷。

乙醇，PBS，2 mol/L 乙酸钠，苯酚 / 氯仿 / 异戊醇（25：24：1），异丙醇，RNase-free 水等。

3. 器材

恒温水浴锅，冷冻高速离心机，培养瓶，匀浆器，移液器，涡旋振荡器，电泳仪，电泳槽等。

（三）实验步骤

1. 细胞或组织破碎

（1）微生物材料

1）发酵 3～4 d（或对数生长期）的菌体，离心收集菌丝体（动植物材料无须此步处理）。

2）用 RNase-free 水洗菌丝体 2～3 次，并尽量除去残存的水。

3）加液氮充分研磨，使其成为粉末，以释放 RNA。

4）研磨后的样品转移至加了 12 ml GTC 裂解液的匀浆器中匀浆。

（2）动植物细胞培养材料（适用的样品量为 10^8 个细胞）

1）细胞培养：按常规方法进行。

2）深层悬浮培养细胞的破碎。

A. 细胞收集：将含一定浓度的细胞培养液置于无菌离心管中，4℃ 2500 r/min 离心 5 min。

B. 细胞洗涤：上步沉淀用 25 ml 灭菌后冰冻的 PBS 洗涤，然后 4℃ 2500 r/min 离心 5 min。

C. 细胞破碎：在沉淀细胞中加入 15 ml 预冷的 GTC 裂解液，用无菌的匀浆器匀浆。

3）表面培养细胞的破碎。

A. 确定培养瓶数量，使选定的各培养瓶细胞累加后总量达 10^8 个。

B. 细胞收集：将培养液倒掉，用预冷的无菌 PBS 洗涤一次，在第一个培养瓶中加入 8 ml 预冷的 GTC 裂解液。

C. 转动培养瓶，使细胞溶解，此时可见黏度增大。

D. 用无菌吸管将第一个培养瓶中的液体吸入第二个培养瓶，旋转，溶解细胞，再吸入第三个培养瓶，以此类推。

E. 直到将所选定的培养瓶全部洗涤一次，然后从第一个培养瓶开始再加入 4 ml GTC 裂解液，将所有培养瓶洗一次。

F. 将上述 12 ml 含细胞的 GTC 裂解液转移至 50 ml 无菌离心管中，匀浆破碎细胞。

（3）植物组织材料（适用的样品量为 0.05 g 组织）

1）将 600 μl GTC 裂解液置于 1.5 ml 离心管中，将此离心管置于冰浴中 5 min。

2）将 0.05 g 新鲜组织用液氮冰冻。

3）在液氮中研磨组织块。

4）待液氮挥发后，将上述分散的组织转移至无菌离心管中。

（4）动物组织材料（适用的样品量为 1 g 组织）

1）将 12 ml GTC 裂解液置于 50 ml 离心管中，将此离心管放于冰浴中 5 min。

2）在上述管中加入 1 g 新鲜或冰冻动物组织，匀浆粉碎。

2. RNA 的抽提

1）在 600 μl 经 GTC 裂解液处理的细胞或组织匀浆液中加 60 μl pH 4.0 的 2 mol/L 乙酸

钠，彻底混匀，可用涡旋振荡器。

2）加入 600 μl 苯酚 / 氯仿 / 异戊醇（25：24：1），彻底混匀或用涡旋振荡器振荡 10 s。

3）冰浴中 10～15 min，4℃ 8000 r/min 离心 20 min。

4）将上层水相吸至无菌离心管中并加等体积的异丙醇，−70℃沉淀 RNA 30 min。

5）4℃ 8000 r/min 离心 20 min，弃上清。

6）沉淀 RNA，冷冻干燥 15 min，RNA 沉淀重新溶于 300 μl GTC 裂解液中，可振荡（有时为了帮助溶解，可在 65℃加热，但时间应极短）。

7）加入 60 μl pH 4.0 的 2 mol/L 乙酸钠彻底混匀，可用涡旋振荡器。

8）加入 600 μl 苯酚 / 氯仿 / 异戊醇（25：24：1），彻底混匀或用涡旋振荡器振荡 10 s。

9）冰浴中 10～15 min，4℃ 8000 r/min 离心 20 min。

10）将上层水相吸至无菌离心管中。

11）加等体积异丙醇二次沉淀（−70℃，30 min），再用 75% 乙醇洗沉淀，将沉淀冷冻干燥。

12）复溶于 RNase-free 水中（对于准备长期保存的 RNA 可加入 pH 5.0 的乙酸钠至终浓度为 0.25 mol/L，再加入 2.5 倍体积的 75% 乙醇，−70℃保存）。

（四）注意事项

研磨组织块用于提取 RNA 的样品，必须是新鲜的组织，如采样后不能立即用于提取则样品应用液氮速冻并贮于 −70℃的冰箱中保存。

三、mRNA 的提取

（一）实验原理

真核生物的 mRNA 分子是单顺反子，是编码蛋白质的基因转录产物。真核生物的所有蛋白质归根到底都是 mRNA 的翻译产物，因此高质量 mRNA 的分离纯化是克隆基因、提高 cDNA 文库构建效率的决定性因素。哺乳动物平均每个细胞含有约 1×10^{-5} g RNA，理论上认为每克细胞可分离出 5～10 mg RNA。其中 rRNA 占 75%～85%，tRNA 占 10%～16%，而 mRNA 仅占 1%～5%，并且 mRNA 分子种类繁多，分子质量大小不均一，表达丰度也不一样。

真核生物 mRNA 有特征性的结构，即具有 5′ 端帽子结构（m7G）和 3′ 端的 poly（A）尾——绝大多数哺乳动物细胞的 3′ 端存在由 20～300 个腺苷酸组成的 poly（A）尾，通常用 poly（A+）表示，这种结构为真核 mRNA 分子的提取、纯化提供了极为方便的选择性标志，寡聚（dT）- 纤维素或寡聚（U）- 琼脂糖亲和层析分离纯化 mRNA 的理论基础就在于此。

一般 mRNA 分离纯化的方法是根据 mRNA 3′ 端含有 poly（A）尾结构特性设计的。当总 RNA 流经寡聚（dT）[即 oligo（dT）]- 纤维素柱时，在高盐缓冲液的作用下，mRNA 被特异地吸附在 oligo（dT）- 纤维素柱上，在低盐浓度或蒸馏水中，mRNA 可被洗下，经过两次 oligo（dT）- 纤维素柱，即可得到较纯的 mRNA。

目前常用的 mRNA 的纯化方法有以下几种。

1）寡聚（dT）- 纤维素柱层析法，即分离 mRNA 的标准方法。

2）寡聚（dT）- 纤维素液相离心法，即用寡聚（dT）- 纤维素直接加入总的 RNA 溶液中并使 mRNA 与寡聚（dT）- 纤维素结合，离心收集寡聚（dT）- 纤维素 -mRNA 复合物，再用洗脱液分离 mRNA，然后离心除去寡聚（dT）- 纤维素。

3）其他方法还有寡聚（dT）- 磁性球珠法等。

本实验应用第一种方法进行 mRNA 的分离纯化。

（二）试剂与器材

1. 试剂

1）0.1 mol/L NaOH，每组 200 ml。

2）oligo（dT）- 纤维素。

3）洗涤缓冲液 I：0.5 mol/L NaCl，20 mmol/L Tris-HCl（pH 7.6），每组 250 ml；或 0.5 mol/L NaCl，20 mmol/L Tris-HCl（pH 7.6），1 mmol/L EDTA（pH 8.0），0.1% SDS。

4）洗涤缓冲液 II：0.1 mol/L NaCl，20 mmol/L Tris-HCl（pH 7.6），每组 250 ml；或 10 mmol/L Tris-HCl（pH 7.6），1 mmol/L EDTA（pH 8.0），0.05% SDS。

配制时可先配制 Tris-HCl（pH 7.6）、NaCl、EDTA（pH 8.0）的母液，经高压灭菌后按各成分确切含量，经混合后再高压灭菌，冷却至 65℃时，加入经 65℃温育 30 min 的 10% SDS 至终浓度。

5）5 mol/L NaCl，每组 10 ml。

6）3 mol/L 乙酸钠 pH 5.2，每组 10 ml。

7）无 RNase 双蒸水（DEPC 水），每组 100 ml。

8）70% 乙醇，每组 10 ml。

注意：溶液 5）、6）的配制都应该加 0.1% DEPC 处理过夜，溶液 1）、3）、4）、8）则用经 0.1% DEPC 处理过的无 RNase 双蒸水配制，Tris 应选用无 RNase 级别。溶液配制后，最好能够按一次实验所需的分量分装成多瓶（如 10 ml/ 瓶或 50 ml/ 瓶）保存，每次实验只用一份，避免多次操作对溶液造成污染。

2. 器材

恒温水浴箱，冷冻高速离心机，紫外分光光度计，巴斯德吸管，玻璃棉，移液器，一次性注射器等。

（三）实验步骤

1. oligo（dT）- 纤维素的预处理

1）用 0.1 mol/L NaOH 悬浮 0.5～1.0 g oligo（dT）- 纤维素。

2）将悬浮液装入填有经 DEPC 水处理并经高压灭菌的玻璃棉的巴斯德吸管中，柱床体积为 0.5～1.0 ml，用 3 倍柱床体积的无 RNase 的灭菌双蒸水冲洗 oligo（dT）- 纤维素。

3）用 3～5 倍柱床体积的洗涤缓冲液 I 冲洗 oligo（dT）- 纤维素，直到流出液的 pH 小于 8.0。

4）将处理好的 oligo（dT）- 纤维素从巴斯德吸管倒出，用适当的洗涤缓冲液 I 悬浮，浓度约为 0.1 g/ml，保存在 4℃待用。

2. 总 RNA 浓度的调整

1）把前文所提的总 RNA 转到适合的离心管中，如果总 RNA 的浓度大于 0.55 mg/ml，则用无 RNase 的双蒸水稀释至 0.55 mg/ml，总 RNA 的浓度对除去 rRNA 是很重要的。把 RNA 溶液置于 65℃水浴 5 min，然后迅速插在冰上冷却。

2）加入 1/10 体积的 5 mol/L NaCl 使 RNA 溶液中盐的浓度调至 0.5 mol/L。

3. mRNA 的分离

1）mRNA 与 oligo（dT）- 纤维素结合：重新悬浮 oligo（dT）- 纤维素，按表 1-3 取适量的 oligo（dT）- 纤维素到 RNA 样品中，盖上盖子，颠倒数次将 oligo（dT）- 纤维素与 RNA 混匀，于 37℃水浴保温并温和摇荡 15 min。

表 1-3 mRNA 与 oligo（dT）- 纤维素结合

总 RNA/mg	oligo（dT）- 纤维素 /ml	洗涤缓冲液 I/ml	洗涤缓冲液 II/ml	洗脱体积 /ml
<0.2	0.2	1.0	2.0～3.0	1.0
0.2～0.5	0.5	1.5	3.0～4.5	1.5
0.5～1.0	1.0	3.0	6.0～9.0	3.0
1.0～2.0	2.0	5.0	10.0～15.0	5.0

2）转移：取 1 个 5 ml 的一次性注射器，取适量经过高温灭菌的玻璃棉塞紧前端，并把它固定在无 RNase 的支架上，再把 oligo（dT）- 纤维素 -RNA 悬浮液转移到注射器，推进塞子直至底部，把含有未结合上的 RNA 的液体排到无 RNase 的离心管中（保留至确定获得足够的 mRNA）。

3）洗涤：根据表 1-3 直接用注射器慢慢吸取适量的洗涤缓冲液 I，温和振荡，充分重新悬浮 oligo（dT）- 纤维素 -mRNA，推进塞子，用无 RNase 的离心管收集洗出液。测定每一管的 OD_{260}，当洗出液中 OD 为 0 时准备洗脱。

4）洗脱：根据表 1-3 直接用注射器慢慢吸取适量（2～3 倍柱床体积）的洗脱缓冲液 II 或无 RNase 双蒸水到注射器内充分重悬 oligo（dT）- 纤维素 -mRNA，推进塞子以 1/3～1/2 柱床体积分管收集洗脱液。

5）测定每一管的 OD_{260}，合并含有 RNA 的洗脱液组分，于 4℃ 2000 r/min 离心 2～3 min，上清转移至新的离心管中，去掉残余的 oligo（dT）- 纤维素。

6）沉淀：洗脱液中加入 1/10 体积的 3 mol/L 乙酸钠（pH 5.2），再加入 2.5 倍体积的冰冷 70% 乙醇，混匀后，-20℃ 放置 30 min 或放置过夜。

7）离心收集：10 000 r/min 4℃ 离心 15 min，小心弃上清，mRNA 沉淀此时往往看不见。用 70% 乙醇漂洗沉淀，10 000 r/min 4℃ 离心 5 min，小心弃去上清，沉淀于空气中干燥 10 min，或真空干燥 10 min。将 mRNA 沉淀溶于适当体积的无 RNase 的双蒸水，立即用于 cDNA 合成（或保存在 70% 乙醇中并贮存于 -70℃冰箱）。

8）定量：测定 OD_{260} 和 OD_{280}，计算产率及 OD_{260}/OD_{280}。

（四）实验安排

1）第一天：试剂的配制和所用一次性塑料制品与玻璃器皿的去 RNase 处理（0.1% DEPC 浸泡或高温干烤）。

2）第二天：进行步骤 1 和 2、步骤 3 的 1）～6）。

3）第三天：进行步骤 3 的 7）和 8）及变性琼脂糖凝胶电泳检测 mRNA。

4）为了避免保存时间过长造成的 RNA 降解，最好能将总 RNA 提取、mRNA 的分离纯化、RT-PCR 和 cDNA 文库构建实验安排在连续的时间内进行。

（五）注意事项

1）整个操作过程必须严格遵守无 RNase 操作环境规则。

2）提取的总 RNA 必须完整，不能被降解，这是决定 mRNA 质量的先决条件。

3）总 RNA 与 oligo（dT）-纤维素的比例要适当，过量的总 RNA 容易造成 mRNA 不纯。

4）RNA 溶液与 oligo（dT）-纤维素结合前必须置于 65℃加热 5 min，这一步很重要，其作用为：①破坏 mRNA 的二级结构，特别是 poly（A+）处的二级结构，使 poly（A+）尾充分暴露，提高 poly（A+）RNA 的回收率；②解离 mRNA 与 rRNA 的结合。加热后应立即插入冰中，以免由于温度的缓慢下降而使 mRNA 又恢复其二级结构。

5）应注意 mRNA 不能被 DNA 污染，即使是 1×10^{-6} μg/ml DNA 污染，也可严重影响实验结果。

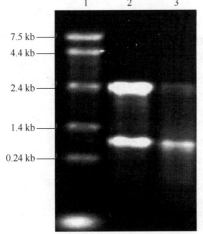

图 1-2　mRNA 变性琼脂糖凝胶电泳示意图

泳道 1. 0.24～7.5 kb 的 RNA 分子质量 marker；
泳道 2. 小鼠肝脏总 RNA；泳道 3. 小鼠肝脏 mRNA

6）mRNA 制备后，可用变性琼脂糖凝胶电泳检测其完整性和有无 DNA 污染。提取的 mRNA 应该在 0.5～8.0 kb 呈现弥散状，无明显区带，但大部分的 mRNA 应在 1.0～2.0 kb，如图 1-2 所示。经过一次纯化分离的 mRNA 还会有微量的 rRNA 残留，但一般来说不会对后续实验造成很大的影响，如果样品充足，可将经过一次纯化分离的 mRNA 再纯化一次，进一步提高其纯度。

7）为防止 mRNA 降解，应避免多次冻融，可将 mRNA 少量分装后保存。另外，如果有低温冰箱，最好在 -80～-70℃保存。也可将 mRNA 在 70% 乙醇中于 -70℃保存一年以上。

8）oligo（dT）-纤维素柱用后可用 0.3 mol/L NaOH 洗净，然后用层析柱加样缓冲液平衡，并加入 0.02% 叠氮钠（NaN₃）于冰箱保存，重复使用。每次用前需用 NaOH、灭菌 ddH₂O、层析柱加样缓冲液依次淋洗柱床。

9）一般而言，10^7 个哺乳动物培养细胞能提取 1～5 μg poly（A+）RNA，相当于上柱总 RNA 量的 1%～2%。

第四节　蛋白质的提取

一、动物组织蛋白质的提取

（一）组织预处理

1. 材料选择

特定靶蛋白分布在不同的组织内。然而组织的最终选择要考虑该组织内靶蛋白的含量、是否容易获得、组织的成本及各种技术问题。某些动物组织（如肝、脾、肾）含有丰富的溶酶体蛋白酶，尤其是组织蛋白酶，应该避免选择，除非研究对象本身就是这些蛋白酶。

新鲜获取的脏器组织用缓冲液洗去残留血液和污染物，迅速剥去脂肪和筋皮等结缔组织，冲洗干净。用组织剪或手术刀将组织分离成 1 cm³ 左右的小块。

最好选择新鲜的组织，但有些情况下，如果是以小块组织快速冰冻并且保存时间不长的话，也可选用冰冻组织。建议冰冻组织保存在 −50℃ 以下，因为冰晶形成会导致溶酶体蛋白酶的释放，从而可能引起蛋白质的降解。

对于易分解的蛋白质，应选用新鲜材料。

2. 组织的破碎

通常研究所需的物质有些分泌于细胞外，用适当的溶剂可直接提取；多数存在于细胞内，或游离在细胞质中，或与细胞器紧密结合。而欲提取存在于细胞内的物质时，必须将细胞破碎。脏器的细胞膜较脆弱，极易破损，往往在组织绞碎或提取时就被破坏了。组织破碎的主要目标是用最小的破碎力量获得最大程度的细胞破碎率，并能保证蛋白质的完整性。具体步骤如下。

1）新鲜获取的脏器组织用匀浆缓冲液洗去残留血液和污染物，迅速剥去脂肪和筋皮等结缔组织，冲洗干净。用组织剪或手术刀将组织分离成 1 cm³ 左右的小块。

2）每体积湿重组织通常加 3～5 倍体积预冷的匀浆缓冲液至匀浆容器内。

3）根据所选择的组织选择适合的方法进行匀浆。

4）将组织匀浆倒入烧杯内，置于冰上，温和搅拌 30～60 min。注意不要搅起泡沫。

5）4℃ 8000 r/min 离心 10～20 min，去除细胞碎片和其他颗粒状物质。

6）如果上清表面上有漂浮的颗粒或脂肪，可在过滤漏斗内垫上纱布或玻璃纤维进行过滤，取上清。

7）尽快进行下游实验，否则应分装并及时保存在 −80℃ 条件下。

（二）脑组织蛋白质的提取

1. 材料、试剂与器材

（1）材料　新鲜动物脑组织。

（2）试剂

1）RIPA 母液（20 ml）：Tris 0.158 g, NaCl 0.18 g, ddH₂O 10 ml，浓 HCl 调 pH 至 7.4（约加 100 μl）；加 40 μl 0.5 mol/L 高压灭菌过的 EDTA 定容至 20 ml，4℃保存。使用前加 1 mg/ml 抑肽酶（aprotinin），用量为 100 μl/100 ml（−20℃保存）。

2）1 mg/ml 亮抑肽酶（leupeptin），使用量为 100 μl/100 ml（−20℃保存）。

3）200 mmol/L 苯甲基磺酰氟（PMSF），使用量为 500 μl/100 ml（4℃保存）。

4）200 mmol/L Na₃VO₄，使用量为 500 μl/100 ml（4℃保存）。

5）200 mmol/L NaF，使用量为 500 μl/100 ml（4℃保存）。

因加完酶的 RIPA 溶液 4℃只能保存 5 d，所以母液可以多配制，临用前再加酶。

（3）器材　玻璃平皿，剪刀，玻璃匀浆器，EP 管，离心机等。

2. 实验步骤

1）在冰上预冷玻璃平皿。

2）把脑组织放在预冷的玻璃平皿上，用剪刀将脑组织剪碎。

3）用 RIPA 液悬浮脑组织。每 250 mg 脑组织加 1 ml 的 RIPA。

4）冰上将脑组织匀浆，直至匀浆光滑（大致用 30 min，多匀浆几次，每次匀浆间隔 1 min 以上）。

5）将匀浆转移到预冷的 EP 管中。

6）4℃ 18 000 r/min 离心 20 min，留上清，弃沉淀。

7）转移上清至另一 EP 管中。

8）4℃ 18 000 r/min 离心 45 min。

9）保存上清（含有胞质蛋白和部分亚细胞结构中的膜蛋白）。

（三）脂肪组织蛋白质的提取

1. 材料、试剂与器材

（1）材料　　新鲜动物脂肪组织。

（2）试剂　　裂解液：9 mol/L 尿素，4%3-[（3-胆酰胺基丙基）二甲基铵基]-1-丙磺酸盐（CHAPS），65 mmol/L 二硫苏糖醇（DTT）。

（3）器材　　玻璃平皿，剪刀，玻璃匀浆器，EP 管，离心机等。

2. 实验步骤

将脂肪组织样品置于玻璃匀浆器中，按每毫克样品 2 μl 裂解液的比例分别加入相应体积的裂解液，冰浴中用玻璃匀浆器上下匀浆共 15 次。将匀浆液置于 EP 管中，4℃ 15 000 r/min 离心 1 h 后吸取上清，-80℃冻存备用。

（四）肝脏组织蛋白质的提取

1. 材料、试剂与器材

（1）材料　　新鲜动物肝脏组织。

（2）试剂　　PBS，提前灭菌，4℃过夜备用。

RIPA 裂解液：1% Triton X-100，0.5% 去氧胆酸钠，0.1% SDS。

5×Loading 缓冲液：60 mmol/L Tris-HCl（pH 6.8），2% SDS，0.1% 溴酚蓝，25% 甘油，14.4 mmol/L β- 巯基乙醇。

PMSF 等。

（3）器材　　玻璃平皿，剪刀，小镊子，玻璃匀浆器，冰盒，EP 管，离心机等。

2. 实验步骤

1）取出肝脏组织块放入玻璃平皿中，加入 PBS 漂洗，切下约黄豆大小的肝脏组织放入玻璃匀浆器中，在冰上迅速碾磨直至呈现云雾状。

2）加入 RIPA 裂解液约 500 μl（裂解液：PMSF＝100：1），冰上作用 20～30 min。

3）吸取组织液到已高压灭菌的 EP 管中，4℃ 12 000 r/min 离心 15 min。

4）取出 EP 管放在冰盒内，仔细吸取上清，取 2 μl 上清用于蛋白质浓度的测定。

5）剩余上清按蛋白质：5×Loading 缓冲液＝4：1 的比例加入 5×Loading 缓冲液，煮沸 10 min。

6）瞬时离心，放入 -20℃冰箱冻存备用。

（五）肠黏膜组织蛋白质的提取

1. 材料、试剂与器材

（1）材料 动物肠黏膜组织。

（2）试剂 PBS（pH 7.4）（含 2 mmol/L PMSF 和 2 mmol/L NaN₃ 或 1 mmol/L EDTA），异丙醇，0.3 mol/L 盐酸胍，95% 乙醇，无水乙醇，1% SDS 等。

（3）器材 剪刀，冰盒，高速匀浆机，EP 管，离心机等。

2. 实验步骤

1）将肠黏膜剪成碎块，加 5 倍体积 0.01 mol/L PBS（pH 7.4，含 2 mmol/L PMSF，2 mmol/L NaN₃），冲洗 5 次，1200 r/min 离心 5 min，弃上清。

2）再加 5 倍体积上述 PBS（含 1 mmol/L EDTA），冰浴内 10 000 r/min 高速匀浆 4 次（每次间隔 10 s），2000 r/min 离心 20 min，取上清。

3）在蛋白质上清中加入 1.5 ml 异丙醇（1 ml TRIpure 用量）。

4）倒转混匀，置室温 10 min。4℃ 10 000 r/min 离心 10 min，弃上清。

5）加入 2 ml 含 0.3 mol/L 盐酸胍的 95% 乙醇（1 ml TRIpure 用量），振荡，置室温 20 min，4℃ 7000 r/min 离心 5 min，弃上清。

6）重复步骤 5）2 次。

7）沉淀中加入无水乙醇 2 ml。充分振荡混匀，置室温 20 min。

8）4℃ 7000 r/min 离心 5 min，弃上清吹干沉淀。

9）用 1% SDS 溶解沉淀。4℃ 8000 r/min 离心 10 min。取上清于 −20℃ 保存。

（六）肌肉组织蛋白质的提取

1. 材料、试剂与器材

（1）材料 动物肌肉组织。

（2）试剂 裂解液：7 mol/L 尿素、2 mol/L 硫脲、4% CHAPS、2% IPG 缓冲液（pH 3～10）、1% DTT、4 μl/ml 蛋白酶抑制剂混合液。

50 μg/ml RNase，200 μg/ml DNase 等。

（3）器材 玻璃平皿，剪刀，研钵，玻璃匀浆器，EP 管，离心机，涡旋振荡器等。

2. 实验步骤

1）用研钵碾磨肌肉组织，加液氮 3～4 次，充分研磨。

2）将适量肌肉粉末（80～100 mg/ml）加入盛有适量裂解液的离心管（5 ml）中，用玻璃匀浆器匀浆 1～2 min，彻底破碎细胞。

3）加 50 μg/ml RNase 及 200 μg/ml DNase，在 20℃ 放置 60 min，每 10 min 涡旋一次，每次 10～20 s。

4）4℃ 18 000 r/min 离心 60 min（或 4℃ 36 000 r/min 离心 30 min）。

5）收集上清。

6）分装样品，冻存于 −80℃ 冰箱。

二、体外培养细胞蛋白质的提取

（一）体外培养细胞的选择及预处理

选择有效成分含量丰富的细胞为原材料，同时要考虑是否便于提取或者使分离纯化工艺简化。因常用细胞材料的特点各异，所以处理的要求也不相同。

在细胞的对数生长期，酶的含量较高，可以获得高产量的酶。一般用离心法分离细胞和上清；细胞外酶和某些代谢物可以从上清中分离；上清只能低温短期保存；细胞内物质需破碎细胞后才能分离；湿细胞可低温短期保存；冻干粉可在 4℃ 保存数月。

对于研究所要提取的蛋白质，有些分泌于细胞外，用适当的溶剂可直接提取；多数存在于细胞内，或游离在细胞质中，或与细胞器紧密结合（如氧化还原酶和有机磷水解酶等）。欲提取存在于细胞内的蛋白质时，必须将细胞破碎。

手工匀浆：将剪碎的组织倒入玻璃匀浆器中，用 1/3 匀浆介质或生理盐水冲洗残留在烧杯中的碎组织块，反复 3 次，一起倒入玻璃匀浆器中进行匀浆，左手持玻璃匀浆器将下端插入盛有冰水混合物的器皿中，右手将捣杆垂直插入套管中，上下转动研磨数十次（6～8 min），充分研碎，使组织匀浆化。

机器匀浆：用组织捣碎机 10 000～15 000 r/min 上下研磨制成 10% 组织匀浆，也可用内切式组织匀浆机制备（匀浆时间 10 s/ 次，间隙 30 s，连续 3～5 次，在冰水中进行），皮肤、肌肉组织等可延长匀浆时间。

超声粉碎：可用 Soniprep150 型超声波发生仪以振幅 14 μm 超声处理 30 s 使细胞破碎，也可用国产超声波发生仪，用 40A，5 s/ 次，间隙 10 s 反复 3～5 次。

反复冻融：培养或者分离的细胞可以用以上的方法匀浆，也可以反复冻融 3 次左右（向细胞培养液中加适量的低渗液或者双蒸水放于低温冰箱中结冰，融解，再结冰，再融解，反复 3 次左右），但有部分酶活力会受影响。

（二）体外培养细胞总蛋白质的提取

1. 材料、试剂与器材

（1）材料　　体外培养的悬浮细胞或单层贴壁细胞。

（2）试剂　　NP-40 裂解缓冲液，RIPA 裂解缓冲液，磷酸缓冲液（PBS），干冰 / 乙醇混合物等。

（3）器材　　冰盒，细胞刮刀，培养皿，EP 管，移液器，微量离心管，低温离心机等。

2. 实验步骤

（1）单层贴壁细胞的裂解

1）弃掉培养液，并将培养皿倒置于吸水纸上吸干培养液（或直立放置一定时间使残余培养液流到皿底，然后用移液器将其吸出）。

2）加入 4℃ 预冷的 PBS，平放轻轻摇动 1 min 洗涤细胞，然后弃去 PBS。重复以上操作 2 次以洗去培养液。

3）将培养皿置于冰上。

4）向培养皿内加入 4℃ 预冷的裂解缓冲液（根据需要选择裂解缓冲液，用量可参考表 1-4）。

表 1-4　裂解缓冲液体积选择

裂解缓冲液体积 /ml	培养皿直径或培养板孔径
1.0	90 mm
0.5	60 mm
0.25	35 mm（孔径为 30 mm）

5）冰上孵育 10～30 min（依据所研究的细胞系而定），偶尔摇动培养皿。

6）用干净的细胞刮刀将细胞刮于培养皿的一侧（动作要快），冰上斜置培养皿，使缓冲液流向一侧。移液器吸取溶解产物至预冷的微量离心管或其他适宜的离心管内。

7）4℃ 18 000 r/min 离心 10 min。

8）小心吸取上清至另一离心管内，注意不要碰到片状沉淀物。根据靶抗原对冻融过程的敏感程度不同，将其置于冰浴或用干冰/乙醇混合物快速冷冻，-70℃长期储存。保存于-70℃的样品融化后，需 4℃ 10 000 r/min 离心 5 min，以去除细胞骨架成分的聚集物。做免疫沉淀进行蛋白质复合物分析时，推荐使用新鲜制备的细胞裂解产物。

（2）悬浮细胞的裂解

1）400 r/min 离心 10 min 收集细胞，弃掉上清。

2）用预冷的 PBS 小心洗涤片状沉淀物 2 次，置于冰上。

3）加入 4℃预冷的裂解缓冲液重悬片状沉淀物，使每毫升内含有 $1×10^7$～$5×10^7$ 个细胞。

4）冰上孵育细胞 15 min，偶尔转动离心管。

5）4℃ 18 000 r/min 离心 10 min。

6）小心吸取上清至另一管内，注意不要碰到片状沉淀物［见单层贴壁细胞的裂解步骤 8）］。

（三）体外培养细胞的细胞膜蛋白的提取

1. 材料、试剂与器材

（1）材料　培养的悬浮细胞或单层贴壁细胞。

（2）试剂　匀浆缓冲液，磷酸缓冲液（PBS）（pH 7.4）等。

（3）器材　低温离心机，组织匀浆器，盖玻片，显微镜等。

2. 实验步骤

1）在预冷的组织匀浆器内每 $5×10^7$～$10×10^7$ 个细胞用 1 ml 匀浆缓冲液重悬，冰上匀浆细胞 30～50 次。

注意：不同的细胞匀浆所需的次数及强度不同。吸取 2～3 μl 匀浆液至盖玻片上，显微镜下观察。细胞核周围若有光环存在，说明细胞仍是完整的，未破碎。如果 70%～80% 的核周围未见光环，可继续以下的操作，否则应继续匀浆 10～30 次，直至满意为止。

2）将匀浆液移至 1.5 ml 离心管内。4℃ 600 r/min 离心 10 min，收集上清。

3）将上清移至一新管，4℃ 8000 r/min 离心 30 min，弃上清。

4）收集的沉淀即为细胞膜蛋白。

（四）体外培养细胞的细胞核蛋白的提取

为了从细胞核中得到蛋白质，首先必须收集培养的细胞，洗涤细胞，将细胞重悬于低渗溶液中。溶胀的细胞被均一化后，细胞核即被离心沉淀下来，弃去细胞质部分，将细胞核重悬于低盐溶液中。缓慢滴加高盐溶液可使蛋白质从细胞核中释放出来而不用破碎细胞核。通过离心即可将细胞核除去，上清（细胞核提取物）用中等浓度的盐溶液透析，将沉淀的蛋白质用离心法除去。

1. 材料、试剂与器材

（1）材料　培养的单层贴壁细胞或悬浮细胞。

（2）试剂　磷酸缓冲液（PBS），低渗缓冲液，低盐缓冲液，高盐缓冲液 A，KCl，台盼蓝染料等。

（3）器材　50 ml 或 15 ml 圆锥底刻度离心管，细胞刮刀，磁力搅拌器，匀浆器，低温离心机等。

2. 实验步骤

1）收获细胞。

A. 单层贴壁细胞：弃去培养液，用预冷的 PBS 洗涤，再弃去 PBS。用细胞刮刀刮下并转入一个刻度离心管中。

B. 悬浮细胞：将细胞浓度为 $5 \times 10^5 \sim 10 \times 10^5$ 个 /ml 的细胞悬液于 4℃ 1600 r/min 离心约 20 min，弃去上清并将细胞转至 50 ml 的圆锥底刻度离心管中（每管可转入 2～3 ml）。

2）4℃ 1600 r/min 离心约 10 min，弃去上清，分别进行以下操作。

A. 单层细胞：弃去上清，利用离心管上的刻度估计细胞的总体积（pcv）。

B. 悬浮细胞：弃去上清，利用离心管上的刻度估计细胞的总体积（pcv），将细胞重悬于约 5 倍 pcv 的 PBS 中，4℃ 1600 r/min 离心约 10 min，弃去上清。

3）将细胞很快重悬于 5 倍 pcv 的低渗缓冲液中，4℃ 1600 r/min 离心约 5 min，弃去上清。

4）用 3 倍于 pcv 的低渗缓冲液重悬细胞，冰浴 10 min 使细胞膨胀。

5）将细胞转入匀浆器中匀浆。

注意：匀浆时应缓慢。匀浆后，取少量加入等体积的台盼蓝染料。裂解的细胞要达到 80% 以上才能进行以下操作。

6）将细胞转入离心管中，以 3000 r/min 离心 15 min 收集细胞核。移去的上清可作为细胞质提取的原料。

7）利用离心管上的刻度估计细胞核的总体积。用 1/2 细胞核总体积的低盐缓冲液重悬细胞核。

8）滴加 1/2 细胞核总体积的高盐缓冲液，使其充分混匀。

注意：滴加速度不应过快，且每次均要使其混匀，并且应防止细胞核聚集成块。KCl 的浓度应为 300 mmol/L。

9）缓慢搅动溶液 30 min 使其充分混匀。

10）4℃ 20 000 r/min 离心 30 min 以沉淀细胞核，弃去上清即得到细胞核提取物。

3. 改进的细胞核提取方法

上面介绍的细胞核提取方法是一种经典的方法，其得到的细胞核提取物可用于所有的实验，但该方法比较烦琐。下述经过改进的方法，其特点是快速、简单，但必须根据不同的实验及不同的细胞来选用其最佳盐浓度。

附加试剂：分别含 0.8 mol/L、1.0 mol/L、1.2 mol/L、1.4 mol/L 及 1.6 mol/L KCl 的高盐

缓冲液 B。

具体步骤如下。

1）按以上基本方法的步骤 1）～6）操作。

2）在步骤 7）中，用 1/2 细胞核总体积的低盐缓冲液重悬细胞核，将悬浮液分成 5 等份后分装于 5 管中。悬液应充分悬浮。如有必要的话，可用匀浆器使其匀浆化。

3）在不断搅拌的情况下，分别滴加 1/3 细胞核总体积的含 0.8 mol/L、1.0 mol/L、1.2 mol/L、1.4 mol/L 及 1.6 mol/L KCl 的高盐缓冲液 B 于 5 管中，并使其充分混匀。

4）盖上管盖，倾斜摇动 30 min 使其混匀。

5）4℃ 20 000 r/min 离心 30 min，吸取上清即得到细胞核提取物。

（五）体外培养细胞的细胞质蛋白的提取

1. 材料、试剂与器材

（1）材料　　培养的单层贴壁细胞或悬浮细胞。

（2）试剂　　10× 细胞质提取缓冲液等。

（3）器材　　低温高速离心机等。

2. 实验步骤

1）将从"体外培养细胞的细胞核蛋白的提取"步骤 6）中得到的上清准确测量体积，加入 0.11 体积的 10× 细胞质提取缓冲液并混匀。

2）4℃ 20 000 r/min 离心 1 h。

（六）细胞质和线粒体中蛋白质的提取

1. 材料、试剂与器材

（1）材料　　培养的单层贴壁细胞或悬浮细胞。

（2）试剂　　PBS，细胞质提取缓冲液，线粒体溶解缓冲液，蛋白酶抑制剂，磷酸酶抑制剂，DTT 等。

（3）器材　　冰盒，手术剪，玻璃匀浆器，玻璃平皿，显微镜，EP 管，离心机等。

2. 实验步骤

1）收集不少于 1×10^7 个细胞，用冷 PBS（pH 7.4）洗涤细胞 2 次，每次 3000 r/min 离心 5 min；将组织样本（200 mg）尽量去除脂肪组织和结缔组织等非目的组织，置于冰上剪碎，再用冷 PBS（pH 7.4）洗涤 3 次。

2）在上述细胞或组织样本中加入 1 ml 细胞质提取缓冲液（使用前每毫升细胞质提取缓冲液中加入 1 μl 蛋白酶抑制剂、5 μl 磷酸酶抑制剂和 1 μl DTT），置玻璃匀浆器冰上匀浆 30～50 次，置于冰上冷却。破碎细胞后应镜检，细胞破碎率不小于 90%。

注意：不要过度匀浆，以免线粒体膜破裂，导致线粒体基粒和基质外流，使得细胞质蛋白和线粒体蛋白的分离困难。

3）将匀浆液转移至冷的离心管中，用最大转速涡旋剧烈振荡 15 s，放置冰上 10～15 min，于 4℃ 3000 r/min 离心 10 min，弃沉淀。

沉淀中为未破碎的细胞、细胞核和一些细胞碎片。重复步骤 3）可以进一步去除上清中残余的细胞核、细胞碎片等杂质。

4）取上清转移至新的预冷离心管中，于4℃ 12 000 r/min 离心 30 min 以沉淀线粒体，上清转至新管中，为细胞质蛋白，−80℃冷冻保存。

如果需要得到更为纯净的细胞质蛋白，可以将在步骤4）中得到的细胞质蛋白在4℃ 15 000 r/min 离心 30 min，弃沉淀（可能含有溶酶体、过氧化氢体的杂质和少量线粒体），保留上清。

5）取沉淀，加入 0.1 ml 细胞质提取缓冲液（使用前，每毫升细胞质提取缓冲液加入 1 μl 蛋白酶抑制剂、5 μl 磷酸酶抑制剂和 1 μl DTT），涡旋振荡洗涤 30 s，4℃ 13 000 r/min 离心 10 min，去上清。

6）在沉淀中加入 0.1 ml 的线粒体溶解缓冲液（使用前，每毫升线粒体溶解缓冲液加入 1 μl 蛋白酶抑制剂、5 μl 磷酸酶抑制剂和 1 μl DTT）。冰上放置 30 min，再涡旋振荡 30 s，4℃ 13 000 r/min 离心 10 min，得到的上清即为线粒体蛋白（为变性蛋白质）。可用于 SDS-PAGE 电泳。

如果需要完整的、有活性的线粒体，请将线粒体沉淀用冷的细胞质提取缓冲液悬浮后于 2～8℃保存。如果用于线粒体活性蛋白研究，请将线粒体沉淀溶解于 0.1 ml 预冷的活性溶解液［20 mmol/L Tris-HCl（pH 7.5）、2 mmol/L EGTA、2 mmol/L EDTA、1% Triton X-100］，每 1 ml 线粒体活性溶解液加入 1 μl 蛋白酶抑制剂和 1 μl DTT。冰上放置 60 min，再涡旋振荡 30 s，4℃ 13 000 r/min 离心 10 min，取上清。

三、植物组织蛋白质的提取

（一）聚乙烯吡咯烷酮法

该方法提取的蛋白质可用于 SDS-PAGE 垂直电泳。

1. 材料、试剂与器材

（1）材料　　植物叶、茎、果实等。

（2）试剂

1）液氮等。

2）蛋白质提取液：1 mol/L Tris-HCl（pH 8）45 ml，甘油 75 ml，聚乙烯吡咯烷酮（polyvinylpyrrolidone）6 g，用蒸馏水定容至 300 ml。

（3）器材　　冰盒，手术剪，研钵，EP 管，离心机等。

2. 实验步骤

1）根据样品质量（1 g 样品加入 3.5 ml 提取液，可根据材料不同适当加入）准备提取液，并将其放在冰上。

2）把样品放在研钵中用液氮研磨，研磨后加至提取液中在冰上静置（3～4 h）。

3）4℃ 8000 r/min 离心 40 min 或 11 000 r/min 离心 20 min。

4）提取上清，样品制备完成。

（二）三氯乙酸（TCA）- 丙酮沉淀法

该方法制备的蛋白质提取液可用于双向电泳，具有杂质少、离子浓度小的特点。当然单向电泳也同样适用，只是电泳的条带会减少。

1. 材料、试剂与器材

（1）材料　植物叶、茎、果实等。

（2）试剂

1）液氮等。

2）提取液：含 10% TCA 和 0.07% β-巯基乙醇的丙酮。

3）裂解液：将 2.7 g 尿素、0.2 g CHAPS 溶于 3 ml 灭菌的去离子水中（终体积为 5 ml），使用前按 65 μl/ml 用量加入 1 mol/L DTT。

（3）器材　冰盒，手术剪，研钵，EP 管，离心机，真空晾干机等。

2. 实验步骤

1）在液氮中研磨叶片。

2）加入 3 倍样品体积的提取液，在 −20℃ 条件下过夜，然后 4℃ 8000 r/min 以上离心 1 h，弃上清。

3）加入等体积的冰浴丙酮（含 0.07% 的 β-巯基乙醇），摇匀后 4℃ 8000 r/min 以上离心 1 h，然后真空干燥沉淀，备用。

4）上样前加入裂解液，室温放置 30 min，使蛋白质充分溶于裂解液中，然后 15℃ 8000 r/min 以上离心 1 h 或更长时间，以没有沉淀为标准，可临时保存在 4℃ 冰箱待用。

5）用 Brandford 法定量蛋白质，然后可分装放入 −80℃ 冰箱备用。

四、细菌蛋白质的提取

（一）新鲜样品中提取总蛋白质（简易法）

1. 材料、试剂与器材

（1）材料　菌液。

（2）试剂　裂解液（pH 8.5～9.0）：50 mmol/L Tris-HCl，2 mmol/L EDTA，100 mmol/L NaCl，0.5% Triton X-100，调 pH 至 8.5～9.0 备用；用前加入 100 μg/ml 溶菌酶、1 μl/ml 苯甲基磺酰氟（PMSF）。该裂解液用量为 10～50 ml 裂解液/g 湿菌体。

（3）器材　超声破碎仪，EP 管，离心机等。

2. 实验步骤

1）将 40 ml 菌液在 4℃ 10 000 r/min 离心 15 min 收集菌体，沉淀用 PBS 悬浮洗涤 2 遍，沉淀加入 1 ml 裂解液悬浮菌体。

2）超声粉碎，采用 300 W，10 s 超声/10 s 间隔，超声 20 min，反复冻融超声 3 次至菌液变清或者变色。

3）1000 r/min 离心去掉大碎片，上清可直接变性后用聚丙烯酰胺凝胶电泳（PAGE）检测，或者用 1% SDS 溶液透析后冻存。

缺点：蛋白质印迹法结果表明，疏水性跨膜蛋白提取效率有限。

（二）从 Trizol 裂解液中分离总蛋白质

1. 材料、试剂与器材

（1）材料　菌液。

（2）试剂　　Trizol，氯仿，无水乙醇，95%乙醇，异丙醇，0.3 mol/L 盐酸胍，1% SDS 等。

（3）器材　　EP 管，离心机，透析袋，水浴锅等。

2. 实验步骤

1）用 Trizol 溶解的样品研磨破碎后，加氯仿分层，于 2～8℃条件下 8000 r/min 离心 15 min，上层水相用于 RNA 提取，体积约为总体积的 60%。

2）用乙醇沉淀中间层和有机相中的 DNA。每使用 1 ml Trizol 加入 0.3 ml 无水乙醇混匀，室温放置 3 min，2～8℃不超过 1800 r/min 离心 5 min。

3）将上清移至新的 EP 管中，用异丙醇沉淀蛋白质。每使用 1 ml Trizol 加入 1.5 ml 异丙醇，室温放置 10 min，2～8℃ 10 000 r/min 离心 10 min，弃上清。

4）用含有 0.3 mol/L 盐酸胍的 95% 乙醇洗涤，每 1 ml Trizol 加入 2 ml 洗液，室温放置 20 min，2～8℃ 6500 r/min 离心 5 min，弃上清，重复洗涤 2 次。最后加入 2 ml 无水乙醇，涡旋后室温放置 20 min，2～8℃ 6500 r/min 离心 5 min，弃上清。

5）冷冻干燥 5～10 min，1% SDS 溶液溶解，反复吹打，50℃水浴使其完全溶解，2～8℃ 8000 r/min 离心 10 min，去除不溶物。

6）替代方案：将步骤 3）中的酚醇上清移至小分子质量的透析袋中，在 2～8℃的 1% SDS 溶液中透析 3 次，1000 r/min 离心 10 min 去除沉淀，上清可直接用于蛋白质相关实验。

（三）Triton X-114 去污剂法提取疏水性膜蛋白

1. 材料、试剂与器材

（1）材料　　菌液。

（2）试剂

1）疏水性蛋白提取液（非裂解液）：1% Triton X-114，150 mmol/L NaCl，10 mmol/L Tris-HCl，1 mmol/L EDTA，调 pH 至 8.0 备用。

2）PBS（含 5 mmol/L $MgCl_2$），20 mmol/L $CaCl_2$，丙酮，Triton X-114 等。

（3）器材　　冰盒，EP 管，离心机等。

2. 实验步骤

1）菌液于 4℃条件下 12 000 r/min 离心 15 min 收集菌体；用 1 ml 含有 5 mmol/L $MgCl_2$ 的 PBS 洗涤 3 次，最后于 4℃条件下 12 000 r/min 离心 15 min 收集菌体。

2）菌体沉淀加入 1 ml 预冷提取液，于 4℃条件下放置 2 h，15 000 r/min 离心 10 min，去除沉淀取上清。

3）将上述上清中的 Triton X-114 含量增加到 2%，再加入 20 mmol/L 的 $CaCl_2$ 抑制部分蛋白酶活性，于 37℃条件下放置 10 min 使其分层。室温下 1000 r/min 离心 10 min 使液相和去污相充分分层。

4）将液相和去污相分开，分别用 10 倍体积的冷丙酮在冰上沉淀 45 min。

5）于 4℃条件下 15 000 r/min 离心 30 min，用去离子水洗涤沉淀 3 次。

6）将沉淀溶解在 1% SDS 溶液中，测定蛋白质浓度，比较液相和去污相中蛋白质的提取效率，一般是去污相中疏水性膜蛋白较多，适于进一步蛋白质实验。

7）经 SDS-PAGE 进一步分析液相和去污相的蛋白质图谱。

第二章

PCR 技术

第一节　限制性片段长度多态性

限制性片段长度多态性（restriction fragment length polymorphism，RFLP）技术是第一代DNA 分子标记技术。Donis-Keller 利用此技术于 1987 年构建了第一张人的遗传图谱。DNA 分子水平上的多态性检测技术是进行基因组研究的基础。RFLP 已被广泛用于基因组遗传图谱构建、基因定位及生物进化和分类的研究。

一、实验原理

不同品种（个体）基因组的限制性内切酶的酶切位点碱基发生突变，或酶切位点之间发生了碱基的插入、缺失、重排等，导致酶切片段的大小发生了变化，这种变化可以通过 PCR、酶切及琼脂糖凝胶电泳进行检测，从而可比较不同品种（个体）的 DNA 水平的差异（多态性），RFLP 已被广泛用于基因组遗传图谱构建、基因定位及生物进化和分类、遗传多样性等研究。

该技术利用的是限制性内切酶能识别 DNA 分子的特异序列，并在特定序列处切开 DNA 分子，即产生限制性片段的特性。对于不同种群的生物个体而言，它们的 DNA 序列存在差别，如果这种差别刚好发生在内切酶的酶切位点，并使内切酶识别序列变成了不能识别的序列，或是这种差别使本来不是内切酶识别位点的 DNA 序列变成了内切酶识别位点，导致用限制性内切酶酶切该 DNA 序列时，会少一个或多一个酶切位点，结果产生少一个或多一个的酶切片段。这样就形成了用同一种限制性内切酶切割不同物种 DNA 序列时，产生不同长度、不同数量的限制性酶切片段。然后将这些片段电泳、转膜、变性，与标记过的探针进行杂交、洗膜，即可分析其多态性结果。

二、材料、试剂与器材

1. 材料与试剂

Hind Ⅲ 限制性内切酶，待分析的 PCR 产物，10× 酶切缓冲液，DL2000 DNA marker，6× 上样缓冲液，灭菌 ddH$_2$O，1.5% 琼脂糖凝胶（含 0.5 μg/ml 溴化乙锭），0.5% TBE 电泳缓冲液，10× 酶切缓冲液等。

2. 器材

EP 管，电热恒温水浴锅，琼脂糖凝胶电泳系统等。

三、实验步骤

1. *Hind* Ⅲ 限制性内切酶酶切

反应体积为 10 μl，在 0.2 ml EP 管中依次加样：1 μl 10× 酶切缓冲液，5.5 μl ddH$_2$O，0.5 μl *Hind* Ⅲ，3 μl PCR 产物，37℃水浴酶切 2 h，酶切产物全部用于琼脂糖凝胶电泳检测。

2. 琼脂糖凝胶电泳

配制 1.5% 琼脂糖凝胶，取 10 μl 酶切产物加 1 μl 6× 上样缓冲液，180 V 恒压电泳。DNA 带负电荷，电泳时 DNA 从负极向正极泳动。待泳动至凝胶的 1/2～2/3 位置时，停止电泳，在紫外检测仪下观察。

第二节　扩增片段长度多态性

扩增片段长度多态性（amplified fragment length polymorphism，AFLP）是基于 PCR 技术扩增基因组 DNA 限制性片段，基因组 DNA 先用限制性内切酶切割，然后将双链接头连接到 DNA 片段的末端，接头序列和相邻的限制性位点序列作为引物结合位点。限制性片段用两种酶切割产生，一种是罕见切割酶，另一种是常用切割酶。它结合了 RFLP 技术和 PCR 技术的特点，具有 RFLP 技术的可靠性和 PCR 技术的高效性。由于 AFLP 扩增可使某一品种出现特定的 DNA 谱带，而在另一品种中可能无此谱带产生，因此这种通过引物诱导及 DNA 扩增后得到的 DNA 多态性可作为一种分子标记。AFLP 可在单个反应中检测到大量的片段，所以说 AFLP 技术是一种新型且功能强大的 DNA 指纹技术。

AFLP 技术的主要特点：分析所需 DNA 量少，仅需 0.5 g；可重复性好；多态性强；分辨率高；不需要 DNA 印迹；样品适用性广；遗传性稳定。在技术特点上，AFLP 实际上是随机扩增多态性 DNA（random amplified polymorphic DNA，RAPD）和 RFLP 相结合的一种产物。它既克服了 RFLP 技术复杂、有放射性危害和 RAPD 稳定性差、标记呈现隐性遗传的缺点，同时又兼有二者之长。近几年来，人们不断将这一技术完善、发展，使得 AFLP 迅速成为迄今为止最有效的检测方法。

一、实验原理

AFLP 是通过限制性内切酶片段的不同长度检测 DNA 多态性的一种 DNA 分子标记技术。但 AFLP 是通过 PCR 反应先扩增酶切片段，然后把扩增的酶切片段在高分辨率的顺序分析胶上进行电泳，多态性即以扩增片段的长度不同被检测出来。实验中酶切片段首先与含有共同黏性末端的人工接头连接，连接后的黏性末端顺序和接头顺序就作为以后 PCR 反应的引物结合位点。实验中，根据需要通过在末端上分别添加含有 1～3 个选择性核苷酸的不同引物，可以达到选择性扩增的目的。这些选择性核苷酸使得引物能选择性地识别具有特异配对顺序的内切酶片段，进行结合，导致特异性扩增。

二、材料、试剂与器材

1. 材料与试剂

TE 缓冲液，苯酚/氯仿/异戊醇（25∶24∶1），氯仿/异戊醇（24∶1），乙酸钠，无水乙醇，70% 乙醇，琼脂糖，0.5 μg/ml EB，10× 酶切缓冲液，*Taq* DNA 聚合酶，*Eco*R I / *Mse* I*Eco*R I / *Mse* I 接头，T_4 DNA 连接酶，E+A 引物，M+C 引物，E+M 引物，15 mmol/L $MgCl_2$，dNTP 混合液，*Eco*R I 选择性引物，*Mse* I 选择性引物，ddH_2O，电泳上样缓冲液（98% 甲酰胺，10 mmol/L EDTA，0.25% 二甲苯青，0.25% 溴酚蓝），6% 变性聚丙烯酰胺胶，1×TBE 电泳缓冲液，过硫酸铵，丙烯酰胺，尿素，冰醋酸，$AgNO_3$，甲醛，Na_2CO_3，硫代硫酸钠，50bp marker 等。

2. 器材

EP 管，离心机，摇床，数码相机，白光灯箱，PCR 仪，凝胶电泳系统等。

三、实验步骤

1. 基因组 DNA 的提取和纯化

DNA 的提取：参考第一章第二节 DNA 提取方法。

DNA 的纯化：取出已提取的基因组 DNA 的 1/3 进行纯化，首先用 TE 缓冲液补满至总体积 50 μl，再用等体积苯酚/氯仿/异戊醇（25∶24∶1）、氯仿/异戊醇（24∶1）各抽提一次，离心吸取上清于 EP 管中，加入 1/10 体积的乙酸钠和 2 倍体积预冷的无水乙醇，−20℃ 放置 2 h 以上，8000 r/min 离心 10 min，用 70% 乙醇漂洗 DNA 沉淀 2 次，风干后溶于 30 μl TE 缓冲液中，用紫外分光光度计检测 OD_{260}、OD_{280} 值并定量，再用 0.8% 琼脂糖凝胶（含 EB 0.5 μg/ml）电泳检测片段大小。

2. 限制性酶切及连接

酶切（20 μl 体系/样品）：在 0.2 ml 离心管中加入 4 μl 10× 酶切缓冲液、0.5 μl *Eco*R I（10 U/μl）、0.1 μl *Mse* I（10 U/μl）、4 μl 模板 DNA（50 ng/μl），ddH_2O 补至 20 μl。轻轻混匀，离心去气泡。PCR 仪 37℃ 反应 2 h 后，65℃ 30 min 终止反应。

酶切效果检测：取 4~6 μl 酶切液用琼脂糖凝胶电泳进行酶切效果检测，跑出的条带以弥散状、无明显主带为好。

T_4 DNA 连接酶（20 μl 体系/样品）：2 μl T_4 DNA 连接酶（1 U/μl），2 μl 10× 酶切缓冲液，样品双酶切产物 10 μl，1 μl *Mse* I 接头，1 μl *Eco*R I 接头（稀释 10 倍），ddH_2O 4 μl。轻轻混匀，离心去气泡。PCR 仪 22℃ 反应 3 h 后，65℃ 10 min 终止反应。

3. 预扩增

取 3 μl 酶切连接产物，加入 75 ng E+A，75 ng M+C 引物，15 μl APLF Core Mix（ddH_2O 8.8 μl，15 mmol/L $MgCl_2$ 1.6 μl，25 mmol/L dNTP 混合液 1.6 μl，1 U *Taq* DNA 聚合酶 1 μl，10× 缓冲液 2 μl）。

反应参数为：94℃ 90 s；94℃ 30 s，56℃ 1 min，72℃ 1 min，30 个循环；72℃ 10 min。

反应结束后，用 0.8% 琼脂糖凝胶（含 EB 0.5 μg/ml）电泳检测扩增产物，取 3 μl 产物稀释 50 倍，用作选择性扩增模板。

4. 选择性 PCR 扩增

取稀释后的产物 3 μl，加入 *Eco*R I 选择性引物、*Mse* I 选择性引物各 75 ng，15 μl APLF Core Mix（配方同步骤 3）。

反应参数为：94℃ 90 s；94℃ 30 s，65℃ 1 min，72℃ 1 min，13 个循环（每循环降 0.7℃）；94℃ 30 s，56℃ 1 min，72℃ 1 min，25 个循环；72℃ 5 min。

选用 0.8% 琼脂糖凝胶（含 EB 0.5 μg/ml）电泳检测选择性扩增产物。

5. 凝胶电泳

扩增产物用 6% 变性聚丙烯酰胺胶（厚度 0.5 mm）和 1×TBE 电泳缓冲液电泳分离。拔出梳子，140 W 恒功率预电泳 30 min，温度达到 47~49℃。务必使每个孔清洗出尿素。选择性扩增产物中加入等体积上样缓冲液（98% 甲酰胺，10 mmol/L EDTA，0.25% 二甲苯青，0.25% 溴酚蓝），94℃ 变性 5 min（PCR 仪），结束后迅速置于冰上直到点样。每个泳道加样 8 μl。

一开始用 100 W 恒功率电泳约 2 min，使样品迅速集中到孔底部，再调到 60 W 恒功率电泳，温度保持在 43℃左右，至二甲苯青到玻璃板 2/3 处，结束电泳。

6. 银染

固定液：取 100 ml 冰醋酸加入 900 ml 去离子水或双蒸水中。

染色液：1 g AgNO₃，1.5 ml 37% 甲醛，加去离子水至 1 L。

显色液：30 g Na₂CO₃，1.5 ml 37% 甲醛，2 mg 硫代硫酸钠，加去离子水至 1 L。

1）电泳完毕后，将粘有凝胶的玻璃板置入用于银染的塑料盘中。

2）固定：加入固定液，在摇床上轻微振荡 30 min。固定结束后，固定液保留。

3）加入去离子水漂洗 3 次，每次 2 min。

4）染色：将凝胶放入染色盘中，倒入染色液（4℃），在摇床上轻微振荡 30 min。用去离子水漂洗凝胶 10 s 后，置入显色盘中。

5）显色：加入显色液（4℃），在摇床上轻微振荡直至条带数不再增加为止。

6）终止：加入步骤 2）用后的固定液，来回漂几分钟。达到最好效果后，用蒸馏水漂洗几分钟。

7）去除凝胶和玻璃板上的水珠后，放在白光灯箱上用数码相机拍照。

第三节　普通 PCR

聚合酶链反应（polymerase chain reaction，PCR）是一种分子生物学技术，用于放大特定的 DNA 片段，可看作生物体外的特殊 DNA 复制。

一、实验原理

PCR 技术的基本原理类似于 DNA 的天然复制过程，其特异性依赖于与靶序列两端互补的寡核苷酸引物。PCR 由变性—退火—延伸三个基本反应步骤构成。

1）模板 DNA 的变性：模板 DNA 经加热至 93℃左右一定时间后，DNA 双链解离，成为单链，以便它与引物结合，为下轮反应作准备。

2）模板 DNA 与引物的退火（复性）：模板 DNA 经加热变性成单链后，温度降至 55℃左右，引物与模板 DNA 单链的互补序列配对结合。

3）引物的延伸：DNA 模板 - 引物结合物在 *Taq* DNA 聚合酶的作用下，以 4 种 dNTP 为反应原料、靶序列为模板，按碱基互补配对与半保留复制原理，合成一条新的与模板 DNA 链互补的半保留复制链，重复循环变性—退火—延伸三过程就可获得更多的"半保留复制链"，而且这种新链又可成为下次循环的模板。每完成一个循环需 2～4 min，2～3 h 就能将目的基因扩增放大几百万倍。

二、材料、试剂与器材

1. 材料

组织或细胞样品。

2. 试剂

RNA 提取试剂，*Taq* DNA 聚合酶，10× 扩增缓冲液（含 Mg²⁺），引物，模板 DNA，双蒸水或三蒸水。

dNTP 混合液：含 dATP、dCTP、dGTP、dTTP 各 2 mmol/L。

3. 器材

离心管，离心机，水浴锅，PCR 管，PCR 仪，电泳仪，凝胶图像分析系统等。

三、PCR 反应体系与反应条件

1. 标准的 PCR 反应体系

10× 扩增缓冲液 10 μl，4 种 dNTP 混合液 200 μl，引物 10～100 μl，模板 DNA 0.1～2 μg，*Taq* DNA 聚合酶 2.5 μl，Mg^{2+} 1.5 mmol/L，双蒸水或三蒸水 100 μl。

2. PCR 步骤

参加 PCR 反应的物质主要有 5 种，即引物（PCR 引物为 DNA 片段，细胞内 DNA 复制的引物为一段 RNA 链）、酶、dNTP 混合液、模板和缓冲液（其中需要 Mg^{2+}）。标准的 PCR 过程分为以下三步。

1）DNA 变性（90～96℃）：双链 DNA 模板在热作用下，氢键断裂，形成单链 DNA。

2）退火（25～65℃）：系统温度降低，引物与 DNA 模板结合，形成局部双链。

3）延伸（70～75℃）：在 *Taq* DNA 聚合酶（在 72℃左右活性最佳）的作用下，以 4 种 dNTP 为原料，从引物的 5′ 端→3′ 端延伸，合成与模板互补的 DNA 链。

每一循环经过变性、退火和延伸，DNA 含量即增加一倍。现在有些 PCR 因为扩增区很短，即使 *Taq* DNA 聚合酶活性不是最佳也能在很短的时间内复制完成，因此可以改为两步法，即退火和延伸同时在 60～65℃进行，以减少一次升降温过程，提高了反应速率。

四、PCR 反应特点

1. PCR 反应的特异性决定因素

1）引物与模板 DNA 的特异性结合。

2）碱基配对原则。

3）*Taq* DNA 聚合酶合成反应的忠实性。

4）靶基因的特异性与保守性。

其中引物与模板的正确结合是关键。引物与模板的结合及引物链的延伸是遵循碱基配对原则的。聚合酶合成反应的忠实性及 *Taq* DNA 聚合酶的耐高温性，使反应中模板与引物的结合（复性）可以在较高的温度下进行，结合的特异性大大增加，被扩增的靶基因片段也就能保持很高的正确度。再通过选择特异性和保守性高的靶基因区，其特异性程度就更高。

2. 灵敏度

PCR 产物的生成量是以指数方式增加的，能将皮克（$pg = 10^{-12}g$）量级的起始待测模板扩增到微克水平。能从 100 万个细胞中检出一个靶细胞；在病毒的检测中，PCR 的灵敏度可达 3 个 PFU（空斑形成单位）；在细菌学中的最小检出率为 3 个细菌。

3. 简便、快速

PCR 反应用耐高温的 *Taq* DNA 聚合酶，一次性地将反应液加好后，即在 PCR 仪上进行变性—退火—延伸反应，一般在 2～4 h 完成扩增反应。扩增产物一般用电泳分析，不一定要用同位素，无放射性污染，易推广。

4. 对标本的纯度要求低

不需要分离病毒或细菌及培养细胞，DNA粗制品及RNA均可作为扩增模板。可直接用临床标本如血液、体腔液、洗漱液、毛发、细胞、活组织等进行DNA扩增检测。

五、PCR常见问题

1. 假阴性（不出现扩增条带）

PCR反应的关键环节有：①模板核酸的制备；②引物的质量与特异性；③酶的质量；④PCR循环条件。寻找原因也应针对上述环节进行分析研究。

1）模板：①模板中含有杂蛋白；②模板中含有 Taq DNA聚合酶抑制剂；③模板中蛋白质没有消化除净，特别是染色体中的组蛋白；④在提取制备模板时丢失过多，或吸入酚；⑤模板核酸变性不彻底。在酶和引物质量好时，不出现扩增带，极有可能是标本的消化处理和模板核酸提取过程出了问题，因而要配制有效而稳定的消化处理液，其程序也应固定，不宜随意更改。

2）酶失活：需更换新酶，或新旧两种酶同时使用，以分析是否是酶的活性丧失或不够而导致假阴性。需注意的是有时是因为忘加 Taq DNA聚合酶或溴化乙锭而出现假阴性。

3）引物：引物的质量、引物的浓度、两条引物的浓度是否对称，是PCR成败或扩增条带是否理想的常见原因。有些批号的引物合成质量有问题，两条引物中一条浓度高，另一条浓度低，造成低效率的不对称扩增，对策为：①选定一个好的引物合成单位。②引物的浓度不仅要看OD值，更要注重用引物原液做琼脂糖凝胶电泳，一定要有引物条带出现，而且两引物带的亮度应大体一致。如一条引物有条带，另一条引物无条带，此时做PCR有可能失败，应和引物合成单位协商解决。如一条引物亮度高，另一条引物亮度低，在稀释引物时要平衡其浓度。③引物应高浓度小量分装保存，防止多次冻融或长期放冰箱冷藏，导致引物变质降解失效。④引物设计不合理，如引物长度不够，引物之间形成二聚体等，也可能造成不对称扩增，应考虑重新设计引物。

4）Mg^{2+}浓度：Mg^{2+}浓度对PCR扩增效率的影响很大，浓度过高可降低PCR扩增的特异性，浓度过低则影响PCR扩增产量甚至使PCR扩增失败而不出现扩增条带。

5）反应体积的改变：通常进行PCR扩增采用的体积为 20 μl、30 μl、50 μl 或 100 μl，应用多大体积进行PCR扩增，是根据不同的科研和临床检测目的而设定的，在做小体积如 20 μl 后，再做大体积时，一定要摸索条件，否则容易失败。

6）物理原因：变性对PCR扩增来说相当重要，如变性温度低，变性时间短，极有可能出现假阴性；退火温度过低，可致非特异性扩增而降低特异性扩增效率；退火温度过高影响引物与模板的结合而降低PCR扩增效率。有时还有必要用标准的温度计，检测PCR仪或水浴锅内的变性、退火和延伸温度。

7）靶序列变异：如靶序列发生突变或缺失，影响引物与模板的特异性结合，或因靶序列某段缺失使引物与模板失去互补序列，其PCR扩增是不会成功的。

2. 假阳性

假阳性是指出现的PCR扩增条带与目的靶序列条带一致，有时其条带更整齐、亮度更高。大致有以下几方面原因。

1）引物设计不合适：选择的扩增序列与非目的扩增序列有同源性，因而在进行PCR扩增时，扩增出的PCR产物为非目的性的序列。靶序列太短或引物太短，容易出现假阳性。

需重新设计引物。

2）靶序列或扩增产物的交叉污染：这种污染有两种原因，一是整个基因组或大片段的交叉污染，导致假阳性。这种假阳性可用以下方法解决：①操作时应小心轻柔，防止将靶序列吸入加样枪内或溅出离心管外；②除酶及不能耐高温的物质外，所有试剂或器材均应高压消毒；③所用离心管及进样枪头等均应一次性使用，必要时，在加样前，反应管和试剂用紫外线照射，以破坏存在的核酸。二是空气中的小片段核酸污染，这些小片段比靶序列短，但有一定的同源性，它们可互相拼接，与引物互补后，可扩增出 PCR 产物，而导致假阳性的产生，可用巢式 PCR 方法来减轻或消除这种现象。

3. 出现非特异性扩增条带

PCR 扩增后出现的条带与预计的大小不一致，或大或小，或者同时出现特异性扩增条带与非特异性扩增条带。非特异性条带出现的原因：一是引物与靶序列不完全互补或引物聚合形成二聚体；二是 Mg^{2+} 浓度过高、退火温度过低及 PCR 循环次数过多；三是酶的质和量，某些来源的酶往往易出现非特异性条带而另一来源的酶则不出现，酶量过多有时也会出现非特异性扩增。其对策有：①必要时重新设计引物；②降低酶量或调换另一来源的酶；③降低引物量，适当增加模板量，减少循环次数；④适当提高退火温度或采用二温度点法（93℃变性，65℃左右退火与延伸）。

4. 出现片状拖带或涂抹带

PCR 扩增有时会出现涂抹带、片状带或地毯样带。其原因往往是酶量过多或酶的质量差、dNTP 浓度过高、Mg^{2+} 浓度过高、退火温度过低、循环次数过多等。其对策有：①减少酶量，或调换另一来源的酶；②减少 dNTP 的浓度；③适当降低 Mg^{2+} 浓度；④增加模板量，减少循环次数。

第四节 RT-PCR（反转录 - 聚合酶链反应）

RT-PCR 为反转录 PCR（reverse transcription-polymerase chain reaction，RT-PCR）和实时 PCR（real time PCR）共同的缩写。

一、实验原理

提取组织或细胞中的总 RNA，以其中的 mRNA 作为模板，采用 oligo（dT）或随机引物利用反转录酶反转录成 cDNA；再以 cDNA 为模板进行 PCR 扩增，进而获得目的基因或检测基因表达。RT-PCR 使 RNA 检测的灵敏性提高了几个数量级，使一些极微量 RNA 样品分析成为可能。该技术主要用于分析基因的转录产物、获取目的基因、合成 cDNA 探针、构建 RNA 高效转录系统。

RT-PCR 的指数扩增是一种很灵敏的技术，可以检测拷贝数很低的 RNA。RT-PCR 广泛应用于遗传病的诊断，也可以用于定量检测某种 RNA 的含量。

二、材料、试剂与器材

1. 材料

组织或细胞样品，或其 RNA 提取物。

2. 试剂

反转录酶，*Taq* DNA 聚合酶，oligo（dT）引物，随机六聚体引物，5× 反转录缓冲液，10 mmol/L dNTP 混合液，40 U/μl RNase 抑制剂，10×*Taq* 缓冲液，MgCl₂，0.1 mol/L DTT，cDNA 模板，RNase-free 水，琼脂糖，TAE 缓冲液，上样缓冲液，marker，EB 等。

3. 器材

冰盒，离心管，离心机，水浴锅，PCR 管，微量移液器，全波长扫描式多功能读数仪，PCR 仪，微波炉，琼脂糖凝胶电泳系统等。

三、实验步骤

（一）引物设计

本实验使用 oligo 6 软件设计 p53 引物。首先登录 NCBI，输入基因的登录号，获得其编码序列（coding sequence，CDS）等详细信息。复制序列，保存为 .seq 格式。打开 oligo 6 软件，打开刚保存的文件，出现 Tm、Frq 和 ΔG 窗口。点击 Search，选择 Primers and Probes，出现 Search for Primers and Probes 窗口。在该窗口内点击 Search Ranges，设置引物搜索范围，上游引物为 1～53 bp，下游引物为 1200～1302 bp，产物长度为 1000～1200 bp，点击 Ok。再点击 Parameters，进行更多参数的设置，无特殊需要，可默认，确定完成，开始搜索。在新出现的 Search Status 窗口点击 Ok 可见搜索结果。点击任意一对引物，可在 PCR 窗口中查看引物的信息。根据 GC 含量和 T_m 值，确定比较适合的引物，并保存序列。

（二）总 RNA 的提取

详见第一章第三节。

（三）RNA 浓度的检测

本实验通过全波长扫描式多功能读数仪进行 RNA 纯度和浓度的检测。

在定量模块中点上 2 μl 空白对照和实验获得的 RNA 样品，设置两组重复对照。将定量模块放进读数仪的机舱中，打开软件，点击 Ok 进入，选择 New Session，创建新文件。进入 Plate Layout 界面，点击 Wizard 编辑样品孔。设置 1 个空白对照和 2 个待测样品，两组重复。点击 Protocol，设置测定波长 230 nm、260 nm 和 280 nm 的光密度值。点击 Result，将结果显示设置为 OD₂₆₀/OD₂₈₀ 和 OD₂₆₀/OD₂₃₀ 的值。设置完毕后，点击保存。点击连接，运行。结果输出后，可下拉菜单查看 230 nm、260 nm、280 nm 的 OD 值。点击 Purity_260_280，查看 OD₂₆₀/OD₂₈₀ 的值；点击 Purity_260_230，查看 OD₂₆₀/OD₂₃₀ 的值。点击出舱，取出定量模块。

（四）反转录反应

1）先配制对照组（Con），加入 10 μl ddH₂O、1 μl oligo（dT）引物、2 μl 随机六聚体引物。

2）接下来是 1 号和 2 号管的配制，依次加入 1 μl 调整好浓度的总 RNA、1 μl oligo（dT）引物、2 μl 随机六聚体引物，最后加 9 μl 水补充至总体积为 13 μl。

3）设置好反转录程序，先在 PCR 仪中 65℃ 反应 5 min，可有效减少 RNA 二级结构的形成。加热后迅速置于冰上。

4）反应后，在上述混合物中分别加入 5× 反转录缓冲液 4 μl、dNTP 混合液 2 μl、40 U/μl 的 RNase 抑制剂 0.5 μl、20 U/μl 的反转录酶 0.5 μl。小心混合，切勿涡旋混匀！

5）混匀后于瞬时离心机上短暂离心，使样品和反应液落至离心管底部。

6）将离心管放入 PCR 仪中，25℃反应 10 min，55℃反应 30 min。反应完毕后，于 85℃下加热 5 min 灭活反转录酶，再置于冰上停止反应，直接进入 PCR 反应。

（五）PCR 扩增

1）先进行 PCR 反应体系的配制，在 PCR 管中加入 10×*Taq* 缓冲液 2 μl、12.5 U/μl 的 *Taq* DNA 聚合酶 0.3 μl、25 mmol/L MgCl$_2$ 1.2 μl、10 mmol/L dNTP 混合液 0.2 μl、110 pmol/μl 的上游和下游引物各 0.3 μl、cDNA 模板 1～10 μl，最后用 RNase-free 水调整至 20 μl。

2）混匀后离心 5 s，将 PCR 管放入 PCR 仪进行扩增。

3）调用 PCR 程序，95℃预变性 5 min；94℃变性 30 s，55℃退火 40 s，72℃延伸 30 s，28～36 个循环；72℃ 7 min，12℃保存。扩增结束后，取出 PCR 管，可进行电泳检测。

（六）凝胶电泳检测

1）制备 1% 的琼脂糖凝胶，在锥形瓶中加入 0.3 g 琼脂糖和 30 ml TAE 缓冲液，盖上保鲜膜，用微波炉加热至琼脂糖全部溶化。待混合物冷却至 50～60℃时，将其倒入胶槽中。

2）凝胶凝固后，轻轻拔去梳子，将胶放入电泳槽中，并倒入适量的 TAE 缓冲液。将样品和上样缓冲液混匀后，加到上样孔中，并点上 2 μl 的 marker。90 V 恒压电泳，待指示剂迁移至凝胶的 2/3 处，即可停止电泳。

3）取出凝胶，置于 EB 中浸泡 20 min 后放于凝胶扫描仪下查看电泳结果。

（七）结果分析

1）总 RNA 样品质量良好，条带清晰，无蛋白质、DNA、有机溶剂、盐离子的污染，OD$_{260}$/OD$_{280}$ 的值在 1.8～2.1。

2）无模板（NTC）对照中没有 cDNA 模板，扩增无产物。p53 在正常小鼠和肝癌小鼠模型中均有表达，且表达量不一。可通过测序进行后续分析。

四、注意事项

1）在实验过程中要防止 RNA 的降解，保持 RNA 的完整性。在总 RNA 的提取过程中，注意避免 mRNA 的断裂。

2）为了防止非特异性扩增，必须设阴性对照。

3）内参的设定：主要用于靶 RNA 的定量。常用的内参有 G3PD（甘油醛 -3- 磷酸脱氢酶）、β-actin（β- 肌动蛋白）等。其目的在于避免 RNA 定量误差、加样误差，以及各 PCR 反应体系中扩增效率不均一和各孔间的温度差等所造成的误差。

4）PCR 不能进入平台期，出现平台效应与所扩增的目的基因的长度、序列、二级结构及目标 DNA 起始的数量有关。故对于每一个目标序列出现平台效应的循环数，均应通过单独实验来确定。

5）防止 DNA 的污染：①采用 DNA 酶处理 RNA 样品；②在可能的情况下，将 PCR 引物置于基因的不同外显子处，以消除基因和 mRNA 的共线性。

第五节　RT-qPCR 技术

RT-PCR 有时候也指代实时 PCR（real-time PCR），为了与反转录 PCR 相区别，通常也可写作 RT-qPCR（real-time quantitative PCR）。

一、实验原理

RT-qPCR 是在 PCR 扩增过程中，通过荧光信号对 PCR 进程进行实时检测的一种技术。由于在 PCR 扩增的指数时期，模板的循环阈值（cycle threshold，Ct 值）和该模板的起始拷贝数存在线性关系，因此可作为定量的依据。RT-qPCR 由于操作简便、灵敏度高、重复性好等优点，近年来发展非常迅速。现在已经涉及生命科学研究的各个领域，如基因的差异表达分析、SNP 检测、等位基因检测、药物开发、临床诊断、转基因研究等。

SYBR Green 是一种结合于小沟中的双链 DNA 染料，与双链 DNA 结合后，其荧光大大增强。这一性质使其用于扩增产物的检测非常理想。SYBR Green 的最大吸收波长约为497 nm，最大发射波长约为 520 nm。在 PCR 反应体系中，加入过量 SYBR Green 荧光染料，SYBR Green 荧光染料特异性地掺入 DNA 双链后，发射荧光信号，而不掺入链中的SYBR Green 染料分子不会发射任何荧光信号，从而保证荧光信号的增加与 PCR 产物的增加完全同步。

SYBR Green 的荧光信号强度与双链 DNA 的数量相关，PCR 扩增的不同时期，dsDNA含量不同，SYBR Green 荧光信号强度也不同。可以根据荧光信号检测 PCR 体系中双链 DNA的数量，并可根据对照进行相关的计算和分析。

本实验适用于使用 StepOnePlus™实时 PCR 仪对 DNA PE、DNA PE Index、SE 文库，以及Exon Capture 组、转录组、表达谱、small RNA 组、表观遗传组等制备的文库进行上机前的精确定量。

二、材料、试剂与器材

1. 材料

新鲜提取备用的总 RNA，分为对照组和处理组，组内要有重复。

2. 试剂

1）特异性 PCR 引物。

2）用于合成 cDNA 第一链的罗氏试剂盒 Transcriptor First Strand cDNA Synthesis Kit，包含了 cDNA 反应所需要的所有实验组分及相关的正对照反应组分。

3）配套 LightCycler® 480 使用的试剂盒 LightCycler® 480 SYBR Green Ⅰ Master，包含了PCR 所需的各种实验组分，如 1 号管中包含热启动 *Taq* DNA 聚合酶及反应缓冲液、dNTP 混合液、SYBR Green Ⅰ 染料和 $MgCl_2$。

正式实验开始前，冰上解冻各个试剂及试剂盒组分，置于冰上待用。

注意：LightCycler® 480 SYBR Green Ⅰ Master 需避光放置。

3. 器材

全自动实时定量 PCR 仪及配套使用的 96 孔板或 384 孔板，透明封板膜，PCR 仪，移液器，冰盒及盒装吸头等。

三、RT-qPCR 实验设计

1. 反转录反应

首先是反转录合成 cDNA 第一链。

实验操作时注意：所有 RNA 相关的操作均要佩戴手套，防止 RNase 污染。

1）按照表 2-1 体系在 RNase-free 的灭菌 PCR 管中配制 Template primer mix（模板引物体系），冰上操作。

表 2-1   Template primer mix 配制

试剂	阴性对照 /μl	样品管 /μl
50 mmol/L oligo（dT）引物	1	1
0.6 mmol/L 随机六聚体引物	2	2
总 RNA		1
RNase-free 水	10	9
总体积	13	13

注意：可将总 RNA 的模板量适当调整至 10 ng～5 μg，mRNA 调整至 1～100 ng。若 RNA 样品浓度较低（<10 μg/ml），则可加入 10 μg/ml 的 MS2 RNA 来稳定模板 RNA。

2）将配好的反应混合液在 PCR 仪中 65℃变性 10 min，可有效减少 RNA 的二级结构。加热后迅速置于冰上骤冷，放置 5 min。

3）在步骤 1）的 Template primer mix 中，按照表 2-2 体系依次加入试剂。

表 2-2   试剂用量及次序

试剂	阴性对照 /μl	样品管 /μl
5× 反转录酶缓冲液	4	4
dNTP 混合液	2	2
40 U/μl 的 RNase 抑制剂	0.5	0.5
20 U/μl 的反转录酶	0.5	0.5
总体积	20	20

注意：若样品数较多，应先配制反应混合液再分装，小心吸打混合，切勿涡旋振荡。混匀后于瞬时离心机上短暂离心，使样品和反应液落至离心管底部。

4）将离心管放置于 PCR 仪中，根据使用的引物及目标 mRNA 的片段长度进行程序设置。本实验反应温度和时间设置为：25℃ 10 min，55℃反应 30 min。反应完毕后，于 85℃下加热 5 min 灭活反转录酶，再置于冰上停止反应。

5）此反应产物可于 2～8℃存放 1～2 h，或在 -25～-15℃下存放更长时间。

2. qPCR 扩增

cDNA 产物无须进行纯化即可用于后续的 PCR 反应。20 μl 的 PCR 反应体系可取 2~5 μl cDNA 反应产物进行扩增。此试剂盒中的反转录酶具有 RNase H 活性，可以在 cDNA 合成之后去除 RNA 模版，减少其对后续 PCR 的影响。

本部分实验选用罗氏的 LightCycler® 480 SYBR Green Ⅰ Master 试剂盒进行基础的绝对定量分析。

本实验共设置 5 个标准样品（STD）[包含 1 个标记为 0 的空白对照（STD 零）]；5 个反转录样品（包含 NTC 对照）。由于样品数较多，先配制不含模板的总体系，再分装为 10 管，加入各个样品的模板后，再将每个样品分装为 3 个复孔。

按照体系配方分别加入绿色盖子的 2×Master Mix、10× 上下游引物、PCR 级别水。总体系配好后，再用移液器轻柔吸打均匀，然后分装为 10 管，每管 55 μl。往 10 管中分别加入各个样品对应的调整好浓度的 cDNA。

STD 零加入 6 μl 水代替模板，其余 STD 分别加入 6 μl 已经逐级稀释好的标样模板。反转录样品分别加入 6 μl 浓度调整好的模板 DNA，包含 NTC。混匀，然后将每个样按每孔 20 μl 分装至 96 孔板中。用封口膜盖好 96 孔板，将 96 孔板置于合适的离心机中 1200 r/min 配平离心 2 min，将准备好的 96 孔板放置在 PCR 仪中。

3. 程序设定

双击打开 LightCycler® 480 的软件并登录，自动进入软件界面，点击 new experiment，在 Detection Format 选项中选择 SYBR Green Ⅰ 模式，点击 Ok 完成检测通道的设定，接下来设置反应体系，对于 96 模块，反应体系为 10~100 μl，本实验是设定 20 μl 的反应体系。

在 Program Name（程序名称）中输入反应名称 PreIncubation，预变性设定 1 个循环，无须进行荧光的收集，执行的温度和时间设定为 95℃ 10 min，视图会根据设定进行实时的调整。

点击增加按钮，输入 Amplification（扩增），定义扩增循环的次数为 45，并选择荧光的收集功能 Quantification（定量），然后设定 PCR 扩增循环的温度与时间为 95℃ 10 s，点击增加按钮，设定退火温度和时间为 60℃ 10 s，以上两步 Acquisition Mode（采集模式）都默认选择 None，继续点击增加按钮，设置延伸温度和时间为 72℃ 20 s，Acquisition Mode 选择 Single，Ramp Rate（升温速率）均按自动调整值，无须再设置。

设置熔解曲线，在 Program 中新的一行中输入 Melting Curves，1 个循环数，Analysis Mode（分析模式）选择 Melting Curves（熔解曲线），时间和温度设置为 95℃ 5 s，点击增加按钮，新增设置温度和时间为 65℃ 1 min，以上两步 Acquisition Mode 都默认选择 None。点击增加按钮，新增设置温度为 95℃，Acquisition Mode 选择 Continuous，其他设置无须改动。

设置保温的过程 Cooling，只需 1 个循环，无须收集荧光，设定温度和时间为 40℃ 1 min。设置完成后点击右边的保存按钮保存设置的程序。此时整个 PCR 的循环体系、温度已经设定完毕。

点击 Start run 开始运行 PCR 反应，此时可在软件上实时监测样品扩增情况。

4. 样品编辑

实验结束，点击 Sample Editor，进入样本编辑区。

Select Workflow 中选择 Abs Quant。根据样本在 96 孔板中排布的方式进行样本编辑。设置阴性对照、空白对照、标准品及未知样品等。

在 Select Sample 中，选中需要设置的样品孔。在下一栏中的 Sample Name 输入被选择样品组的名称，并在 Sample Type 中选择样品组的类型，最后点击 Make Replicates 设置复孔。标准品设置时，需填写拷贝数，只需填写好稀释倍数、初始浓度即可。编辑好样品后，即可进行数据分析。如有需要，也可进行子集编辑。

5. 结果分析

样品编辑好后，可进行实验结果分析。

点击左边栏下方的 sum 按钮，相应出现实验的所有信息，包括设计的反应程序、实验结果分析等。

点击 analysis，可以根据样品已有的数据进行细致准确的分析。

点击 Abs Quant second derivative max，弹出 Create new analysis 窗口，在 Subset 选项中选择分析样品的分布区域，点击确定，即可出现分析图：相应样品的扩增曲线。

Standard Curve 是根据标准品得出的标准曲线，曲线左侧标有扩增效率、斜率、截距、线性关系及错误率。一般 Error 值越小，说明实验的准确率越高。扩增效率如果越接近 2，说明扩增反应越好。

在数据表格中可显示单个样本的 Cp 值，以及相应的样本浓度值。

按复孔进行数据统计，显示 Cp 的平均值及方差、浓度的平均值及方差。

四、RT-qPCR 数据分析

1. RT-qPCR 常见参数

基线（baseline）：通常是 3～15 个循环的荧光信号，同一次反应中针对不同的基因需单独设置基线。

阈值（threshold）：自动设置是 3～15 个循环的荧光信号标准差的 10 倍；手动设置置于指数扩增期，刚好可以清楚地看到荧光信号明显增强。同一次反应中针对不同的基因可单独设置阈值，但对于同一个基因扩增一定要用同一个阈值。

Ct 值：与起始浓度的对数呈线性关系。分析定量时一般取 15～35。太大或者太小都会导致定量的不准确。

Rn（normalized reporter）：是荧光报告基团的荧光发射强度与参比染料的荧光发射强度的比值。

ΔRn：Rn 扣除基线后得到的标准化结果（ΔRn＝Rn－基线）。

2. 影响 Ct 值的关键因素

模板浓度：模板浓度是决定 Ct 最主要的因素。应控制在一个合适范围内，使 Ct＝15～35。

反应液成分：任何分子的荧光发射都受环境因素的影响，如溶液的 pH 和盐浓度。

PCR 反应的效率：在 PCR 扩增效率低的条件下进行连续梯度稀释扩增，与 PCR 扩增效率高的条件下相比，可能会产生斜率不同的标准曲线。PCR 效率取决于实验、反应混合液性能和样品质量。一般来说，反应效率在 90%～110% 都是可以接受的。

3. 评估实时 PCR 反应的效果

评估实时 PCR 结果的标准见表 2-3。

表 2-3　评估实时 PCR 结果的标准

因素	建议	指标
效率	5 个数量级梯度稀释	斜率约为 –3.3，$R^2>0.99$
精密度	至少 3 个重复	标准差<0.25（0.5 或者 1 个 Ct 之内）
灵敏度	增加低浓度样本的重复数	统计分析

PCR 扩增效率：为了正确地评估 PCR 扩增效率，至少需要做 3 次平行重复，至少做 5 个数量级倍数（5 logs）连续梯度稀释模板浓度。

相关系数 R^2：说明两个数值之间相关程度的统计学术语。如果 R^2 等于 1，可以用 Y 值（Ct）来准确预测 X 值（量）。如果 R^2 等于 0，不能通过 Y 值来预测 X 值。R^2 大于 0.99 时，两个数值之间相关的可信度很好。

精确度：标准差（standard deviation，SD，偏差的平方根）是最常用的精确度计量方法。如果许多数据点都靠近平均值，那么标准差就小；如果许多数据点都远离平均值，则标准差就大。实际上，足够多重复次数产生的数据组会形成大致的正态分布。这经常可通过经典的中心极限理论来证明，独立同分布随机变量在无限多时趋向于正态分布。如果 PCR 效率是 100%，那么 2 倍稀释点之间的平均 Ct 间隔应该恰为 1 个 Ct 值。要以 99.7% 的概率分辨 2 倍稀释浓度，标准差就必须小于等于 0.167。标准差越大，分辨 2 倍稀释的能力就越低。为了能够在 95% 以上的情况下分辨出 2 倍稀释，标准差必须小于等于 0.250。

灵敏度：无论 Ct 绝对值是多少，任何能够有效扩增和检测起始模板拷贝数为 1 的系统都达到了灵敏度的极限。PCR 效率是决定反应灵敏度的关键因素。在检测极低拷贝数时的另一个重要的考虑因素是，低拷贝时的模板数量不能按普通情况来预期。相反，它会遵循泊松分布，即进行大量的平行重复，平均应该含有一个拷贝的起始模板，实际上约 37% 不含有拷贝，仅有约 37% 含有 1 个拷贝，约 18% 含有两个拷贝。因此，为了更可靠地检测低拷贝，必须做大量的平行重复实验来提供统计显著性，并克服泊松分布的限制。

除了这些因素，还必须评估和验证合适的实验对照（如无模板对照、无反转录酶对照等）及模板质量。

4. RT-qPCR 定量方法

可分为绝对定量和相对定量。绝对定量是用一系列已知浓度的标准品制作标准曲线，将在相同的条件下目的基因测得的荧光信号量同标准曲线进行比较，从而得到目的基因的量。该标准品可以是纯化的质粒 DNA、体外转录的 RNA，或者是体外合成的 ssDNA。相对定量可以分为比较 Ct 法和其他一些相对方法。比较 Ct 法指的是通过与内参基因 Ct 值之间的差值来计算基因表达差异，也称为 $2^{-\Delta\Delta Ct}$。

（1）ΔCt 法　　不用内参基因作为标准，实验设计和数据分析处理简单。需要准确量化初始材料（如细胞数目或核酸质量），扩增效率为 100%。计算公式如下。

$$2^{-\Delta Ct}=2^{-（实验组 Ct- 对照组 Ct）} \tag{2-1}$$

（2）$2^{-\Delta\Delta Ct}$ 法

最常用的进行相对基因表达分析的方法，得到的结果是实验组中目的基因相对于对照组中目的基因表达的差异倍数。要求目的基因和内参基因的扩增效率都接近 100%，且相对偏差不超过 5%。计算公式如下，首先用内参基因的 Ct 值对实验组（test）和对照组（Con）的靶基因 Ct 值进行归一化。

$$\Delta Ct_{test} = \text{实验组目的基因 Ct 值} - \text{实验组内参基因 Ct 值} \qquad (2\text{-}2)$$

$$\Delta Ct_{Con} = \text{实验组目的基因 Ct 值} - \text{实验组内参基因 Ct 值} \qquad (2\text{-}3)$$

随后用对照组的 Ct 值归一实验组的 ΔCt。

$$\Delta\Delta Ct = \Delta Ct_{test} - \Delta Ct_{Con} \qquad (2\text{-}4)$$

最后计算表达水平的差异倍数。

$$\text{Change Fold} = 2^{-\Delta\Delta Ct} \qquad (2\text{-}5)$$

（3）用参照基因的 ΔCt 法

这个方法的使用前提与 $2^{-\Delta\Delta Ct}$ 法相同。计算方法如下。

$$\text{对照组表达} = 2^{(\text{对照组内参基因 Ct} - \text{对照组目的基因 Ct})}$$

$$\text{实验组表达} = 2^{(\text{实验组内参基因 Ct} - \text{实验组目的基因 Ct})}$$

这种方法得到的对照组表达水平不是 1.0，但如果将得到的两个表达值都除以对照组表达值，则得

对照组 Ratio＝1

$$\text{实验组 Ratio} = 2^{(\text{实验组内参基因 Ct} - \text{实验组目的基因 Ct})} / 2^{(\text{对照组内参基因 Ct} - \text{对照组目的基因 Ct})}$$

$$= 2^{-[(\text{实验组目的基因 Ct} - \text{实验组内参基因 Ct}) - (\text{对照组目的基因 Ct} - \text{对照组内参基因 Ct})]}$$

$$= 2^{-(\Delta Ct_{test} - \Delta Ct_{Con})}$$

$$= 2^{-\Delta\Delta Ct}$$

得到的比值与 $2^{-\Delta\Delta Ct}$ 法是相同的，因此用参照基因的 ΔCt 法是 $2^{-\Delta\Delta Ct}$ 的一种变化形式。

（4）Pfaffl 法

当目的基因扩增效率（E_{target}）和内参基因扩增效率（E_{ref}）不同，但每个基因在实验组和对照组扩增效率相同时，可以按下列计算公式确定表达差异。

首先，与 $2^{-\Delta\Delta Ct}$ 法的计算过程一样，先进行归一化校准。

$$\Delta Ct_{target} = \text{对照组目的基因 Ct} - \text{实验组目的基因 Ct}$$

$$\Delta Ct_{ref} = \text{对照组内参基因 Ct} - \text{实验组内参基因 Ct}$$

随后计算表达水平的差异倍数（Change Fold）。

$$\text{Change Fold} = (E_{target})^{\Delta Ct_{target}} / (E_{ref})^{\Delta Ct_{ref}}$$

如果 $E_{target} = E_{ref} = 2$，那么 Pfaffl 法就可以简化为

$$\text{Change Fold} = 2^{\Delta Ct_{target}} / 2^{\Delta Ct_{ref}}$$

$$= 2^{\Delta Ct_{target} - \Delta Ct_{ref}} = 2^{(\text{对照组目的基因 Ct} - \text{实验组目的基因 Ct}) - (\text{对照组内参基因 Ct} - \text{实验组内参基因 Ct})}$$

$$= 2^{-[(\text{实验组目的基因 Ct} - \text{实验组内参基因 Ct}) - (\text{对照组目的基因 Ct} - 对照组内参基因 Ct)]}$$

$$= 2^{-(\Delta Ct_{test} - \Delta Ct_{Con})}$$

$$= 2^{-\Delta\Delta Ct}$$

因此，事实上，$2^{-\Delta\Delta Ct}$ 法是 Pfaffl 法的简单特例。

五、注意事项

1. RNA 提取和反转录

1）全程佩戴一次性手套。皮肤经常带有细菌和霉菌，可能污染 RNA 的抽提并成为 RNase 的来源。培养良好的微生物实验操作习惯可预防微生物污染。

2）使用灭菌的一次性塑料器皿和自动吸管抽提 RNA，避免使用公共仪器所导致的 RNase 交叉污染。例如，使用 RNA 探针的实验室可能用 RNase A 或 T1 来降低滤纸上的背景，因而某些非一次性的物品（如自动吸管）可能富含 RNase A。

3）在提取裂解液中，RNA 是隔离在 RNase 污染之外的。而对样品的后续操作会要求用无 RNase 的非一次性玻璃器皿或塑料器皿。玻璃器皿可以在 150℃的烘箱中烘烤 4 h。塑料器皿可以在 0.5 mol/L NaOH 中浸泡 10 min，用水彻底漂洗干净后高压灭菌备用。

当然，这些也不是绝对的要求。如果操作熟练，完全可以用初次开封的离心管和枪头、新过滤的超纯水进行 RNA 的提取。

2. 混合液配制

一般来讲，配制的 RT-qPCR Master Mix 都是 2× 浓缩液，只需要加入模板和引物就可以。由于 RT-qPCR 灵敏度高，因此每个样品至少要做 3 个平行孔，以防在后面的数据分析中，由于 Ct 相差较多或者 SD 太大，无法进行统计分析。通常来讲，反应体系的引物终浓度为 100～400 mmol/L；模板如果是总 RNA 则为 10～500 ng，如果是 cDNA，通常情况下是 1 μl 或者 1 μl 的 10 倍稀释液，要根据目的基因的表达丰度进行调整。当然这些都是经验值，在操作过程中，还需要根据所用 Master Mix、模板和引物的不同进行优化，达到一个最佳反应体系。在反应体系配制过程中，有下面几点需要注意。

1）Master Mix 不要反复冻融，如果经常使用，最好融化后放在 4℃。

2）实验中更多地配制混合液，减少加样误差。最好能在冰上操作。

3）每管或每孔都要换新枪头，不要连续用同一个枪头加样。

4）所有成分加完后，离心去除气泡。

5）每个样品至少 3 个平行孔。

参比或者校正染料（reference dye，passive dye）常用的是 ROX 或者其他染料，只要不影响检测 PCR 产物的荧光值就可以。参比染料的作用是标准化荧光定量反应中的非 PCR 振荡，校正加样误差或者孔与孔之间的误差，提供一个稳定的基线。现在很多公司已经把 ROX 配制在 Master Mix 或者 Premixture 里。如果反应曲线良好或已经优化好反应体系，也可以不加 ROX 校正。

通常来讲，RT-qPCR 的反应程序不需要像常规的 PCR 那样，要变性、退火、延伸三步。由于其产物长度为 80～150 bp，因此只需要变性和退火就可以了。SYBR Green 等染料法，最好在 PCR 扩增程序结束后，加一个熔解程序，来形成熔解曲线，判断 PCR 产物的特异性扩增。而熔解程序，仪器都有默认设置，或稍有不同，但都是在产物进行熔解时进行荧光信号的收集。

六、RT-qPCR 常见问题分析

1. 无 Ct 值出现

1）检测荧光信号的步骤有误：一般 SYBR Green 法采用 72℃延伸时采集。

2）引物或探针降解：可通过 PAGE 检测其完整性。

3）模板量不足：对未知浓度的样品应从系列稀释样本的最高浓度做起。

4）模板降解：避免样品制备中杂质的引入及反复冻融的情况。

2. Ct值出现过晚（Ct>38）

1）扩增效率低：反应条件不够优化。解决方法：①设计更好的引物或探针；②改用三步法进行反应；③适当降低退火温度；④增加镁离子浓度等。

2）PCR各种反应成分的降解或加样量的不足。

3）PCR产物太长：一般采用80～150 bp的产物长度。

3. 标准曲线线性关系不佳

1）加样存在误差：使得标准品不呈梯度。

2）标准品出现降解：应避免标准品反复冻融，或重新制备并稀释标准品。

3）引物或探针不佳：重新设计更好的引物和探针。

4）模板中存在抑制物，或模板浓度过高。

4. 负对照有信号

1）引物设计不够优化：应避免引物二聚体和发夹结构的出现。

2）引物浓度不佳：适当降低引物的浓度，并注意上下游引物的浓度配比。

3）镁离子浓度过高：适当降低镁离子浓度，或选择更合适的试剂盒。

4）模板有基因组的污染：RNA提取过程中避免基因组DNA的引入，或通过引物设计避免非特异扩增。

5. 熔解曲线不止一个主峰

1）引物设计不够优化：应避免引物二聚体和发夹结构的出现。

2）引物浓度不佳：适当降低引物的浓度，并注意上下游引物的浓度配比。

3）镁离子浓度过高：适当降低镁离子浓度，或选择更合适的试剂盒。

4）模板有基因组的污染：RNA提取过程中避免基因组DNA的引入，或通过引物设计避免非特异扩增。

6. 扩增效率低

1）反应试剂中部分成分特别是荧光染料降解。

2）反应条件不够优化：可适当降低退火温度或改为三步扩增法。

3）反应体系中有PCR反应抑制物：一般是加入模板时所引入，应先把模板适度稀释，再加入反应体系中，以减少抑制物的影响。

7. 同一试剂在不同仪器上产生不同的曲线

1）判断标准：扩增效率，灵敏度，特异性。

2）如果扩增效率在90%～110%，又都是特异性扩增，则都可以用于数据分析。

8. 扩增曲线的异常，比如S形曲线

参比染料设定不正确（Master Mix不加参比染料时，选None）；模板的浓度太高或者降解；荧光染料的降解等。

第三章

RNA 技术

第一节　RNA 琼脂糖凝胶电泳

一、实验原理

RNA 电泳可以在变性及非变性两种条件下进行。非变性电泳使用 1.0%～1.4% 的凝胶，不同的 RNA 条带分开，但无法判断其分子质量。只有在完全变性的条件下，RNA 的泳动率才与分子质量的对数呈线性关系。因此测定 RNA 分子质量时，一定要用变性凝胶。在需快速检测所提总 RNA 样品的完整性时，配制普通的 1% 琼脂糖凝胶即可。

判断 RNA 提取物的完整性是进行电泳的主要目的之一。完整且未降解的 RNA 制品的电泳图谱应可清晰看到 18 S rRNA、28 S rRNA、5 S rRNA 三条带，且 28 S rRNA 的亮度应为 18 S rRNA 的 2 倍。

二、RNA 非变性琼脂糖凝胶电泳检测

（一）材料、试剂与器材

1. 材料

总 RNA 提取物。

2. 试剂

1）0.1%（*V/V*）DEPC 水：200 ml 双蒸去离子水加 0.2 ml DEPC（焦炭酸二乙酯），充分搅拌混匀，室温放置过夜，高压灭菌。

2）10× 电泳缓冲液：吗啉代丙烷磺酸（MOPS）0.4 mol/L（pH 7.0），乙酸钠 0.1 mol/L，EDTA 10 mmol/L。

3）50 ml 非变性琼脂糖凝胶（1%）。

4）上样缓冲液：50% 甘油，1 mmol/L EDTA，0.4% 溴酚蓝，0.4% 二甲苯蓝。

5）RNA 标准品，70% 乙醇，甲醛，甲酰胺（去离子）等。

3. 器材

水浴锅，电泳系统，紫外检测仪等。

（二）实验步骤

1）将制胶用具用 70% 乙醇冲洗一遍，晾干备用。

2）制胶：称取 0.5 g 琼脂糖粉末，加入放有 36.5 ml DEPC 水的锥形瓶中，加热使琼脂糖完全溶解。稍冷却后加入 5 ml 的 10× 电泳缓冲液、8.5 ml 的甲醛。然后在胶槽中灌制凝胶，

插好梳子，水平放置待凝固后使用。

3）加样：在一个洁净的小离心管中混合以下试剂，电泳缓冲液（10×）2 μl、甲醛 3.5 ml、甲酰胺 10 ml、RNA 样品 3.5 μl。混匀，置 60℃保温 10 min，冰上速冷。加入 3 μl 上样缓冲液混匀，取适量加样于凝胶点样孔内。同时点 RNA 标准品。

4）电泳：打开电泳仪，进行稳压 7.5 V/cm 的电泳。

5）电泳结束后通过紫外检测仪观察。

注意：本实验中务必要去除 RNase 污染，以防止 RNA 降解。所有试剂和器具需要用 DEPC 水配制和处理，并灭菌。

可通过 18 S rRNA、28 S rRNA、5 S rRNA 三条带的亮度来判定 RNA 的完整性。

三、RNA 变性琼脂糖凝胶电泳检测

（一）材料、试剂与器材

1. 材料

植物或动物的总 RNA 溶液。

2. 试剂

1）0.1%（*V/V*）DEPC 水。

2）10× 电泳缓冲液。

3）50 ml 1%（*m/V*）变性琼脂糖凝胶：10× 电泳缓冲液 5 ml，琼脂糖 0.5 g，0.1%（*V/V*）DEPC 水 36.5 ml 加热溶解，稍冷却，加入 8.5 ml 37%（*V/V*）甲醛。

4）上样缓冲液。

5）RNA 标准品，去污剂，3% H_2O_2，甲醛，甲酰胺（去离子）等。

3. 器材

凝胶电泳仪，移液器，电炉，紫外检测仪等。

（二）实验步骤

1）电泳槽、制胶用具的清洗：用去污剂洗干净（一般浸泡过夜），水冲洗后，再用 3% H_2O_2 灌满电泳槽，室温放置 10 min，用 0.1%（*V/V*）DEPC 水冲洗，晾干备用。

2）制胶：称取 0.5 g 琼脂糖粉末，加入放有 36.5 ml DEPC 水的锥形瓶中，加热使琼脂糖完全溶解。稍冷却后加入 10× 电泳缓冲液 5 ml、甲醛 8.5 ml。然后在胶槽中灌制凝胶，插好梳子，水平放置待凝固后使用。

3）加样：混合 2 μl 10× 电泳缓冲液、3.5 ml 甲醛、10 ml 甲酰胺、3.5 μl RNA 样品在一个洁净的小离心管中。混匀，置 60℃保温 10 min，冰上速冷。加入 3 μl 上样缓冲液混匀，取适量加样于凝胶点样孔内。同时点 RNA 标准品。

4）电泳：打开电泳仪，进行稳压 7.5 V/cm 的电泳。

5）电泳结束后通过紫外检测仪观察。

注意：①本实验中必须防止 RNase 污染，以免 RNA 降解。所有试剂需用 DEPC 水配制，用具也用 DEPC 水冲洗，并灭菌。②RNA 变性琼脂糖凝胶电泳与 DNA 相关实验操作相同。

第二节 RNA 印迹法

RNA 印迹法（Northern blotting）是一种根据 RNA 的表达水平来检测基因表达的方法，通过 RNA 印迹法可以检测到细胞在生长发育特定阶段，或者在胁迫或病理环境下特定基因的表达情况。

一、实验原理

RNA 印迹法在变性条件下将待检的 RNA 样品进行琼脂糖凝胶电泳，继而将其在凝胶中的位置转移到硝酸纤维素薄膜或尼龙膜上，固定后再与同位素或其他标记物标记的 RNA 探针进行反应。

二、材料、试剂与器材

1. 材料

总 RNA 样品或 mRNA 样品，探针模板 DNA（25 ng），尼龙膜。

2. 试剂

1）NorthernMax Kit，包含 formaldehyde load dye（甲醛负载染料），ULTRAhyb，10× 变性凝胶缓冲液，10×MOPS 凝胶电泳缓冲液，琼脂糖，转移缓冲液，Low Stringency Wash Solution#1，High Stringency Wash Solution#2，RNaseZap，Nuclease-free 水。

2）STE 缓冲液：10 mmol/L Tris-HCl（pH 8.0），0.1 mol/L NaCl，1 mmol/L EDTA（pH 8.0）。

3）DEPC，随机引物，dNTP 混合液，111 TBq/mmol［α^{-32P}］dCTP，Exo-free Klenow Fragment，EB，EDTA，Sephadex G-50，SDS，双氧水，灭菌水等。

3. 器材

恒温水浴箱，电泳仪，凝胶成像系统，真空转移仪，真空泵，UV 交联仪，杂交炉，恒温摇床，脱色摇床，涡旋振荡器，分光光度计，微量移液器，电炉（或微波炉），离心管，离心机，冰盒，玻璃棒，一次性注射器，烧杯，量筒，锥形瓶等。

三、实验步骤

1. 用具的准备

1）180℃烤器皿：将锥形瓶、量筒、镊子、刀片等烤 4 h。

2）电泳槽：清洗梳子和电泳槽，并用双氧水浸泡过夜，用 DEPC 水冲洗，干燥备用。

3）处理 DEPC 水（2 L）备用。

2. 用 RNAZap 去除用具表面的 RNase 污染

用 RNAZap 擦洗梳子、电泳槽、刀片等，然后用 DEPC 水冲洗两次，去除 RNAZap。

3. 制胶

1）称取 0.36 mg 琼脂糖加入锥形瓶中，加入 32.4 ml DEPC 水后，微波炉加热至琼脂糖完全溶解，60℃平衡溶液（需加 DEPC 水补充蒸发的水分）。

2）在通风橱中加入 3.6 ml 的 10× 变性凝胶缓冲液，轻轻振荡混匀。注意尽量避免产生气泡。

3）将熔胶倒入制胶板中，插上梳子，如果胶溶液上存在气泡，可以用热的玻璃棒或其他方法去除，或将气泡推到胶的边缘（胶的厚度不能超过 0.5 cm）。

4）胶在室温下完全凝固后，将胶转移到电泳槽中，加入 1× MOPS 凝胶电泳缓冲液盖过胶面约 1 cm，小心拔出梳子（配制 250 ml 1×MOPS 凝胶电泳缓冲液，在电泳过程中补充蒸发的缓冲液）。

5）检查点样孔。

4. RNA 样品的制备

在 RNA 样品中加入 3 倍体积的 formaldehyde load dye 和适当的 EB（终浓度为 10 μg/ml）。混匀后，65℃空气浴 15 min。短暂低速离心后，立即放置于冰上 5 min。

5. 电泳

1）将 RNA 样品小心加到点样孔中。

2）在 5 V/cm 下跑胶（5 cm×14 cm）。在电泳过程中，每隔 30 min 短暂停止电泳，取出胶，混匀两极的电泳液后继续电泳。当胶中的溴酚蓝（500 bp）接近胶的边缘时终止电泳。

3）在凝胶成像系统下检验电泳情况，并用尺子分别测量 18 S rRNA、28 S rRNA、溴酚蓝到点样孔的距离。注意不要让胶在紫外灯下曝光太长时间。

6. 转膜

1）用 3% 双氧水浸泡真空转移仪后，用 DEPC 水冲洗。

2）用 RNAZap 擦洗多孔渗水屏和塑胶屏，用 DEPC 水冲洗两次。

3）连接真空泵和真空转移仪，剪取一块适当大小的膜（膜的边缘应大于塑胶屏孔口 5 mm），膜在转移缓冲液中浸湿 5 min 后，放置在多孔渗水屏的适当位置。

4）盖上塑胶屏和外框，扣上锁。

5）将胶的多余部分切除，切后胶的边缘要能盖过塑胶屏孔，并至少盖过边缘约 2 mm，以防止漏气。

6）将胶小心放置在膜的上面，膜与胶之间不能有气泡。

7）打开真空泵，使压强维持在 50～58 mbar[①]；立即将转移缓冲液加到胶面和四周。每隔 10 min 在胶面加上 1 ml 转移缓冲液，真空转移 2 h。

8）转膜后，用镊子夹住膜，于 1×MOPS 凝胶电泳缓冲液中轻轻泡洗 10 s。

9）用吸水纸吸取膜上多余的液体后，将膜置于 UV 交联仪中自动交联。

10）在紫外灯下，检测胶和紫外交联后膜的转移效率（避免太长的紫外曝光时间）。

11）将膜在 −20℃保存。

7. 探针的制备

1）在 1.5 ml 离心管中配制以下反应液：模板 DNA（25 ng）1 μl，随机引物 2 μl，灭菌水 11 μl，总体积 14 μl。

2）95℃加热 3 min 后，迅速放置于冰上冷却 5 min。

3）在离心管中按下列顺序加入以下溶液：10×TE 缓冲液 2.5 μl，dNTP 混合液 2.5 μl，111 TBq/mmol ［α⁻³²P］dCTP 5 μl，Exo-free Klenow Fragment 1 μl。

---

① 1 mbar＝100 Pa

4）混匀后（25 µl），短暂离心，收集溶液到管底，37℃下反应 30 min。

5）65℃加热 5 min 使酶失活。

8. 探针的纯化及比活性测定

1）准备凝胶：将 1 g 凝胶加入 30 ml 的 DEPC 水中，浸泡过夜。用 DEPC 水洗涤膨胀的凝胶数次，以除去可溶解的葡聚糖。

2）取 1 ml 一次性注射器，去除内芯推杆，将注射器底部用硅化的玻璃纤维塞住，在注射器中装填 Sephadex G-50 凝胶。

3）将注射器放入一支 15 ml 离心管中，注射器把手架在离心管口上。1400 r/min 离心 4 min，凝胶压紧后，补加 Sephadex G-50 凝胶悬液，重复此步直至凝胶柱高度达注射器 0.9 ml 刻度处。

4）用 100 µl STE 缓冲液洗柱，1400 r/min 离心 4 min。重复 3 次。

5）倒掉离心管中的溶液后，将一去盖的 1.5 ml 离心管置于管中，再将装填了 Sephadex G-50 凝胶的注射器插入离心管中，注射器口对准 1.5 ml 离心管。

6）将标记的 DNA 样品加入 25 µl STE 缓冲液中，取出 0.5 µl 点样于 DE8 paper 上，其余上样于层析柱上。

7）1400 r/min 离心 4 min，DNA 将流出被收集在去盖的离心管中，而未掺入 DNA 的 dNTP 则保留在层析柱中。取 0.5 µl 已纯化的探针点样于 DE8 paper。

8）测比活性。

9. 预杂交

1）将预杂交液在杂交炉中 68℃预热，并涡旋使未溶解的物质溶解。

2）加入适当的 ULRAhyb 到杂交管中（每 100 cm^2 膜面积加入 10 ml ULRAhyb 杂交液），42℃预杂交 4 h。

10. 探针变性

1）用 10 mmol/L EDTA 将探针稀释 10 倍。

2）90℃热处理探针 10 min 后，立即放置于冰上 5 min。

3）短暂离心，将溶液收集到管底。

11. 杂交

1）加入 0.5 ml ULTRAhyb 到变性的探针中，混匀后，将探针加到预杂交液中。

2）42℃杂交过夜（14~24 h）。杂交完后，将杂交液收集起来于 −20℃保存。

12. 洗膜

1）低严紧性洗膜：加入 Low StringencyWash Solution#1（100 cm^2 膜面积加入 20 ml 洗膜溶液），室温下，摇动洗膜 5 min，两次。

2）高严紧性洗膜：加入 High Stringency Wash Solution#2（100 cm^2 膜面积加入 20 ml 洗膜溶液），42℃摇动洗膜 20 min，两次。

13. 曝光

1）将膜从洗膜液中取出，用保鲜膜包住，以防止膜干燥。

2）检查膜上放射性强度，估计曝光时间。

3）将 X 线底片覆盖于膜上，曝光。

4）冲洗 X 线底片，扫描记录结果。

14. 去除膜上的探针

将 200 ml 0.1% SDS（由 DEPC 水配制）煮沸后，膜放入其中，室温下让 SDS 冷却到室温，取出膜，去除多余的液体，干燥后，可以保存几个月。

15. 杂交结果

操作应该小心，但不必紧张。用于 RNA 电泳、转膜的所有器械、用具均须处理以除去 RNase，以免样品降解。转膜时，注意膜和多孔渗水屏之间不要有气泡。

第三节 RNA 干扰技术

RNA 干扰（RNA interference，RNAi）是指在进化过程中高度保守的、由双链 RNA（double-stranded RNA，dsRNA）诱发的、同源 mRNA 高效特异性降解的现象。由于使用 RNAi 技术可以特异性剔除或关闭特定基因的表达（长度超过 30 nt 的 dsRNA 会引起干扰素毒性），所以该技术已被广泛用于探索基因功能，以及传染性疾病和恶性肿瘤的治疗等领域。

一、实验原理

生化和遗传学研究表明，RNA 干扰包括起始阶段（initiation step）和效应阶段（effector step）。在起始阶段，加入的小分子 RNA 被切割为 21～23 nt 长的小分子干扰 RNA 片段（small interfering RNA，siRNA）。有证据表明，一个称为 Dicer 的酶，是 RNase Ⅲ 家族中特异识别 dsRNA 的一员，它能以一种 ATP 依赖的方式逐步切割由外源导入或者由转基因、病毒感染等各种方式引入的 dsRNA，将 RNA 降解为 19～21 bp 的 dsRNA（siRNA），每个片段的 3′ 端都有 2 个碱基突出。

在 RNAi 效应阶段，siRNA 双链结合一个核酶复合物从而形成所谓的 RNA 诱导沉默复合物（RNA-induced silencing complex，RISC）。激活 RISC 需要一个依赖 ATP 的将小分子 RNA 解双链的过程。被激活的 RISC 通过碱基配对定位到同源 mRNA 转录本上，并在距离 siRNA 3′ 端 12 个碱基的位置切割 mRNA。尽管切割的确切机制尚不明了，但每个 RISC 都包含一个 siRNA 和一个不同于 Dicer 的 RNA 酶。另外，还有研究证明含有启动子区的 dsRNA 在植物体内同样被切割成 21～23 nt 长的片段，这种 dsRNA 可使内源相应的 DNA 序列甲基化，从而使启动子失去功能，使其下游基因沉默（图 3-1）。

二、siRNA 表达载体的构建

多数的 siRNA 表达载体依赖三种 RNA 聚合酶 Ⅲ 启动子（pol Ⅲ）中的一种，操纵一段小的发夹 RNA（short hairpin RNA，shRNA）在哺乳动物细胞中的表达。这三类启动子包括大家熟悉的人源和鼠源的 U6 启动子及人 H1 启动子。之所以采用 RNA pol Ⅲ 是由于它可以在哺乳动物细胞中表达更多的小分子 RNA，而且它是通过添加一串（3～6 个）U 来终止转录的。要使用这类载体，需要 2 段编码短发夹 RNA 序列的 DNA 单链，退火、克隆到相应载体的 pol Ⅲ 下游。由于涉及克隆，这个过程需要几周甚至数月的时间，同时也需要经过测序以保证克隆的序列是正确的。

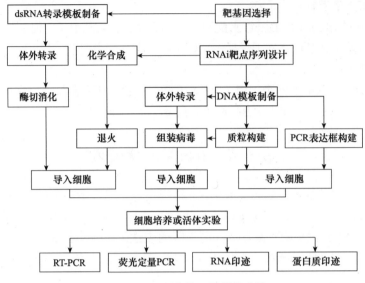

图 3-1　RNAi 研究的一般技术路线

（一）材料、试剂与器材

1. 材料

目的基因。

2. 试剂

LB 培养基等。

3. 器材

冰盒，离心管，离心机，水浴锅，涡旋振荡器等。

（二）实验步骤

1. 目的基因的确定

在设计 RNAi 实验时，可以先在 Invitrogen、GE Dharmacon、SiDirect、ambion 等网站进行目标序列的筛选。

2. 设计 siRNA 靶序列

在制备 siRNA 前都需要单独设计 siRNA 序列。研究发现，对哺乳动物细胞最有效的 siRNA 是 21～23 个碱基大小、3′ 端有两个突出碱基的双链 RNA；而对非哺乳动物细胞，比较有效的是长片段 dsRNA。siRNA 的序列专一性要求非常严谨，与靶 mRNA 之间一个碱基错配都会显著削弱基因沉默的效果。

（1）选择 siRNA 靶位点　　从转录起始密码子 AUG 开始，搜寻下游氨基酸序列，记录跟每个氨基酸 3′ 端相邻的 19 个核苷酸作为候选的 siRNA 靶位点。有研究结果显示，GC 含量在 30%～50% 的 siRNA 要比那些 GC 含量偏高的更为有效。Tuschl 等建议在设计 siRNA 时不要针对 5′ 和 3′ 端的非编码区（untranslated region，UTR），原因是这些地方有丰富的调控蛋白结合区域，而这些 UTR 结合蛋白或者翻译起始复合物可能会影响 siRNP 核酸内切酶复合物结合 mRNA 从而影响 siRNA 的效果。

（2）序列同源性分析　　将潜在的序列和相应的基因组数据库（人或者小鼠、大鼠等）进行比较，排除那些和其他编码序列 / 表达序列标签（expressed sequence tag，EST）同源的序列。例如，使用 BLAST（www.ncbi.nlm.nih.gov/BLAST/）选出合适的目标序列进行合成。并非所有符合条件的 siRNA 都一样有效，其原因还不清楚，可能是位置效应的结果，因此对于一个目的基因，一般要选择 3～5 个靶位点来设计 siRNA。

通常来说，每个目标序列设计 3 或 4 对 siRNA，选择最有效的进行后续研究。

（3）设计阴性对照　　一个完整的 siRNA 实验应该有阴性对照，作为阴性对照的 siRNA 应该和选中的 siRNA 序列有相同的组成，但是和 mRNA 没有明显的同源性。通常的做法是将选中的 siRNA 中的碱基序列打乱。当然，同样要保证它和其他基因没有同源性。

3. 表达载体的选用

1）化学合成与体外转录方法都是在体外得到 siRNA 后再导入细胞内，但是这两种方法主要有两方面无法克服的缺点：siRNA 进入细胞后容易被降解；进入细胞后的 siRNA 在细胞内的 RNAi 效应持续时间短。针对这种情况，出现了质粒、病毒类载体介导的 siRNA 体内表达。该方法的基本思路是：将 siRNA 对应的 DNA 双链模板序列克隆入载体的 RNA 聚合酶Ⅲ的启动子后，就能在体内表达所需的 siRNA 分子。这种方法总体的优点在于不需要直接操作 RNA，能达到较长时间基因沉默的效果。

2）通过质粒表达 siRNA 大都是用 Pol Ⅲ启动子启动编码 shRNA 的序列。选用 Pol Ⅲ启动子的原因在于这个启动子总是在离启动子一个固定距离的位置开始转录合成 RNA，遇到 4～5 个连续的 U 即终止，非常精确。当这种带有 Pol Ⅲ启动子和 shRNA 模板序列的质粒转染哺乳动物细胞时，这种能表达 siRNA 的质粒确实能够下调特定基因的表达，可抑制外源基因和内源基因。采用质粒的优点在于，通过 siRNA 表达质粒的选择标记，siRNA 载体能够更长时间地抑制目的基因表达。当然还有一点，那就是由于质粒可以复制扩增，相比起其他合成方法来说，能够显著降低制备 siRNA 的成本。

3）带有抗生素标记的 siRNA 表达载体可用于长期抑制研究，通过抗性辅助筛选，该质粒可以在细胞中持续抑制靶基因的表达数周甚至更久。同时 RNAi-Ready 表达载体还能与反转录病毒和腺病毒表达系统整合（BD knockout RNAi system），大大提高 siRNA 表达载体对宿主细胞的侵染性，彻底克服某些细胞转染效率低的障碍，是实现哺乳动物细胞 siRNA 瞬时表达与稳定表达的理想工具。

4. 合成模板

1）合成编码 shRNA 的 DNA 模板的两条单链，模板链后面接有 RNA Pol Ⅲ聚合酶转录中止位点，同时两端分别设计 *Bam*H Ⅰ和 *Hind* Ⅲ酶切位点，可以克隆到 siRNA 载体多克隆位点的 *Bam*H Ⅰ和 *Hind* Ⅲ酶切位点之间。

2）95℃ 5 min 缓慢退火，得到 shRNA 的 DNA 双链模板。

5. 连接与转化

1）将 100 μl 感受态细胞于冰上解冻。

2）取 5 μl 连接产物加入感受态细胞中，轻轻旋转几次以混匀内容物，在冰上放置 30 min。

3）将管放入预加温到 42℃的水中，热激 90 s。快速将管转移到冰中，使细胞冷却 1～2 min。

4）每管中加 700 μl LB 培养基，37℃振荡培养 1 h，进行复苏。

5）室温 4000 r/min 离心 5 min，弃去上清后，用剩余 100 μl 培养基重悬细胞并涂布到含抗性的 LB 琼脂平板表面。细胞用量应根据连接效率和感受态细胞的效率进行调整。

6）将平板置于室温直至液体被吸收。

7）倒置平皿，于 37℃培养，12～16 h 后可出现菌落。

6. PCR 鉴定和测序鉴定

在插入编码 shRNA 的 DNA 双链模板两侧设计鉴定 PCR 引物，扩增片段为 100～200 bp。

（三）注意事项

从转录本（mRNA）的 AUG 起始密码子开始，寻找"AA"二连序列，并记下其 3′ 端的 19 个碱基序列，作为潜在的 siRNA 靶位点。

如果计划合成 siRNA，那么可以直接提供以 AA 打头的 21 个碱基序列，厂家会合成一对互补的序列。需要注意的是通常合成的 siRNA 是以 3′dTdT 结尾，如果要以 UU 结尾的话通常要特别说明。有结果显示，UU 结尾和 dTdT 结尾的 siRNA 在效果上没有区别，因为这个突出端无须和靶序列互补。

（四）siRNA 操作成功要点

1. 对每个基因设计并检测 2～4 个 siRNA 序列

为了找到潜在的靶位点，扫描靶基因中的 AA 序列。记录每个 AA 3′ 端 19 个核苷酸作为潜在 siRNA 靶位点。潜在靶位点需通过 GenBank 数据库的 BLAST 分析，去除那些与其他基因明显同源的靶位点。如果可能，siRNA 应根据 mRNA 低二级结构的区域设计。

2. 选择低 GC 含量的 siRNA

研究发现 GC 含量在 30%～55% 的 siRNA 比 55% 以上的活性高。

3. 纯化体外转录 siRNA

在转染前要确认 siRNA 的大小和纯度。为得到高纯度的 siRNA，推荐用玻璃纤维结合，洗脱或通过 15%～20% 丙烯酰胺胶除去反应中多余的核苷酸、小的寡核苷酸、蛋白质和盐离子［注意：化学合成的 RNA 通常需要凝胶电泳纯化（PAGE 纯化）］。

4. 避免 RNA 酶污染

微量的 RNA 酶将导致 siRNA 实验失败。由于实验环境中 RNA 酶普遍存在，如皮肤、头发，以及所有徒手接触过的物品或暴露在空气中的物品，因此保证实验每个步骤不受 RNA 酶污染非常重要。

5. 健康的细胞培养物和严格的操作确保转染的重复性

健康细胞的转染效率较高。较低的传代数能确保每次实验所用细胞的稳定性。为了优化实验，推荐用 50 代以下的转染细胞，否则细胞转染效率会随时间明显下降。

6. 避免使用抗生素

Ambion 公司推荐从细胞种植到转染后 72 h 期间避免使用抗生素。抗生素会在穿透的细胞中积累毒素。有些细胞和转染试剂在 siRNA 转染时需要无血清的条件。这种情况下，可同时用正常培养基和无血清培养基做对比实验，以得到最佳转染效果。

7. 通过合适的阳性对照优化转染和检测条件

对大多数细胞来说，管家基因是较好的阳性对照。将不同浓度阳性对照的 siRNA 转入靶细胞（同样适合实验靶 siRNA），转染 48 h 后统计对照蛋白或 mRNA 相对于未转染细胞的降低水平。过多的 siRNA 将导致细胞毒性以至死亡。

8. 通过阴性对照 siRNA 排除非特异性影响

合适的阴性对照可通过打乱活性 siRNA 的核苷酸顺序设计而得到。必须注意它要进行同源比较以确保所要研究的生物的基因组相对没有同源性。

9. 通过标记 siRNA 来优化实验

荧光标记的 siRNA 能用来分析 siRNA 的稳定性和转染效率。标记的 siRNA 还可用作 siRNA 胞内定位及双标记实验（配合标记抗体）来追踪转染过程中导入了 siRNA 的细胞，将转染与靶蛋白表达的下调结合起来。

三、siRNA 转染

（一）磷酸钙转染法

磷酸钙转染法是一种基于磷酸钙 -DNA 复合物的将 DNA 导入真核细胞的转染方法。磷酸钙有利于促进外源 DNA 与靶细胞表面的结合。磷酸钙 -DNA 复合物黏附到细胞膜并通过胞饮作用进入靶细胞，被转染的 DNA 可以在细胞内进行瞬时表达，也可整合到靶细胞的染色体上从而产生不同基因型和表型的稳定克隆。该方法可广泛用于转染许多不同类型的细胞。

1. 材料、试剂与器材

（1）材料　　呈指数生长的真核细胞 BALB/c 3T3；CsCl 纯化的表达质粒 DNA。

（2）试剂

1）DMEM 完全培养液（含 10% FCS）。

2）2 mol/L $CaCl_2$，过滤除菌，−20℃保存备用。

3）2×HEBS：NaCl 8.0 g，KCl 0.38 g，$Na_2HPO_4 \cdot 7H_2O$ 0.14 g，HEPES 5.0 g，葡萄糖 1.0 g，溶解在 450 ml 蒸馏水中，用 NaOH 调 pH 至 6.95，用水定容至 500 ml，过滤除菌后，−20℃保存备用。

（3）器材　　CO_2 培养箱，10 cm 细胞培养平板，巴斯德吸管，微量移液器，15 ml 锥形管，烧杯，量筒等。

2. 实验步骤

1）在 10 cm 细胞培养平板上接种 $1×10^6$ 个 BALB/c 3T3 细胞，第二天进行转染。

2）准备磷酸钙沉淀：①准备两组试管，在 A 管中加入 15 µg 质粒 DNA、69 µl 2 mol/L $CaCl_2$、460 µl 双蒸水；在 B 管中加入 550 µl 2×HEBS。②用巴斯德吸管将 A 管中的溶液缓慢地逐滴加入在 B 管中，同时用另一吸管吹打 B 管溶液，整个过程需缓慢进行，至少需持续 1～2 min。③室温静置 30 min，会出现细小颗粒沉淀。

3）小心地将沉淀逐滴均匀地加入 10 cm 细胞培养平板中，轻轻晃动（此过程需尽快完成）。

4）在 5% CO_2 培养箱中培养细胞 2～6 h。

5）除去培养液，加入 10 ml 完全培养液培养细胞 1～6 d（依具体情况而定）。

6）收集细胞进行基因活性的检测，或分散接种到其他培养平板中进行选择培养。

3. 注意事项

1）在整个转染过程中要保持无菌操作。

2）在实验中使用的各种试剂都必须小心校准，保证质量。

3）质粒 DNA 需 CsCl 纯化，乙醇沉淀后的 DNA 应保持无菌，在无菌水或 Tris-EDTA 中溶解。

4）沉淀物的大小和质量对于磷酸钙转染的成功至关重要。在磷酸盐溶液中加入 DNA-$CaCl_2$ 溶液时需用空气吹打，以确保形成尽可能细小的沉淀物，因为成团的 DNA 不能有效地黏附和进入细胞。

（二）电穿孔和电融合技术

当细胞置于非常高的电场中时，细胞膜就变得更具有通透性，能让外界的分子扩散进细胞内，这一现象称为电穿孔。运用这一技术，许多物质包括 DNA、RNA、蛋白质、药物、抗体和荧光探针都能载入细胞。作为一种基因转导方法，电穿孔已被广泛用于各种细胞类型，包括细菌、酵母、植物和动物细胞；而且它能作为注射方法（称为电注射），把各种外源物质引入活细胞。与其他常用的导入外源物质的方法相比，电穿孔具有很多优点。第一，不必像显微镜导入那样使用玻璃针，不需要技术培训和昂贵的设备，可以一次对成百万的细胞进行注射。第二，与用化学物质相比，电穿孔几乎没有生物或化学副作用。第三，因为电穿孔是一种物理方法，较少依赖细胞类型，因而应用广泛。实际上，对于大多数细胞类型，用电穿孔法转移的基因效率比化学方法高得多。

除了能使细胞膜具有通透性，让外界的分子扩散入胞液中以外，高强度的电场脉冲也能引起细胞融合，这一现象叫作电融合。然而，在用电脉冲融合前必须使细胞相互紧密接触，这一电融合方法在原生质融合制取杂交植物、胚胎细胞相互融合制备动物克隆方面非常有用，尤其在制取杂交瘤细胞制备单克隆抗体方面用处很大。几个实验室均已证明使用电场电融合效率比常规的化学融合方法高 10～100 倍。最近，贴壁细胞的电融合还被用来研究细胞融合时细胞的骨架成分和细胞器的动力学重排。

1. 材料、试剂与器材

（1）材料　　呈指数生长的真核细胞 BALB/c 3T3；CsCl 纯化的表达质粒 DNA。

（2）试剂

1）穿孔介质（PM）：15 mmol/L 磷酸钾，1 mmol/L $MgCl_2$，250 mmol/L 蔗糖（或甘露醇），10 mmol/L HEPES，调节 pH 至 7.3。

2）融合介质（FM）：1 mmol/L $MgCl_2$，280 mmol/L 甘露醇，2 mmol/L HEPES，调节 pH 至 7.3。

3）培养基。

4）台盼蓝。

（3）器材　　电穿孔装置，脉冲发生器，样品池（一个盛细胞的容器和两个平行的金属电极），CO_2 培养箱，培养皿或培养孔，载玻片，盖玻片，离心机，显微镜，微量移液器，镊子，剪刀，锥形瓶，吸管，毛细管，离心管等。

2. 实验步骤

（1）悬浮细胞的电穿孔法

1）电穿孔进行基因转移：电穿孔可用于将多种不同类型的分子载入活细胞，操作步骤非常相似。下面以基因转移作为例子进行说明。载入其他分子可按以下相同步骤进行，只需把外源 DNA 换为所需分子即可。

A. 使 BALB/c 3T3 细胞在适宜的培养基中生长，用胰酶处理，收获对数生长中期的细胞。

B. 在 PM 中至少洗一次。洗细胞时，在台式离心机上 1000 r/min 离心 3 min，使得悬浮细胞沉降。然后，去掉上清，在新的介质中重新悬浮细胞。

C. 计数细胞，在 PM 中，浓缩细胞为大约 1×10^7 个细胞 /ml。

D. 将质粒 DNA 加到细胞悬液中，充分混合，使 DNA 均匀分散，用吸管吸一定体积的细胞 -DNA 混合液到装有电极的灭菌小样品池中。

E. 在电穿孔装置上设置输出电压和脉冲宽度（脉冲宽度是指数衰减函数的时间常数，即 $\tau = RC$，C 是电容，R 是样品的电阻）。假如设备是 CD 脉冲型发生器，设定电容和并联电阻，以达到合适的 τ 值。

F. 将小样品池放进电穿孔装置的样品池中，启动电穿孔装置，供给所需的电脉冲。

G. 电处理后，向小样品池加 1 ml 普通培养基，将细胞混合液从小池转移到组织培养容器（培养皿或培养孔）中，再加入一些培养基使最终的培养基体积适量。然后，将样品细胞放回孵育箱中使之在正常条件下生长。

H. 在测定转移基因的表达量前电穿孔细胞各自培养的时间不同。

2）检测电穿孔效率和细胞存活率。

A. 除用罗丹明偶联葡聚糖（1 mg/ml）（分子探针）代替 DNA 外，将罗丹明偶联葡聚糖引入目标细胞的方法如步骤 1）所述。

B. 电穿孔后，用培养基洗涤细胞两次，去掉胞外的荧光葡聚糖。

C. 电穿孔后 30 min，向细胞悬液中加 30 μl 台盼蓝，孵育 2 min，然后用培养基洗涤。

D. 在 1000 r/min 下离心 3 min，收集细胞，将细胞重悬于 PM 中，终体积 100 μl。

E. 将一滴细胞液（30 μl）置于干净载玻片上，用盖玻片盖好，在显微镜下检测细胞，测定摄取荧光标记葡聚糖的百分数。

F. 在亮视野镜片下，死细胞可因被染成蓝色而检测出（摄取了台盼蓝），测定细胞存活的百分数。

G. 在各种电场设定值下重复实验，画出摄取葡聚糖率和细胞存活率对电穿孔参数的曲线。这一曲线将显示对特定细胞类型电穿孔的最优条件。

（2）悬浮生长细胞的电融合　　融合悬浮细胞的步骤与电穿孔的很类似，只是在进行高强度的电场脉冲前后，必须用低幅、高频电场使细胞排成一条链。

1）用融合介质（FM）洗悬浮细胞两次，然后悬于 FM 中。洗涤细胞时，在台式离心机上 1000 r/min 离心 3 min，得到细胞沉淀，弃去上清将细胞悬于新鲜 FM 介质中。

2）将悬浮细胞转移到相应的融合室内。假如要使两种不同的细胞彼此融合，转移前要充分混合。

3）启动介电电泳场，其振幅通常小于 200 V/cm，频率在 2 MHz 以内，用显微镜检测细胞是否排成一条链，调节振幅和频率以达到最佳效果。

4）介电电泳场开约 1 min 后关掉，立即应用融合脉冲，其振幅数量级为 1 kV/cm。脉冲宽度小于 1 ms。在进行融合脉冲后立即再次启动介电电泳场，常规让其开启约 2 min。

5）关掉介电电泳场，让细胞在样品池中静置 10 min。

6）去掉 FM，用普通培养基再次洗涤细胞。

7）将细胞转移到培养皿，加入普通培养基，在培养箱一般条件下培养。

3. 注意事项

1）最优组分依使用的特定细胞种类而有明显的变化。如果努力优化电压和脉冲宽度后电穿孔结果仍不令人满意，就应尝试改变穿孔介质。

2）影响电穿孔 / 电融合的另一重要因素与细胞状态有关，为达到最高效率，必须收集对数生长中期的细胞。

第四章

DNA 技术

第一节　单核苷酸多态性实验

单核苷酸多态性（single nucleotide polymorphism，SNP）是由于单个核苷酸改变而导致的核酸序列多态性（polymorphism）。据估计，在人类基因组中，大约每千个碱基中有一个 SNP，比限制性片段长度多态性（RFLP）分析和短串联重复序列（short tandem repeat，STR）都广泛得多。

一、实验原理

SNP 是考察遗传变异的最小单位，据估计，人类的所有群体中大约存在 1000 万个 SNP 位点。一般认为，相邻的 SNP 倾向于一起遗传给后代。于是，把位于染色体上某一区域的一组相关联的 SNP 等位位点称为单体型（haplotype）。大多数染色体区域只有少数几个常见的单体型（每个具有至少 5% 的频率），它们代表了一个群体中人与人之间的大部分多态性。一个染色体区域可以有很多 SNP 位点，但是一旦掌握了这个区域的单体型，就可以只使用少数几个标签 SNP（tag SNP）来进行基因分型，获取大部分的遗传多态模式。

二、材料、试剂与器材

1. 材料

组织样品。

2. 试剂

液氮，PBS，DNA 抽提试剂盒，ddH$_2$O，10×PCR 缓冲液，dNTP 混合液，*Taq* DNA 聚合酶，引物等。

3. 器材

离心管，离心机，废液收集管，吸附柱，水浴锅，紫外分光光度计，PCR 仪等。

三、实验步骤

1. DNA 抽提

1）取新鲜肌肉组织约 100 mg，用 PBS 漂洗干净，置于 1.5 ml 离心管中，加入液氮，迅速磨碎。

2）加 200 μl 缓冲液 GA，振荡至彻底悬浮。加入 20 μl 蛋白酶 K（20 mg/ml）溶液，混匀。

3）加 220 μl 缓冲液 GB，充分混匀，37℃消化过夜，溶液变清亮。加 220 μl 无水乙醇，充分混匀，此时可能会出现絮状沉淀。

4）将上一步所得溶液和絮状沉淀都加入一个吸附柱 CB 中（吸附柱放入废液收集管中），

12 000 r/min 离心 30 s, 弃掉废液。

5) 加入 500 µl 去蛋白液 GD（使用前请先检查是否已加入无水乙醇），12 000 r/min 离心 30 s, 弃掉废液。

6) 加入 700 µl 漂洗液 GW（使用前请先检查是否已加入无水乙醇），12 000 r/min 离心 30 s, 弃掉废液。加入 500 µl 漂洗液 GW, 12 000 r/min 离心 30 s, 弃掉废液。将吸附柱 CB 放回废液收集管中, 12 000 r/min 离心 2 min, 尽量除去漂洗液。

7) 将吸附柱 CB 转入一个干净的离心管中, 加入 100 µl 洗脱缓冲液（洗脱缓冲液应在 60～70℃水浴中预热），混匀, 室温放置 15 min, 12 000 r/min 离心 30 s。洗脱第二次, 将洗脱缓冲液 50 µl 加入吸附柱中, 室温放置 15 min, 12 000 r/min 离心 30 s。

8) 采用紫外分光光度计检测提取到的基因组 DNA 浓度, 在 OD_{260} 处有显著吸收峰。同时检测纯度, OD_{260}/OD_{280} 的值应为 1.7～1.9。

9) 从原液中取出相应体积的 DNA 溶液, 稀释至 50 ng/µl, 原液置于 −70℃冰箱保存, 稀释液置于 −20℃冰箱保存。

2. PCR 扩增目的片段

1) 按相关的试剂说明在标准反应管中准备反应体系, 典型的 PCR 反应体系如下（20 µl 体系）：ddH_2O 12.75 µl, 10×PCR 缓冲液 2 µl, 10 mmol/L dNTP 混合液 1 µl, *Taq* DNA 聚合酶 0.25 µl, 引物 1 1 µl, 引物 2 1 µl, 基因组 DNA 2 µl（10～50 µg/µl, 如果高于此浓度需要稀释）。

2) 揭开 PCR 仪盖子, 小心放置样品管于仪器的相应样品孔中, 轻轻盖上盖子, 将顶部的旋钮慢慢旋紧, 让热盖紧密接触样品管, 样品放置完毕。

3. 在 PCR 仪上编辑一个程序

1) 按 "C programs" 进入编辑模式。要在主目录中创建一个程序请按 "D enter"。要进入一个子目录, 用 "→" 键将光标向右移动, 然后用 "↑""↓" 键选择一个子目录。按 "D enter" 进入选择的子目录。

2) 输入程序中要求的温度：用 "D enter" 确认温度。为其输入时间, 用小数点来间隔。顺序为 h.m.s。用 "D enter" 确认时间设置, 或者用光标键移动到下一个区域。# 表示循环的次数。设定循环值＝总循环值 −1, 即总循环数为 30 时应输入 "29"。用 "C pgm ok" 来储存一个完整的程序。程序数据将永久地储存在仪器的记忆中。

4. 运行程序

按 "B start/stop" 选择一个程序。用 "→""↑""↓" 键选择一个子目录, 或者用 "D enter" 进入主目录。输入想要启动的程序号码。或者, 按 "A list" 在该子目录中所有程序的列表中选择一个程序。用 "↑""↓" 键在列表中滚动选择。用 "D enter" 确认用强光突出的程序。按 "D start" 启动程序。

5. 控制测试过程

运行过程中, 按 "A" 按钮, 可以获得程序剩余的时间信息。运行完成后, 按 "STOP" 按钮终止实验, 按 "YES" 确认终止。小心旋开热盖, 按照放置样品的操作顺序, 打开盖子, 取出实验样品, 再盖上盖子, 关闭电源, 本次实验结束。

6. PCR 产物测序

由专门负责测序的服务公司完成。

7. 数据分析

少量可人工读取，大量可软件读取。比对发现 SNP 在基因组中的位置：重点是启动子区、外显子区域（包括编码区的 cSNP 及 5′UTR 和 3′UTR）、剪切边界等，密码子的改变是否导致氨基酸的改变，如错义突变、无义突变、终止突变等。

四、注意事项

1）为保证待测目的区域测序真实可靠，引物设计应该使待测目的区域边界距离上下游引物至少各 50 bp。

2）引物设计建议使用在线方式，以保证成功率。

3）为保证测序敏感性，PCR 产物片段大小应在 250～650 bp。

4）为方便实验，建议引物合成时分装成 1 o.d[①] / 管，方便将 PCR 与测序的引物分开。

5）为保证引物的特异性，建议引物设计后在 NCBI 上 BLAST 确认。

6）为防止降解，PCR 产物应尽快测序，否则应该保存在 −20℃冰箱，且时间不宜过长。

7）为保证结果的真实性，建议对关键点进行反向测序确认。

第二节　染色质免疫共沉淀技术

真核生物的基因组 DNA 以染色质的形式存在，研究蛋白质与 DNA 在染色质环境下的相互作用是阐明真核生物基因表达机制的基本途径。染色质免疫共沉淀技术（chromatin immunoprecipitation assay，ChIP）是目前唯一研究体内 DNA 与蛋白质相互作用的方法。ChIP 不仅可以检测体内反式作用因子与 DNA 的动态作用，还可以用来研究组蛋白的各种共价修饰与基因表达的关系。而且 ChIP 与其他方法的结合，扩大了其应用范围：ChIP 与基因芯片相结合建立的 ChIP-on-chip 方法已广泛用于特定反式作用因子靶基因的高通量筛选；ChIP 与体内足迹法相结合，用于寻找反式作用因子的体内结合位点；RNA-ChIP 用于研究 RNA 在基因表达调控中的作用。随着 ChIP 的进一步完善，它必将会在基因表达调控研究中发挥越来越重要的作用。

一、实验原理

ChIP 的基本原理是在活细胞状态下固定蛋白质 -DNA 复合物，并将其随机切断为一定长度范围内的染色质小片段，然后通过免疫学方法沉淀此复合体，特异性地富集目的蛋白结合的 DNA 片段，通过对目的片段的纯化与检测，从而获得蛋白质与 DNA 相互作用的信息。

免疫沉淀（immunoprecipitation，IP）是利用抗原蛋白质和抗体的特异性结合，以及细菌蛋白质的 "protein A/G（A 或 G）" 特异性地结合到免疫球蛋白的 FC 片段上的现象开发出来的方法。目前多用精制的 protein A 预先结合固化在 agarose beads（琼脂糖珠）上，使之与含有抗原的溶液及抗体反应后，琼脂糖珠上的 protein A 就能吸附抗原达到精制的目的。

---

① 1 o.d（optical density）的引物干粉约为 33 μg

二、材料、试剂与器材

1. 材料

细胞样品。

2. 试剂

1）洗脱液：100 μl 10% SDS，100 μl 1 mol/L NaHCO$_3$，800 μl ddH$_2$O，共 1 ml。

2）ChIP 稀释缓冲液（ChIP DB）：1.1% Triton X-100，1.2 mmol/L EDTA，16.7 mmol/L Tris-HCl（pH 8.0），167 mmol/L NaCl。

3）甲醛，甘氨酸，PBS，SDS 裂解液，protein inhibitor cocktail（蛋白酶抑制剂复合物），RNase A，NaCl，DNA/protein A 琼脂糖珠，EDTA，Tris-HCl，蛋白酶 K，omega 胶回收试剂盒，*Taq* DNA 聚合酶，10×PCR 缓冲液（Mg^{2+} free），dNTP 混合液，MgCl$_2$，上下游引物，灭菌蒸馏水等。

3. 器材

离心管，超声仪，细胞刮刀，电泳仪，离心机，培养箱，PCR 仪等。

三、实验步骤

1. 细胞的甲醛交联与超声破碎（第一天）

1）取出 1 平皿细胞（10 cm 平皿），加入 37% 甲醛，使得甲醛的终浓度为 1%（培养基共有 9 ml）。

2）37℃培养箱孵育 10 min。

3）终止交联：加甘氨酸至终浓度为 0.125 mol/L（450 μl 2.5 mol/L 甘氨酸于平皿中），混匀后，在室温下放置 5 min 即可。

4）吸尽培养基，用冰冷的 PBS 清洗细胞 2 次。

5）用细胞刮刀收集细胞于 15 ml 离心管中（PBS 依次为 5 ml、3 ml 和 3 ml）。预冷后 2000 r/min 离心 5 min 收集细胞。

6）倒去上清。按照细胞量加入 SDS 裂解液，使得细胞终浓度为每 200 μl 含 2×10^6 个细胞。这样每 100 μl 溶液含 1×10^6 个细胞。再加入蛋白酶抑制剂复合物。假设长满板为 5×10^6 个细胞。本次细胞约为 80%，即 4×10^6 个细胞。因此每管加入 400 μl SDS 裂解液。将 2 管混在一起，共 800 μl。

7）超声破碎：25% 功率，4.5 s 冲击，9 s 间隙，共 14 次。

2. 除杂及抗体孵育（第一天）

1）超声破碎结束后，4℃ 8000 r/min 离心 10 min，去除不溶物质。

2）留取 300 μl 做实验，其余保存于 -80℃冰箱。

3）300 μl 中，100 μl 加抗体作为实验组；100 μl 不加抗体作为对照组；100 μl 加入 4 μl 5 mol/L NaCl（NaCl 终浓度为 0.2 mol/L），65℃处理过夜解交联，电泳，检测超声破碎的效果。

4）在 100 μl 的超声破碎产物中，加入 900 μl ChIP 稀释缓冲液和 20 μl 50× 蛋白酶抑制剂复合物。再各加入 60 μl Protein A 琼脂糖珠。4℃颠转混匀 1 h。

5）1 h 后，在 4℃静置 10 min 沉淀，700 r/min 离心 1 min。

6）取上清，各留取 20 μl 作为阳性对照。一管中加入 1 μl 抗体，另一管中则不加抗体，

4℃颠转过夜。

3. 检验超声破碎的效果（第一天）

1）取 100 μl 超声破碎后产物，加入 4 μl 5 mol/L NaCl，65℃处理过夜解交联。

2）分出一半用苯酚 / 氯仿抽提，电泳检测超声效果。

4. 免疫复合物的沉淀及清洗（第二天）

1）孵育过夜后，每管中加入 60 μl Protein A 琼脂糖珠，4℃颠转 2 h。

2）4℃静置 10 min 后，700 r/min 离心 1 min，除去上清。

3）依次用下列溶液清洗沉淀复合物。清洗的步骤：加入溶液，在 4℃颠转 10 min，4℃静置 10 min 沉淀，700 r/min 离心 1 min，除去上清。

洗涤溶液：①低盐洗脱液洗一次；②高盐洗脱液洗一次；③ LiCl 洗脱液洗一次；④ TE 缓冲液洗两次。去除 TE 缓冲液。

4）清洗完毕后，开始洗脱。

每管加入 250 μl 洗脱液，室温下颠转 15 min，静置离心后，收集上清。重复洗涤一次。最终的洗脱液为每管 500 μl。

5）解交联：每管中加入 20 μl 5 mol/L NaCl（NaCl 终浓度为 0.2 mol/L）。

6）混匀，65℃解交联过夜。

5. DNA 样品的回收（第三天）

1）解交联结束后，每管加入 1 μl RNase A，37℃孵育 1 h。

2）每管加入 10 μl 0.5 mol/L EDTA、20 μl 1 mol/L Tris-HCl（pH 6.5）、2 μl 10 mg/ml 蛋白酶 K。45℃处理 2 h。

3）DNA 片段的回收——胶回收试剂盒。最终的样品溶于 100 μl ddH$_2$O。

6. PCR 分析（第三天）

以上述溶解于 ddH$_2$O 中的 DNA 作模板，利用特异性引物进行 PCR。应使 PCR 终止于线性反应时段（具体 PCR 参数和循环次数应进行优化）。最后通过对扩增产物进行电泳（乃至于测序）来分析蛋白质所结合的 DNA 情况。

1）PCR 体系：0.1 μl *Taq* DNA 聚合酶（5 U/μl），10×PCR 缓冲液（Mg^{2+} free）2.5 μl，dNTP 混合液（各 2.5 mmol/L）2 μl，MgCl$_2$ 2 μl，1 μl 上下游引物，1 μl 模板 DNA，16.4 μl 灭菌蒸馏水，总体积 25 μl。

2）PCR 条件：95℃ 4min；95℃ 30 s，55℃ 30 s，25 个循环；72℃ 30 s。

四、注意事项

1）注意抗体的性质。抗体不同，其和抗原结合能力也不同，免疫染色能结合未必能用在 IP 反应中。建议仔细检查抗体的说明书。特别是多抗的特异性是问题。

2）注意溶解抗原的缓冲液的性质。多数抗原是细胞的构成蛋白，特别是骨架蛋白，缓冲液必须要使其溶解。为此，必须使用含有强界面活性剂的缓冲液，尽管它有可能影响一部分抗原、抗体的结合。另外，如用弱界面活性剂溶解细胞，就不能充分溶解细胞蛋白。即便溶解也产生与其他蛋白质结合的结果，抗原决定簇被封闭，影响与抗体的结合，即使 IP 成功，也是很多蛋白质与抗体共沉的悲惨结果。

3）为防止蛋白质的分解、修饰，溶解抗原的缓冲液必须加蛋白酶抑制剂，低温下进行实验。每次实验之前，首先考虑抗体与缓冲液的比例。抗体过少就不能检出抗原，过多则不能沉降在琼脂糖珠上，而是残存在于上清中。缓冲剂太少则不能溶解抗原，过多则抗原被稀释。

第三节　cDNA 文库构建

一、cDNA 文库构建原理

cDNA 文库不同于基因组文库，被克隆 DNA 是从 mRNA 反转录来的 DNA。cDNA 组成特点是其中不含有内含子和其他调控序列。因而进行 cDNA 克隆时应先从获得 mRNA 开始，在此基础上，通过反转录酶作用产生一条与 mRNA 互补的 DNA 链，然后除掉 mRNA，以第一条 DNA 链为模板复制出第二条 DNA 链（双链），再进一步把此双链插入原核或真核载体中（图 4-1）。

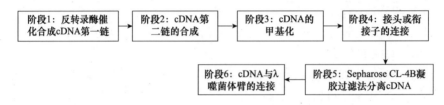

图 4-1　cDNA 文库的构建流程

二、材料、试剂与器材

1. 材料

λ 噬菌体臂，大肠杆菌菌株，用于 λ 噬菌体的包装抽提物。

2. 试剂

1）放线菌素 D，二硫苏糖醇（DTT 1 mol/L），EDTA（0.5 mol/L，pH 8.0），KCl（1 mol/L），$MgCl_2$（1 mol/L），Tris-HCl（1 mol/L，室温 pH 8.3），酶和缓冲液，反转录酶，RNase 抑制剂，dNTP 混合液（含有所有 4 种 dNTP，每种浓度为 5 mmol/L 和 10 mmol/L），用于 cDNA 合成的寡核苷酸引物，poly（A）+RNA（1 mg/ml），[$a^{-32}P$] dCTP（10 mCi/ml，400 Ci/mmol）。

2）氯仿，乙醇，$(NH_4)_2SO_4$（1 mol/L），β-烟酰胺腺嘌呤二核苷酸（β-NAD），苯酚/氯仿（24∶1），TE（pH 7.6），Tris-HCl（2 mol/L，pH 7.4），T_4 噬菌体 DNA 聚合酶（2.5 U/μl），T_4 噬菌体多核苷酸激酶（30 U/μl），大肠杆菌 DNA 连接酶，大肠杆菌 DNA 聚合酶 I，RNase H，核酸和寡核苷酸。

3）10×EcoR I 缓冲液，NaCl（5 mol/L），S- 腺苷甲硫氨酸，乙酸钠（3 mol/L，pH 5.2），TE（pH 8.0），Tris-HCl（2 mol/L，pH 8.0），EcoR I，EcoR I 甲基化酶，琼脂糖凝胶（1%），线性化质粒 DNA 或 λ 噬菌体 DNA。

4）ATP（10 mmol/L），5×T_4 噬菌体 DNA 聚合酶修复缓冲液，溴酚蓝，T_4 噬菌体 DNA 连接酶，T_4 噬菌体 DNA 聚合酶，EcoR I 限制性内切核酸酶。

3. 器材

微量离心管，水浴管，Sephadex G-50，离心柱，过滤的压缩空气，止血器或软管夹，带有弯头的皮下注射针头，无菌吸管，EP 管，剪刀，Sepharose CL-4B，乙烯基泡沫管，Whatman 3 MM 滤纸等。

三、cDNA 文库的构建

阶段 1：反转录酶催化合成 cDNA 第一链

1）在置于冰上的无菌微量离心管内混合下列试剂进行 cDNA 第一链的合成。

poly（A）＋RNA（1 μg/μl）	10 μl
寡核苷酸引物（1 μg/μl）	1 μl
1 mol/L Tris-HCl（pH 8.0，37℃）	2.5 μl
1 mol/L KCl	3.5 μl
250 mmol/L MgCl₂	2 μl
dNTP 混合液（含 4 种 dNTP，每种 5 mmol/L）	10 μl
0.1 mol/L DTT	2 μl
RNase 抑制剂（选用）	25 U
加 H₂O 至	48 μl

2）当所有反应组在 0℃混合后，取出 2.5 μl 反应液转移到另一个 0.5 ml 微量离心管内。在这个小规模反应管中加入 0.1 μl［α⁻³²ᴾ］dCTP（比活度 400 Ci/mmol，比浓度 10 mCi/ml）。

3）大规模和小规模反应管都在 37℃温育 1 h。

4）温育接近结束时，在含有同位素的小规模反应管中加入 1 μl 0.25 mol/L EDTA，然后将反应管转移到冰上。大规模反应管则在 70℃温育 10 min，然后转移至冰上。

5）参考《分子克隆实验指南》第三版附录 8 所述方法，测定 0.5 μl 小规模反应管中反应物的放射性总活度和可被三氯乙酸（TCA）沉淀的放射性活度。此外，用合适的 DNA 分子质量参照物通过碱性琼脂糖凝胶电泳对小规模反应产物进行分析是值得的。

6）按下述方法计算 cDNA 第一链的合成量：

A．在大规模 cDNA 合成反应中，使用 10 μl 含有 4 种 dNTP 的溶液，每种 dNTP 浓度为 5 mmol/L（10 μl 20 mmol/L 总 dNTP），所以大规模反应中必定含有：20 nmol/μl dNTP×10μl＝200 nmol dNTP。

B．因为掺入 DNA 中的每种 dNTP 的分子质量大约是 330 g/mol，因此反应所能产生的 DNA 总量为：200 nmol×330 ng/nmol＝66 μg DNA。

C．根据小规模反应的结果，计算所得 cDNA 第一链合成量为：［掺入的活度值（cpm）/总活度值（cpm）］×66（μg）＝合成的 cDNA 第一链（μg）。

7）尽可能快地进行 cDNA 合成的下一步骤。

阶段 2：cDNA 第二链的合成

1）将下列试剂直接加入大规模第一链反应混合物中。

10 mmol/L MgCl₂	70 μl
2 mol/L Tris-HCl（pH 7.4）	5 μl
10 mCi/ml［α⁻³²ᴾ］dCTP（400 Ci/mmol）	10 μl
1 mol/L（NH₄）₂SO₄	1.5 μl
RNase H（1000 U/ml）	1 μl
大肠杆菌 DNA 聚合酶 I（10 000 U/ml）	4.5 μl

温和振荡将上述试剂混合，在微量离心机上稍离心，以除去所有气泡。在 16℃温育 2～4 h。

2）温育结束，将 1 μl β- 烟酰胺腺嘌呤二核苷酸（β-NAD）（50 mmol/L）、1 μl 大肠杆菌

DNA 连接酶（1000～4000 U/ml）加到反应混合物中，室温温育 15 min。

3）温育结束，加入 1 μl 含有 4 种 dNTP 的混合液和 2 μl T$_4$ 噬菌体 DNA 聚合酶。将反应混合物室温温育 15 min。

4）取出 3 μl 反应物，按步骤 7）和 8）描述的方法测定第二链 DNA 的质量。

5）将 5 μl 0.5 mol/L EDTA（pH 8.0）加入剩余的反应物中，用苯酚 / 氯仿和氯仿分别抽提混合物一次。在 0.3 mol/L（pH 5.2）乙酸钠存在的情况下，通过乙醇沉淀回收 DNA，将 DNA 溶解在 90 μl TE 缓冲液（pH 7.6）中。

6）将 10 μl 10×T$_4$ 多核苷酸激酶缓冲液、1 μl T$_4$ 多核苷酸激酶（3000 U/ml）加到 DNA 溶液中，室温温育 15 min。

7）测定从步骤 4）取出的 3 μl 反应物的放射性活度，并按《分子克隆实验指南》第三版附录 8 所述方法测定 1 μl 第二链合成产物中能被三氯乙酸沉淀的放射性活度。

8）用下面公式计算第二链反应中所合成的 cDNA 量。要考虑已掺入 DNA 第一链中的 dNTP 的量。

$$\text{cDNA 第二链合成量（μg）} = [\text{第二链反应中所掺入的活度值（cpm）} / \text{总活度值（cpm）}] \times (66\ \mu g - x\ \mu g)$$

式中，x 表示 cDNA 第一链的量。

cDNA 第二链合成量通常为第一链量的 70%～80%。

9）用等量苯酚 / 氯仿对含有磷酸化 cDNA［来自步骤 6）］的反应物进行抽提。

10）Sephadex G-50 用含有 10 mmol/L NaCl 的 TE 缓冲液（pH 7.6）进行平衡，然后通过离子柱层析将未掺入的 dNTP 和 cDNA 分开。

11）加入 0.1 体积的 3 mol/L 乙酸钠（pH 5.2）和 2 倍体积的乙醇，沉淀柱层析洗脱下来的 cDNA，将样品置于冰上至少 15 min，然后在微量离心机上以最大速度 4℃离心 15 min，回收沉淀 DNA。用手提微型监测仪检查是否所有放射性物质都沉淀了下来。

12）用 70% 乙醇洗涤沉淀物，重复离心。

13）小心吸出所有液体，空气干燥沉淀物。

14）如果需要用 EcoR I 甲基化酶对 cDNA 进行甲基化，可将 cDNA 溶解于 80 μl TE 缓冲液（pH 7.6）中。另外，如果要将 cDNA 直接与 Not I 或 Sal I 接头或寡核苷酸衔接子相连，可将 cDNA 悬浮在 29 μl TE 缓冲液（pH 7.6）中。沉淀的 DNA 重新溶解后，尽快进行 cDNA 合成的下一步骤。

阶段 3：cDNA 的甲基化

1）在 cDNA 样品中加入以下试剂：2 mol/L Tris-HCl（pH 8.0）5 μl，5 mol/L NaCl 2 μl，0.5 mol/L EDTA（pH 8.0）2 μl，20 mmol/L S- 腺苷甲硫氨酸 1 μl，加 H$_2$O 至 96 μl。

2）取出两小份样品（各 2 μl）至 0.5 ml 微量离心管中，分别编为 1 号和 2 号，置于冰上。

3）在余下的反应混合液中加入 2 μl EcoR I 甲基化酶（80 000 U/ml），保存在 0℃直至步骤 4）完成。

4）再从大体积的反应液中吸出另外两小份样品（各 2 μl）至 0.5 ml 微量离心管中，分别编为 3 号和 4 号。

5）在所有 4 小份样品［来自步骤 2）和步骤 4）］中加入 100 ng 质粒 DNA 或 500 ng 的

λ 噬菌体 DNA。这些未甲基化的 DNA 在预实验中用作底物以测定甲基化效率。

6）所有 4 份小样实验反应和大体积的反应均在 37℃温育 1 h。

7）于 68℃加热 15 min，用苯酚 / 氯仿抽提大体积反应液一次，再用氯仿抽提一次。

8）在大体积反应液中加入 0.1 体积的 3 mol/L 乙酸钠（pH 5.2）和 2 倍体积的乙醇，混匀后贮存于 −20℃直至获得小样反应结果。

9）按下述方法分析 4 个小样对照反应。

A. 在每一对照反应中分别加入 0.1 mol/L $MgCl_2$ 2 μl，10×EcoR I 缓冲液 2 μl，加 H_2O 至 20 μl。

B. 在 2 号和 4 号反应管中分别加入 20 U EcoR I。

C. 将 4 个对照样品于 37℃温育 1 h，通过 1% 琼脂糖凝胶电泳进行分析。

10）微量离心机以最大速度离心 15 min（4℃）以回收沉淀 cDNA。弃上清，加入 200 μl 70% 乙醇洗涤沉淀，重复离心。

11）用手提式微型探测器检查是否所有放射性物质均被沉淀。小心吸出乙醇，在空气中晾干沉淀，然后将 DNA 溶于 29 μl TE 缓冲液（pH 8.0）。

12）尽快进行 cDNA 合成的下一阶段。

阶段 4：接头或衔接子的连接

1）将 cDNA 样品于 68℃加热 5 min。

2）将 cDNA 溶液冷却至 37℃并加入下列试剂：5×T_4 噬菌体 DNA 聚合酶修复缓冲液 10 μl，dNTP 混合液（每种 5 mmol/L）5 μl，加 H_2O 至 50 μl。

3）加入 1～2 U T_4 噬菌体 DNA 聚合酶（500 U/ml），37℃温育 15 min。

4）加入 1 μl 0.5 mol/L EDTA（pH 8.0），以终止反应。

5）用苯酚 / 氯仿抽提，再通过 Sephadex G-50 离心柱层析，除去未掺入的 dNTP。

6）在柱流出液中加入 0.1 体积的 3 mol/L 乙酸钠（pH 5.2）和 2 倍体积的乙醇，样品于 4℃至少放置 15 min。

7）在微量离心机上以最大速度离心 15 min（4℃），回收沉淀的 cDNA。沉淀经空气干燥后溶于 13 μl 的 10 mmol/L Tris-HCl（pH 8.0）。接头 - 衔接子与 cDNA 的连接，至此，cDNA 的末端被削平。

8）将下列试剂加入已削成平末端的 DNA 中：10×T_4 噬菌体 DNA 聚合酶修复缓冲液 2 μl，800～1000 ng 的磷酸化接头或衔接子 2 μl，T_4 噬菌体 DNA 连接酶（10^5 Weiss U[①] /ml）1 μl，10 mmol/L ATP 2 μl，混匀后，在 16℃温育 8～12 h。[a]

9）从反应液中吸出 0.5 μl 贮存于 4℃冰箱，其余反应液于 68℃加热 15 min 以灭活连接酶。

阶段 5：Sepharose CL-4B 凝胶过滤法分离 cDNA

1）用带有弯头的皮下注射针头将棉拭子的一半推进 1 ml 灭菌吸管端部，用无菌剪刀剪去露在吸管外的棉花并弃去，再用滤过的压缩空气将余下的棉拭子吹至吸管狭窄端。

2）将一段无菌的聚氯乙烯软管与吸管窄端相连，将吸管宽端浸于含有 0.1 mol/L NaCl 的

① 1 Weiss U=5×10^{-5} U

TE 缓冲液（pH 7.6）中。将聚氯乙烯管与相连于真空装置的锥形瓶相接。轻缓抽吸，直至吸管内充满缓冲液，用止血钳关闭软管。

3）在吸管宽端接一段乙烯泡沫管，让糊状物静置数分钟，打开止血钳，当缓冲液从吸管滴落时，层析柱也随之形成。如有必要，可加入更多的 Sepharose CL-4B，直至填充基质几乎充满吸管为止。

4）用几倍于柱床体积的含 0.1 mol/L 氯化钠的 TE 缓冲液（pH 7.6）洗涤柱子。洗柱完成后，关闭柱子底部的软管。依据大小分离回收 DNA。

5）用巴斯德吸管吸去柱中 Sepharose CL-4B 上层的液体，将 cDNA 加到柱上（体积为 50 μl 或更小），打开止血钳，使 cDNA 进入凝胶。用 50 μl TE 缓冲液（pH 7.6）洗涤盛装 cDNA 的微量离心管，将洗液也加于柱上。使含 0.1 mol/L NaCl 的 TE 缓冲液（pH 7.6）充满泡沫管。

6）用手提式小型探测器监测 cDNA 流经柱子的进程。放射性 cDNA 流到柱长 2/3 时，开始用微量离心管收集，每管 2 滴，直至将所有放射性物质洗脱出柱为止。

7）用切仑科夫计数器测量每管的放射性活度。

8）从每一管中取出一小份，以末端标记的已知大小（0.2～5 kb）的 DNA 片段作标准参照物，通过 1% 琼脂糖凝胶电泳进行分析，将各管余下部分贮存于 −20℃ 冰箱，直至获得琼脂糖凝胶电泳的放射自显影片。

9）电泳后将凝胶移至一张 Whatman 3 mm 滤纸上，盖上一张 Saran 包装膜，并在凝胶干燥器上干燥。干燥过程前 20～30 min 于 50℃ 加热凝胶，然后停止加热，在真空状态继续干燥 1～2 h。

10）置 −70℃ 加增感屏对干燥的凝胶继续 X 线曝光。

11）在 cDNA 长度 ≥500 bp 的收集管中，加入 0.1 体积的 3 mol/L 乙酸钠（pH 5.2）和 2 倍体积的乙醇。于 4℃ 放置至少 15 min 使 cDNA 沉淀，用微量离心机于 4℃ 以 10 000 r/min 离心 15 min，以回收沉淀的 cDNA。

12）将 DNA 溶于总体积为 20 μl 的 10 mmol/L Tris-HCl（pH 7.6）中。

13）测定每一小份放射性活度。算出选定的组分中所得到的总放射性活度值。计算可用于 λ 噬菌体臂相连接的 DNA 总量［有关 cDNA 第二链的计算，参见阶段 2 步骤 8）］。

可用于连接的 cDNA ＝［选定组分的总活度值（cpm）/ 掺入第二链的活度值（cpm）］

$$\times 2x\ \mu g\ cDNA\ 第二链合成量$$

阶段 6：cDNA 与 λ 噬菌体臂的连接

1）按表 4-1 建立 4 组连接 - 包装反应。

表 4-1　连接 - 包装反应

试剂	A	B	C	D
λ 噬菌体 DNA（0.5 μg/μl）/μl	1.0	1.0	1.0	1.0
10×T$_4$ DNA 连接酶缓冲液 /μl	1.0	1.0	1.0	1.0
cDNA/ng	0	5	10	50
T$_4$ 噬菌体 DNA 连接酶（10^5 Weiss U/ml）/μl	0.1	0.1	0.1	0.1
10 mmol/L ATP/μl	1.0	1.0	1.0	1.0
加 H$_2$O 至 /μl	10	10	10	10

连接混合物于 16℃培育 4～16 h，剩余的 cDNA 储存于 −20℃冰箱。

2）按包装提取物厂商提供的方法，从每组连接反应物中取 5 μl 包装到噬菌体颗粒中。

3）包装反应完成后，在各反应混合物中加入 0.5 ml SM 培养基。

4）预备适当的大肠杆菌株新鲜过夜培养物，包装混合物作 100 倍稀释，各取 10 μl 和 100 μl 涂板，于 37℃或 42℃培养 8～12 h。

5）计算重组噬菌斑和非重组噬菌斑，连接反应 A 不应产生重组噬菌斑，而连接反应 B～D 应产生数目递增的重组噬菌斑。

6）根据重组噬菌斑的数目，计算 cDNA 的克隆效率。

7）挑取 12 个重组 λ 噬菌体空斑，小规模培养裂解物并制备 DNA，以供适当的限制性内切核酸酶消化。

8）通过 1% 琼脂糖凝胶电泳分析 cDNA 插入物的大小，用长度为 500 bp～5 kb 的 DNA 片段作为分子质量参照。

第四节　ATAC-seq 技术

转座酶可接近性核染色质区域测序分析（assay for transposase-accessible chromatin with high throughput sequencing，ATAC-seq）是 2013 年由斯坦福大学 William J. Greenleaf 和 Howard Y. Chang 实验室开发的用于研究染色质可及性（通常也理解为染色质的开放性）的方法。

真核生物的核 DNA 并不是裸露的，而是与组蛋白结合形成染色体的基本结构单位核小体，核小体再经逐步的压缩折叠最终形成染色体高级结构（如人的 DNA 链完整展开约 2 m 长，经过这样的折叠就变成了纳米级至微米级的染色质结构而可以储存在小小的细胞核内）。而 DNA 的复制转录需要将 DNA 的紧密结构打开，从而允许一些调控因子（转录因子或其他调控因子）结合上来。这部分打开的染色质，就称为开放染色质，打开的染色质允许其他调控因子结合的特性称为染色质的可及性（chromatin accessibility）。因此，认为染色质的可及性与转录调控密切相关。

开放染色质的研究方法有 ATAC-seq 及传统的 DNase-seq 和 FAIRE-seq 等。

一、实验原理

ATAC-seq 技术的原理是通过 Tn5 转座酶容易结合在开放染色质的特性，然后对 Tn5 转座酶捕获到的 DNA 序列进行测序。

Tn5 转座子是一种细菌转座子，最早在 E. coli 中被发现，是一段含有若干抗性基因和编码转座酶基因的 DNA 片段。转座事件发生时，两个转座酶（Tnp）分子结合到 Tn5 转座子的 OE 端，形成两个 Tnp-OE 复合体，随后两个复合体通过 Tnp 的 C 端相互作用进行联会，形成一个 Tn5 转座复合体，此时 Tnp 产生切割 DNA 的活性。随后 Tnp 利用切割活性，经过一系列化学反应切除供体 DNA，离开供体链。当结合到靶 DNA 上时，Tn5 转座复合体识别并攻击靶序列（target site），将转座子插入靶序列中，黏性末端通过 DNA 聚合酶、连接酶作用进行填补，两端形成 9 bp 正向重复序列。整个转座过程完成了基因从原始 DNA 被剪切之后粘贴在另一受体 DNA 的过程，实现了基因的"跳跃"。

传统建库方式需要经过 DNA 片段化、末端修复、接头连接、文库扩增、多次纯化分选等步骤，耗时较长，将 Tn5 用于测序文库构建时，可将 DNA 片段化、末端修复、接头连接等多步反应转变为一步反应，极大地缩短了建库时间，提高了工作效率。将 P5、P7 端部分接头序列（adapter 1、2）和转座子末端序列设计合成供体 DNA，Tnp 识别转座子末端形成带有 P5、P7 端部分接头的 Tn5 转座复合体。该复合体识别受体 DNA 的靶序列，切断受体 DNA，并插入携带的供体 DNA，形成一端带有 P5 部分接头 adapter 1、一端带有 P7 部分接头 adapter 2 的 DNA，之后通过 PCR 加上识别码（barcode）及接头的其余部分，形成含 P5 端与 P7 端完整接头的 DNA 文库。

在 ATAC-seq 中，500～50 000 个未固定的细胞核被 Tn5 转座酶标记上测序接头。由于核小体的空间位阻效应，Tn5 转座酶携带的测序接头主要插入整合到染色质上的开放区域，接下来可经过 PCR 建库扩增后，进行双端二代测序。该方法已被用于真核生物细胞全基因组范围内的开放染色体区域检测、核小体位置确定及转录因子的印迹描绘等分析。

ATAC-seq 仅使用 500～50 000 个细胞就可以实现与 DNase-seq 使用百万数量级的细胞才能达到的灵敏度和特异性。ATAC-seq 的建库过程也不包含任何片段长度筛选，可以同时检测开放的 DNA 区域和被核小体占据的区域。ATAC-seq 由于所需细胞量少，实验简单，可以在全基因组范围内检测染色质的开放状态，目前已经成为研究染色质开放性的首选技术。

二、材料、试剂与器材

1. 材料

待测单细胞悬液。

2. 试剂

PBS，裂解缓冲液，NP-40，Tn5 转座酶，ddH$_2$O，PCR 纯化试剂盒，DNA，2×PCR Master mix，5× 缓冲液，primer Ad1，primer Ad2，SYBR Green 等。

3. 器材

除实验室常规器材外，还有离心机、恒温摇床、PCR 仪等。

三、ATAC-seq 的样本准备与实验流程

1. 样本要求

1）制备至少含有 $1×10^5$ 个细胞的细胞沉淀（推荐 $2×10^6$ 个细胞），并在样品表上注明总细胞数量。

2）用 PBS 将离心细胞沉淀洗涤至少一次（推荐 3 次），并将细胞沉淀置于 1 ml 小瓶或管中。

3）加入相应的细胞冻存液将细胞沉淀物冻存。

4）为避免运输过程中的破碎，强烈建议将样品管放在一个维持器中，如一个 50 ml 的管子或一个带有内部支架的箱子。棉絮和吸水纸可用于固定支架保持管不移动。

5）对于细胞沉淀样品，建议使用 1.5 ml 或 2 ml 螺旋盖微量离心管。包装前请使用 Parafilm 膜密封每个管。

6）请用干冰运输样品，不超过 48 h。

7）样品保存期间切忌反复冻融。

2. 建库测序与分析流程

具体流程如图 4-2 所示。

图 4-2　ATAC-seq 建库测序与分析流程

3. ATAC-seq 建库实验

1）取 50 000 个待进行 ATAC-seq 建库的细胞于 600 μl PCR 管中，600 r/min 离心 5 min。

2）弃去上清，加入 50 μl 预冷处理的裂解缓冲液（含有 0.1% NP-40），轻轻吹打 20 次，常温孵育 3 min，使细胞完全裂解，然后 400 r/min 离心 5 min。

3）弃去上清，向沉淀中加入 50 μl Tn5 混合液，37℃孵育 30 min，其中 50 μl 的 Tn5 混合液的组分为 8 μl Tn5 转座酶、10 μl 5× 缓冲液、32 μl ddH$_2$O。

4）使用 PCR 纯化试剂盒纯化 DNA：向混合液中加入 250 μl PB 缓冲液，混匀后上柱，16 000 r/min 离心 1 min；弃去收集管中液体，加入 750 μl PE 缓冲液，16 000 r/min 离心 1 min；弃去收集管中的液体，再次 16 000 r/min 离心 1 min；换用新的收集管，加入 20 μl 的 EB 缓冲液，常温静置 5 min，然后 16 000 r/min 离心 1 min。

5）PCR 扩增，所使用的试剂及用量见表 4-2。

表 4-2　PCR 扩增使用的试剂及用量

试剂	用量 /μl	试剂	用量 /μl
DNA	20	2.5 μmol/L primer Ad1	5
2×PCR Master mix	1	2.5 μmol/L primer Ad2	5
5× 缓冲液	10	总量	41

PCR 步骤及循环数目见表 4-3。

6）取 5 μl 步骤 5）中扩增的 DNA 产物进行定量 PCR，以检测其中 DNA 浓度，所用试剂及用量见表 4-4。

表 4-3 PCR 步骤及循环数目

步骤	温度 /℃	时间
1	72	5 min
2	98	30 s
3	98	10 s
步骤 2~3 重复 5 个循环		
4	63	30 s
5	72	1 min
6	72	5 min
7	4	保持

表 4-4 检测 DNA 浓度所用试剂及用量

试剂	用量 /μl
PCR 扩增的 DNA 产物	5
2×PCR Master mix	5
SYBR Green	0.6
15 μmol/L primer Ad1	0.25
25 μmol/L primer Ad2	0.25
ddH$_2$O	3.9
总量	15

PCR 步骤及循环数目见表 4-5。

表 4-5 PCR 步骤及循环数目

步骤	温度 /℃	时间
1	98	30 s
2	98	10 s
3	63	30 s
4	72	1 min
步骤 2~4 重复 20 个循环		

7）根据步骤 6）中所检测的 DNA 的浓度，对剩余的 45 μl 的 DNA 进行后续的 PCR。

8）按照步骤 4）中方法，纯化 PCR 后的 DNA 产物，所获得的 DNA 冻存于 -80℃冰箱备用。

9）对完成建库的 DNA 样品进行二代测序，测序交由第三方测序公司完成，测序方式为双端测序，测序读长为 150 bp。

4. ATAC-seq 数据分析

（1）测序数据预处理 测序数据预处理包括对原始数据的基因组回贴，去除线粒体 DNA，去除 PCR 引入的重复序列，文件格式转换，测序数据质量控制，以及 ATAC-seq 信号峰的寻找及信号强度的统计和归一化。使用 FastQC 软件进行测序质量评估，通过 cutadapt 软件去除测序接头序列，使用 bowtiw2 软件进行序列比对，使用 SAMtools 和 Picard 过滤数据。

（2）差异性分析　使用 MCS2 软件对测序数据进行统计学分析。将找到的差异开放区域上各个样本中的信号强度列为 $N \times M$ 的矩阵，其中 N 代表找到的差异开放区域的个数，M 代表样本数目，对所获得的矩阵按行进行层次聚类，聚类方法选择 Similarity metric＝ 'Correlation'，Clusteringmethod＝ 'Complete linkage'。

（3）差异开放区域的 Gene Ontology 注释　使用 Genomic Regions Enrichment of Annotations Tool 为层次聚类后形成的多个 Cluster（聚类簇）进行 Gene Ontology（GO，基因本体论）注释，参数选择默认值。

（4）差异开放区域的染色体定位　使用 HOMER（最常用的结构域分析工具）对差异开放区域进行注释，统计每个 Cluster 中开放区域到最近基因 TSS（transcription start site，转录起始位点）的距离，并作图。

（5）差异开放区域转录因子富集分析　使用 HOMER 中 findMotifsGenome.pl 对每个 Cluster 进行转录因子的富集分析，其中 -size 参数设置为 500，其他参数使用默认值。

（6）转录因子的印迹分析　对于某一 Cluster 中富集出的某一转录因子，绘制它在指定 Cluster 中开放区域上的结合情况，即印迹分析，具体方法如下。

1）使用 HOMER 中 findMotifsGenome.pl 寻找该转录因子在指定 Cluster 上的结合位点，其中，-find 参数设置为该转录因子对应的 PWMS 矩阵，-size 参数设置为 500，其他参数使用默认值。

2）自写程序统计结合位点分值最高的 1000 个（小于 1000 取所有）结合位点附近 100 bp 范围内每个碱基上 Tn5 转座酶结合事件的发生数目。

3）以每个结合位点的中心为中点，将所有结合位点在每个碱基处的 Tn5 转座酶结合事件数目取平均值，并作图，即得该转录因子在指定 Cluster 上的印迹。

（7）转录因子调控网络的构建

使用 Cgtoscape 软件进行调控网络分析。

四、其他要求

ATAC-seq 一般用 Illumina Hi Seq×10/Nova 测序平台 PE150 模式测 15G 数据，可根据需求适当调整。

5 第五章

蛋白质技术

第一节　蛋白质印迹技术

　　蛋白质印迹（Western blotting）是在蛋白质电泳分离和抗原抗体检测的基础上发展起来的一项检测蛋白质的技术，它结合了SDS-聚丙烯酰胺凝胶电泳的高分辨率与抗原抗体反应的特异性。通过蛋白质印迹可以获得特定蛋白质在所分析的细胞或组织中的表达情况的信息。

一、实验原理

　　蛋白质印迹通过电泳将蛋白质组分分开，然后将电泳后凝胶上的蛋白质转移至载体膜上，用封闭试剂封闭载体膜上未吸附蛋白质的区域，最后通过免疫学检测来分析特定的蛋白质表达水平。

　　蛋白质印迹克服了聚丙烯酰胺凝胶电泳后直接在凝胶上进行免疫学分析的弊端，极大地提高了其分辨率和灵敏度，广泛地应用于检测特定基因表达产物的正确性，或者比较表达产物的相对变化量。

二、试剂与器材

（一）试剂

　　单去污剂裂解液、0.01 mol/L PBS（pH 7.3）、10%分离胶、4%浓缩胶、考马斯亮蓝G250溶液、0.15 mol/L NaCl溶液、2×（5×）SDS上样缓冲液、电泳缓冲液、转移缓冲液、10×丽春红染液、封闭液、TBST缓冲液、TBS缓冲液、洗脱抗体缓冲液、显影液、定影液、抗体、化学发光试剂等。

1. 母液

　　1）1.0 mol/L Tris-HCl：Tris（M_w=121.14）30.29 g，蒸馏水200 ml，溶解后，用浓盐酸调pH至所需点（表5-1），最后用蒸馏水定容至250 ml，高温灭菌后室温下保存。

表5-1　pH对应HCl用量

pH	HCl/ml	pH	HCl/ml
7.4	约17	7.6	约15
7.5	约16	8.0	约10

　　2）1.74 mg/ml（10 mmol/L）PMSF：PMSF 0.174 g，异丙醇100 ml，溶解后，分装于1.5 ml离心管中，于−20℃冰箱保存。

　　3）0.2 mol/L NaH$_2$PO$_4$：NaH$_2$PO$_4$（M_w=119.98）12 g，蒸馏水500 ml，溶解后，高压灭菌，室温保存。

4）0.2 mol/L Na$_2$HPO$_4$：Na$_2$HPO$_4$·12H$_2$O（M_w=358.14）71.6 g，蒸馏水 1000 ml，溶解后，高压灭菌，室温保存。

5）10% SDS：SDS 10 g，加蒸馏水至 100 ml，50℃水浴下溶解，室温保存。如在长期保存过程中出现沉淀，水浴溶化后，仍可使用。

6）10% 过硫酸铵（AP）：过硫酸铵 0.1 g，超纯水 1.0 ml，溶解后，4℃保存，保存时间为 1 周。

7）1.5 mol/L Tris-HCl（pH 8.8）：Tris（M_w=121.14）45.43 g，超纯水 200 ml，溶解后，用浓盐酸调 pH 至 8.8，最后用超纯水定容至 250 ml，高温灭菌，室温保存。

8）0.5 mol/L Tris-HCl（pH 6.8）：Tris（M_w=121.14）15.14 g，超纯水 200 ml，溶解后，用浓盐酸调 pH 至 6.8，超纯水定容至 250 ml，高温灭菌，室温保存。

9）40% Acr/Bis（37.5∶1）：丙烯酰胺（Acr）37.5 g，N, N'- 亚甲基双丙烯酰胺（Bis）1 g，超纯水 100 ml，在 37℃条件下溶解后，4℃保存。使用时恢复至室温且无沉淀。

10）20% Tween 20：20 ml Tween 20，蒸馏水 100 ml，混匀后 4℃保存。

2. 使用液

1）单去污剂裂解液［50 mmol/L Tris-HCl（pH 8.0），150 mmol/L NaCl，1% Triton X-100，100 μg/ml PMSF］：2.5 ml 1 mol/L Tris-HCl（pH 8.0），0.438 g NaCl，0.5 ml Triton X-100，加蒸馏水至 50 ml，混匀后，4℃保存。使用时，加入 PMSF 至终浓度为 100 μg/ml（将 0.87 ml 裂解液加入 50 μl 1.74 mg/ml PMSF 中）。

2）0.01 mol/L PBS（pH 7.2～7.4）：19 ml 0.2 mol/L NaH$_2$PO$_4$，81 ml 0.2 mol/L Na$_2$HPO$_4$，17 g NaCl，蒸馏水 2000 ml。

3）考马斯亮蓝 G250 溶液（测蛋白质含量专用）：100 mg 考马斯亮蓝 G250，50 ml 95% 乙醇，100 ml 磷酸，加蒸馏水至 1000 ml。配制时，先用乙醇溶解考马斯亮蓝 G250 染料，再加入磷酸和水，混匀后，用滤纸过滤，4℃保存。

4）0.15 mol/L NaCl：0.877 g NaCl（M_w=58.44），蒸馏水 100 ml，高温灭菌后，室温保存。

5）100 mg/ml 牛血清白蛋白（BSA）：0.1 g BSA，1 ml 0.15 mol/L NaCl，溶解后，于 −20℃冰箱保存。制作蛋白质标准曲线时，用 0.15 mol/L NaCl 稀释 100 倍成 1 mg/ml，于 −20℃冰箱保存。

6）10% 分离胶和 4% 浓缩胶：见表 5-2。

表 5-2 10% 分离胶和 4% 浓缩胶配方

试剂	10% 分离胶（两块胶，10 ml）	4% 浓缩胶（两块胶，5 ml）
超纯水	4.85 ml	3.16 ml
40% Acr/Bis（37.5∶1）	2.5 ml	0.5 ml
1.5 mol/L Tris-HCl（pH 8.8）	2.5 ml	—
0.5 mol/L Tris-HCl（pH 6.8）	—	1.26 ml
10% SDS	100 μl	50 μl
10% AP（过硫酸铵）	50 μl	25 μl
TEMED	5 μl	5 μl

加 TEMED 后，立即混匀即可灌胶。

7）还原型 5×SDS 上样缓冲液 [0.25 mol/L Tris-HCl pH 6.8，0.5 mol/L 二硫叔糖醇（DTT，M_w=154.5），10% SDS，0.5% 溴酚蓝，50% 甘油]：2.5 ml 0.5 mol/L Tris-HCl（pH 6.8），0.39 g 二硫叔糖醇，0.5 g SDS，0.025 溴酚蓝，2.5 ml 甘油，混匀后，分装于 1.5 ml 离心管中，于 4℃ 冰箱保存。

8）电泳缓冲液（25 mmol/L Tris，0.25 mol/L 甘氨酸，0.1% SDS）：3.03 g Tris，18.77 g 甘氨酸（M_w=75.07），1 g SDS，蒸馏水 1000 ml，溶解后室温保存，此溶液可重复使用 3~5 次。

9）转移缓冲液（48 mmol/L Tris，39 mmol/L 甘氨酸，0.037% SDS，20% 甲醇）：2.9 g 甘氨酸，5.8 g Tris，0.37 g SDS，200 ml 甲醇，蒸馏水 1000 ml，溶解后室温保存，此溶液可重复使用 3~5 次。

10）10× 丽春红染液：2 g 丽春红 S，30 g 三氯乙酸，30 g 磺基水杨酸，蒸馏水 100 ml，使用时将其稀释 10 倍。

11）TBS 缓冲液（100 mmol/L Tris-HCl pH 7.5，150 mmol/L NaCl）：10 ml 1 mol/L Tris-HCl（pH 7.5），8.8 g NaCl，蒸馏水 1000 ml。

12）TBST 缓冲液（含 0.05% Tween 20 的 TBS 缓冲液）：1.65 ml 20% Tween 20，700 ml TBS 缓冲液，混匀后即可使用，最好现用现配。

13）封闭液（含 5% 脱脂奶粉的 TBST 缓冲液）：5 g 脱脂奶粉，100 ml TBST 缓冲液，溶解后于 4℃ 冰箱保存。使用时，恢复室温，用量以盖过膜面即可，一次性使用。

14）洗脱抗体缓冲液 [100 mmol/L β-巯基乙醇，2% SDS，62.5 mmol/L Tris-HCl（pH 6.8）]：加 700 μl 14.4 mol/L β-巯基乙醇、2 g SDS、12.5 ml 0.5 mol/L Tris-HCl（pH 6.8），加超纯水至 100 ml，配制时在通风橱内进行。4℃ 保存。可重复使用 1 次。

15）显影液（5×）：375 ml 自来水（加热至 50℃），加入 1.55 g 4-（甲氨基）苯酚半硫酸盐，22.5 g 亚硫酸钠（无水），33.75 g 无水碳酸钠，20.95 g 溴化钾，补水至 500 ml。配制时，上述药品应逐一加入，待一种试剂溶解后，再加入后一种试剂。于 4℃ 冰箱保存。使用时用自来水稀释至 1 倍。

16）定影液：700 ml 自来水（50~60℃），加入 240 g 硫代硫酸钠，15 g 亚硫酸钠（无水），12.6 ml 冰醋酸，7.5 g 硼酸，15 g 钾明矾（水温冷至 30℃ 以下时再加入），加水定容至 1000 ml，室温保存。配制时，上述药品应逐一加入，待一种试剂溶解后，再加入后一种试剂。

17）抗体：5% 脱脂牛奶配制，稀释至一定浓度使用，每张膜需 0.5 ml。

18）化学发光试剂：Santa Cruz 产品，分 A 和 B 两种试剂。

（二）器材

垂直板电泳转移装置，恒温水浴摇床，多用脱色摇床，凝胶图像处理系统，PVDF（聚偏二氟乙烯）膜等。

三、实验步骤

（一）蛋白质样品制备

1. 单层贴壁细胞总蛋白质的提取

1）倒掉培养液，并将瓶倒扣在吸水纸上使吸水纸吸干培养液（或将瓶直立放置一会儿使残余培养液流到瓶底然后用移液器将其吸走）。

2）每瓶细胞加 3 ml 4℃预冷的 PBS（0.01 mol/L，pH 7.2～7.3）。平放轻轻摇动 1 min 洗涤细胞，然后弃去洗液。重复以上操作两次，共洗细胞 3 次以洗去培养液。将 PBS 弃净后把培养瓶置于冰上。

3）按 1 ml 裂解液加 10 μl PMSF（100 mmol/L），摇匀置于冰上。

注意：PMSF 要摇匀至无结晶时才可与裂解液混合，PMSF 是剧毒物质，操作时要谨慎。

4）每瓶细胞加 400 μl 含 PMSF 的裂解液，于冰上裂解 30 min，为使细胞充分裂解，培养瓶要经常来回摇动。

5）裂解完后，用干净的刮刀将细胞刮于培养瓶的一侧（动作要快），然后用移液器将细胞碎片和裂解液移至 1.5 ml 离心管中（整个操作尽量在冰上进行）。

6）于 4℃条件下 12 000 r/min 离心 5 min（提前开离心机预冷）。

7）将离心后的上清分装转移至干净的离心管中，至少分装两份，放于 –20℃冰箱保存。

2. 组织中总蛋白质的提取

1）将少量组织块置于 1～2 ml 匀浆器中球状部位，用干净的剪刀将组织块尽量剪碎。

2）加 400 μl 单去污剂裂解液（含 PMSF）于匀浆器中，进行匀浆。然后置于冰上。

3）几分钟后再碾一会儿再置于冰上，要重复碾几次使组织尽量碾碎。

4）裂解 30 min 后，即可用移液器将裂解液移至 1.5 ml 离心管中，然后在 4℃条件下 12 000 r/min 离心 5 min，取上清分装于 0.5 ml 离心管中并置于 –20℃冰箱保存。

3. 加药物处理的贴壁细胞总蛋白质的提取

由于受药物的影响，一些细胞脱落下来，所以除按单层贴壁细胞操作外还应收集培养液中的细胞。以下是培养液中细胞总蛋白质的提取。

1）将培养液倒至 15 ml 离心管中，于 2500 r/min 离心 5 min。

2）弃上清，加入 4 ml PBS 并用移液器轻轻吹打洗涤，然后 2500 r/min 离心 5 min。弃上清后用 PBS 重复洗涤一次。

3）用移液器吸干上清后，加 100 μl 裂解液（含 PMSF）于冰上裂解 30 min，裂解过程中要经常弹一弹以使细胞充分裂解。

4）将裂解液与培养瓶中裂解液混在一起 4℃、12 000 r/min 离心 5 min，取上清分装于 0.5 ml 离心管中并置于 –20℃冰箱保存。

（二）蛋白质含量的测定

1. 制作标准曲线

1）从 –20℃冰箱取出 1 mg/ml BSA，室温融化后，备用。

2）取 18 个 1.5 ml 离心管，3 个一组，分别标记为 0 μg、2.5 μg、5.0 μg、10.0 μg、20.0 μg、40.0 μg。

3）按表 5-3 在各管中加入各种试剂。

混匀后，室温放置 2 min。在分光光度计上比色分析。

2. 检测样品蛋白质含量

1）取足量的 1.5 ml 离心管，每管加 4℃考马斯亮蓝溶液 1 ml。室温放置 30 min 后即可用于测定蛋白质含量。

表 5-3　测定蛋白质含量绘制标准曲线的试剂用量

试剂	0 μg	2.5 μg	5.0 μg	10.0 μg	20.0 μg	40.0 μg
1 mg/ml BSA/μl	—	2.5	5.0	10.0	20.0	40.0
0.15 mol/L NaCl/μl	100	97.5	95.0	90.0	80.0	60.0
考马斯亮蓝 G250 溶液 /ml	1	1	1	1	1	1

2）取一管考马斯亮蓝 G250 加 0.15 mol/L NaCl 溶液 100 μl，混匀放置 2 min 可作为空白样品，将空白样品倒入比色杯中在作好标准曲线的程序下按 blank 测空白样品。

3）弃空白样品，用无水乙醇清洗比色杯 2 次（每次 0.5 ml），再用无菌水洗一次。

4）取一管考马斯亮蓝 G250 加 95 μl 0.15 mol/L NaCl 溶液和 5 μl 待测蛋白质样品，混匀后静置 2 min，倒入扣干的比色杯中检测。

注意：每测一个样品都要将比色杯用无水乙醇洗 2 次，无菌水洗一次。可同时混合好多个样品再一起测，这样在测定大量的蛋白质样品时可节省很多时间。测得的结果是 5 μl 样品含的蛋白质量。

（三）SDS-PAGE

1. 清洗玻璃板

一只手扣紧玻璃板，另一只手蘸少许洗衣粉或去污粉轻轻擦洗。两面都擦洗过后用自来水冲洗，再用蒸馏水冲洗干净后立在筐里晾干。

2. 灌胶与上样

1）玻璃板对齐后放入夹中卡紧。然后垂直卡在架子上准备灌胶（操作时要使两片玻璃板对齐，以免漏胶）。

2）按前面方法配 10% 分离胶，加入 TEMED 后立即摇匀即可灌胶。灌胶时，可用 10 ml 移液器吸取 5 ml 胶沿玻璃板放出，然后胶上加一层水，液封后的胶凝得更快（灌胶时开始可快一些，胶面快到所需高度时要放慢速度。操作时胶一定要沿玻璃板流下，这样胶中才不会有气泡。加水液封时要很慢，否则胶会被冲变形）。

3）当水和胶之间有一条折射线时，说明胶已凝。再等 3 min 使胶充分凝固就可倒去胶上层水并用吸水纸将水吸干。

4）按前面方法配 4% 的浓缩胶，加入 TEMED 后立即摇匀即可灌胶。将剩余空间灌满浓缩胶然后将梳子插入浓缩胶中。灌胶时也要使胶沿玻璃板流下以免胶中有气泡产生。插梳子时要使梳子保持水平。由于胶凝固时体积会收缩减小，从而使加样孔的上样体积减小，在浓缩胶凝固的过程中要经常在两边补胶。待到浓缩胶凝固后，两手分别捏住梳子的两边竖直向上轻轻将其拔出。

5）用水冲洗一下浓缩胶，将其放入电泳槽中（小玻璃板面向内，大玻璃板面向外。若只跑一块胶，则槽另一边要垫一块塑料板且有字的一面向外）。

6）测完蛋白质含量后，计算含 50 μg 蛋白质的溶液体积即为上样量。取出上样样品至 0.5 ml 离心管中，加入 5×SDS 上样缓冲液至终浓度为 1×（上样总体积一般不超过 15 μl，加样孔的最大限度可加 20 μl 样品）。上样前要将样品于沸水中煮 5 min 使蛋白质变性。

7）加足够的电泳液后开始准备上样（电泳液至少要漫过内侧的小玻璃板）。用微量进样器贴壁吸取样品，将样品吸出，不要吸进气泡。将加样器针头插至加样孔中缓慢加入样品（加样太快可使样品冲出加样孔，若有气泡也可能使样品溢出。加入下一个样品时，进样器需在外槽电泳缓冲液中洗涤 3 次，以免交叉污染）。

3. 电泳

电泳时间一般为 4～5 h，电压为 40 V 较好，也可用 60 V。电泳至溴酚蓝刚跑出即可终止电泳，进行转膜。

（四）转膜

1）转一张膜需准备 6 张 7.0～8.3 cm 的滤纸和 1 张 7.3～8.6 cm 的硝酸纤维素膜。切滤纸和膜时一定要戴手套，因为手上的蛋白质会污染膜。将切好的硝酸纤维素膜置于水上浸 2 h 才可使用。用镊子捏住膜的一边轻轻置于有超纯水的平皿里，要使膜浮于水上，只有下层与水接触。这样由于毛细管作用可使整个膜浸湿。若膜沉入水里，膜与水之间形成一层空气膜，这样会阻止膜吸水。

2）在加有转移缓冲液的搪瓷盘里放入转膜用的夹子、两块海绵垫、一支玻璃棒、滤纸和浸过的膜。

3）将夹子打开使黑的一面保持水平。在上面垫一张海绵垫，用玻璃棒来回擀几遍以擀走里面的气泡（一只手擀，另一只手要压住垫子使其不能随便移动）。在垫子上垫 3 层滤纸（可 3 张纸先叠在一起再垫于垫子上），一只手固定滤纸，另一只手用玻璃棒擀去其中的气泡。

4）要先将玻璃板撬掉才可剥胶，撬的时候动作要轻，要在两个边上轻轻地反复撬。撬一会儿玻璃板便开始松动，直到撬去玻璃板（撬时一定要小心，玻璃板很易裂）。除去小玻璃板后，将浓缩胶轻轻刮去（浓缩胶影响操作），要避免把分离胶刮破。小心剥下分离胶盖于滤纸上，用手调整使其与滤纸对齐，轻轻用玻璃棒擀去气泡。将膜盖于胶上，要盖满整个胶（膜盖好后不可再移动）并除气泡。在膜上盖 3 张滤纸并除去气泡。最后盖上另一个海绵垫，擀几下就可合起夹子。整个操作在转移缓冲液中进行，要不断地擀去气泡。膜两边的滤纸不能相互接触，接触后会发生短路（转移缓冲液含甲醇，操作时要戴手套，实验室要开门以使空气流通）。

5）将夹子放入转移槽中，要使夹的黑面对槽的黑面，夹的白面对槽的红面。电转移时会产热，在槽的一边放一块冰来降温。一般用 60 V 转移 2 h 或 40 V 转移 3 h。

6）转完后将膜用 1× 丽春红染液染 5 min（于脱色摇床上轻摇）。然后用水冲洗掉没染上的染液就可看到膜上的蛋白质。将膜晾干备用。

（五）免疫反应

1）将膜用 TBS 缓冲液从下向上浸湿后，移至含有封闭液的平皿中，在室温下于脱色摇床上摇动封闭 1 h。

2）将一抗用 TBST 缓冲液稀释至适当浓度（在 1.5 ml 离心管中）；撕下适当大小的一块保鲜膜铺于实验台面上，四角用水浸湿以使保鲜膜保持平整；将抗体溶液加到保鲜膜上；从封闭液中取出膜，用滤纸吸去残留液后，将膜蛋白面朝下放于抗体液面上，掀动膜四角以赶出残留气泡；室温下孵育 1～2 h 后，用 TBST 缓冲液在室温下于脱色摇床上洗两次，每次 10 min；再用 TBS 缓冲液洗 10 min。

3）同上方法准备二抗稀释液并与膜接触，室温下孵育 1～2 h 后，用 TBST 缓冲液于室温脱色，摇床上洗两次，每次 10 min；再用 TBS 缓冲液洗 10 min，进行化学发光反应。

（六）化学发光、显影、定影

1）将 A 和 B 两种试剂在保鲜膜上等体积混合；1 min 后，将膜蛋白面朝下与此混合液充分接触；1 min 后，将膜移至另一保鲜膜上，去尽残液，包好，放入 X 线片夹中。

2）在暗室中，将 1× 显影液和定影液分别倒入塑料盘中；在红灯下取出 X 光片，用切纸刀剪裁适当大小（比膜的长和宽均需大 1 cm）；打开 X 线片夹，把 X 线片放在膜上，一旦放上，便不能移动，关上 X 线片夹，开始计时；根据信号的强弱适当调整曝光时间，一般为 1 min 或 5 min，也可选择不同时间多次压片，以达到最佳效果；曝光完成后，打开 X 线片夹，取出 X 线片，迅速浸入显影液中显影，待出现明显条带后，即刻终止显影。显影时间一般为 1~2 min（20~25℃），温度过低时（低于 16℃）需适当延长显影时间；显影结束后，马上把 X 线片浸入定影液中，定影时间一般为 5~10 min，以胶片透明为止；用自来水冲去残留的定影液后，于室温下晾干。

注意：显影和定影过程中需移动胶片时，尽量拿胶片的一角，手指甲不要划伤胶片，否则会对结果产生影响。

（七）凝胶图像分析

将胶片进行扫描或拍照，用凝胶图像处理系统分析目标带的分子质量和净光密度值。

将定影后的 X 线片扫描保存为电脑文件，并用分析软件对图片上每个特异条带灰度值进行数字化分析。

四、常见问题

1. 转膜完毕，经染色后发现蛋白质条带不是很清晰

1）如果使用的是 PVDF 膜可能是因为膜没有完全均匀湿透，需要用 100% 甲醇浸泡约 15 min，从而活化 PVDF 膜上的带电基团，提高其结合蛋白质的能力；小于 10 kDa 的靶蛋白容易穿透膜转移至缓冲液中，应选择小孔径的膜，缩短转移时间。

2）转移缓冲液中甲醇浓度过高会导致蛋白质与 SDS 分离，从而沉淀在凝胶中。解决方法为降低甲醇浓度或者使用乙醇、异丙醇等代替。

3）要注意转移缓冲液中 SDS 的浓度，是否加 SDS 与目标蛋白的溶解性有很大关系。一般来说，疏水性很强的蛋白质，如分布于细胞膜上的蛋白质，或者一些 100 kDa 的蛋白质也可能出现溶解性不足，由于其容易在凝胶里形成聚集沉淀，因此在转移缓冲液中加入终浓度为 0.1% 的 SDS，以避免出现这种情况。但是对于小蛋白质，SDS 妨碍蛋白质与膜的结合，这种情况下，转移缓冲液中可以不加 SDS。

2. 转膜后可以看到 marker 条带，可是在免疫反应后却没有阳性条带

考虑以下两点：①抗体结合不充分，调整一抗和二抗的稀释比例，延长孵育时间；②显色体系的问题，可直接将酶标二抗和底物进行混合，如果仍不显色，则需要更换新的酶标二抗或相应显色底物。

3. 实验最后得到的结果发现背景很高

考虑以下几点：① PVDF 膜没有完全均匀湿透，使用 100% 甲醇浸透膜；②可能是封闭不充分，选择合适的封闭试剂，如脱脂奶粉、BSA、酪蛋白等，增加封闭液孵育时间，或提高温度；③免疫反应时洗膜不充分，增加洗液体积和洗涤次数；④曝光过度，缩短曝光时间。

第二节 免疫组织化学技术

免疫组织化学（immunohistochemistry）简称免疫组化，是组织化学的分支，它是用标记的特异性抗体（或抗原）对组织内抗原（或抗体）的分布进行组织和细胞原位检测的技术。凡是组织细胞内具有抗原性的物质，如肽类、激素、神经递质、细胞因子、受体、表面抗原等均可用免疫组织化学技术显示，因而该技术目前在基础与临床科研中被广泛应用。

一、实验原理

1. 免疫荧光方法

免疫荧光方法是最早建立的免疫组织化学技术。它利用抗原抗体特异性结合的原理，先将已知抗体标上荧光素，以此作为探针检查细胞或组织内的相应抗原，在荧光显微镜下观察。当抗原抗体复合物中的荧光素受激发光的照射后即会发出一定波长的荧光，从而可确定组织中某种抗原的定位，进而还可进行定量分析。由于免疫荧光技术特异性强、灵敏度高、快速简便，因此在临床病理诊断、检验中应用比较广。

2. 免疫酶标方法

免疫酶标方法是继免疫荧光后，于20世纪60年代发展起来的技术。其基本原理是先以酶标记的抗体与组织或细胞作用，然后加入酶的底物，生成有色的不溶性产物或具有一定电子密度的颗粒，通过光镜或电镜，对细胞表面和细胞内的各种抗原成分进行定位研究。免疫酶标方法是目前最常用的方法。

3. 免疫胶体金技术

免疫胶体金技术以胶体金这样一种特殊的金属颗粒作为标记物。胶体金是指金的水溶胶，它能迅速而稳定地吸附蛋白质，对蛋白质的生物学活性则没有明显的影响。因此，用胶体金标记一抗、二抗或其他能特异性结合免疫球蛋白的分子（如葡萄球菌A蛋白）等作为探针，就能对组织或细胞内的抗原进行定性、定位，甚至定量研究。由于胶体金有不同大小的颗粒，且胶体金的电子密度高，因此免疫胶体金技术特别适合于免疫电镜的单标记或多标记定位研究。由于胶体金本身呈淡红至深红色，因此也适合进行光镜观察。如应用银加强的免疫金银法则更便于光镜观察。

二、材料、试剂与器材

1. 材料

组织切片。

2. 试剂

PBS（pH 7.2～7.4）：NaCl 37 mmol/L，KCl 2.7 mmol/L，Na$_2$HPO$_4$ 4.3 mmol/L，KH$_2$PO$_4$ 1.4 mmol/L。

0.01 mol/L 柠檬酸钠缓冲液（CB，pH 6.0，1000 ml）：柠檬酸三钠 3 g，柠檬酸 0.4 g。

0.5 mol/L EDTA 缓冲液（pH 8.0）：700 ml 水中溶解 186.1 g EDTA-Na$_2$·2H$_2$O，用 10 mmol/L

NaOH 调 pH 至 8.0，加水至 1000 ml。

1 mol/L 的 TBS 缓冲液（pH 8.0）：在 800 ml 水中溶解 121 g Tris 碱，用 1 mol/L 的 HCl 调 pH 至 8.0，加水至 1000 ml。

酶消化液：A. 0.1% 胰蛋白酶，用 0.1% $CaCl_2$（pH7.8）配制。

B. 0.4% 胃蛋白酶液，用 0.1 mol/L 的 HCl 配制。

3% 甲醇 -H_2O_2 溶液：用 30% H_2O_2 和 80% 甲醇溶液配制。

3% H_2O_2 溶液：30% H_2O_2，用蒸馏水或 PBS 配制。

DAB（3,3-diaminobenzidine）显色剂的配制如下。

1）储备液（DAB 25 mg/ml）的配制：250 mg DAB 加 10 ml PBS，待完全溶解后分装成 1 ml、100 μl、50 μl、20 μl 等，于 -20℃冰箱冻存。

2）工作液：DAB 储备液 20 μl 加 PBS 1000 μl 和 3% H_2O_2 5 μl。

苏木精染液：苏木精 2 g，无水乙醇 250 ml，硫酸铝 17.6 g，蒸馏水 750 ml，碘酸钠 0.2 g，冰醋酸 20 ml。先将苏木精溶于无水乙醇，再将硫酸铝溶于蒸馏水中。两液溶解后将其混合，加入碘酸钠，最后加入冰醋酸。

链霉亲和素 - 生物素复合物（strept avidin-biotin complex，SABC）：按试剂盒说明，SABC 稀释 100 倍（990 μl PBS：10 μl SABC）。

正常山羊血清，二甲苯，无水乙醇，95% 乙醇，75% 乙醇，Tween 20 等。

3. 器材

18 cm 不锈钢高压锅、电炉或微波炉，水浴锅等。

三、实验步骤

免疫组化的具体流程如图 5-1 所示。

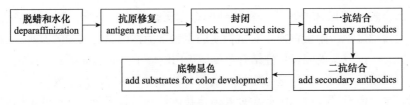

图 5-1 免疫组化流程图

（一）链霉亲和素 - 生物素复合物法

1. 脱蜡和水化

脱蜡前应将组织切片在室温中放置 60 min 或 60℃恒温箱中烘烤 20 min。

组织芯片置于二甲苯中浸泡 10 min，更换二甲苯后再浸泡 10 min；无水乙醇中浸泡 5 min；95% 乙醇中浸泡 5 min；75% 乙醇中浸泡 5 min。

PBS 洗 2 次，各 5 min。用蒸馏水或 PBS 配制新鲜的 3% H_2O_2，室温封闭 5～10 min，用蒸馏水洗 3 次。

2. 抗原修复

适用于福尔马林固定的石蜡包埋组织芯片。

（1）抗原热修复

1）高压热修复：在沸水中加入 EDTA（pH 8.0）或 0.01 mol/L 柠檬酸钠缓冲液（pH 6.0），盖上不锈钢锅盖，但不能锁定。将载玻片置于金属染色架上，缓慢加压，使载玻片在缓冲液中浸泡 5 min，然后将盖子锁定，小阀门将会升起来。10 min 后除去热源，置入凉水中，当小阀门沉下去后打开盖子。此方法适用于较难检测或核抗原的抗原修复。

2）沸热修复：用电炉或水浴锅加热 0.01 mol/L 柠檬酸钠缓冲液（pH 6.0）至 95℃左右，放入组织芯片加热 10～15 min。

3）微波炉加热：在微波炉里加热 0.01 mol/L 柠檬酸钠缓冲液（pH 6.0）至沸腾后将组织芯片放入，断电，间隔 5～10 min，反复 1～2 次。适用的抗原有 Bcl-2、Bax、AR、PR、C-fos、x-jum、z-kit、c-myc、E-cadherin、chromogranin A、cyclin、ER、heatshock protein、HPV、Ki-67、MDMZ、P53、P34、P15、P-glycoprotein、PKC 等。

（2）酶消化方法

常用 0.1% 胰蛋白酶和 0.4% 胃蛋白酶液。胰蛋白酶使用前预热 37℃，消化时间为 5～30 min。适用于被固定遮蔽的抗原，包括 collagen、GFAP、complement、cytokeratin、C-erB-2、LCA、LN 等。

3. 血清封闭

冷却至室温后，将柠檬酸钠缓冲液倒掉，水洗 2 次，并将载玻片置于 PBS 中 5 min，洗 2 次，擦干组织周围的 PBS，立即加上用 PBS 稀释 10 倍后的血清，使一些非特异性的位点封闭起来，37℃ 30 min。

4. 一抗结合

用吸水纸擦干载玻片反面和正面组织周围的血清，样本加 50 μl 一抗（如果有对照实验，对照组织上加 PBS），于 4℃冰箱保存过夜。

5. 二抗结合

PBS 洗 3 次，每次 5 min，擦干组织周围 PBS 后加二抗，20～37℃ 20 min。

6. 底物显色、封片

PBS 洗 3 次，每次 5 min，擦干组织周围的 PBS 后加 SABC，20～30℃ 20 min。

PBS 洗 3 次，每次 5 min，擦干组织周围的 PBS 后加上显色剂。

用 PBS 或自来水冲洗 10 min，在苏木精中染色 1～2 min。

将复染后的片子置于水中冲洗后，将载玻片依次放入 70% 乙醇—80% 乙醇—90% 乙醇—95% 乙醇—无水乙醇—无水乙醇—二甲苯—二甲苯。每个试剂中放置 2 min，最后浸泡在二甲苯中，搬到通风柜中。

将中性树胶滴在组织旁边，再用盖玻片盖上，要先放平一侧，然后轻轻放下另一侧，以免产生气泡，封好片子后置于通风柜中晾干。

（二）链霉菌抗生素蛋白 - 过氧化物酶（streptavidin-perosidase，SP）法

SP 免疫组化染色试剂盒采用生物素标记的第二抗体与链霉菌抗生物素蛋白连接的过氧化物酶及底物色素混合液来测定细胞和组织中的抗原。

SP 免疫组化染色步骤：

1）脱蜡、水化。

2）用 PBS（pH 7.4）洗 2～3 次，每次 5 min。

3）将 3% H$_2$O$_2$（80% 甲醇）滴加在载玻片上，室温静置 10 min。

4）用 PBS 洗 2～3 次，每次 5 min。

5）抗原修复。

6）用 PBS 洗 2～3 次，每次 5 min。

7）滴加正常山羊血清封闭液，室温放置 20 min，甩去多余液体。

8）滴加一抗 50 μl，室温静置 1 h、4℃过夜或 37℃ 1 h。

9）4℃过夜后需在 37℃复温 45 min。

10）PBS 洗 3 次，每次 2 min。

11）滴加二抗 45～50 μl，室温静置或 37℃放置 1 h。

12）在二抗中可加入 0.05% 的 Tween 20。

13）用 PBS 洗 3 次，每次 5 min。

14）甩去 PBS，每张切片加 2 滴或 100 μl 新鲜配制的 DAB 溶液，显微镜下观察 3～10 min，阳性显色为棕色或红色。

15）用 PBS 或自来水冲洗 10 min。

16）用苏木精复染 2 min，0.1% HCl 分化。

17）用自来水冲洗 10～15 min。

18）脱水、透明、封片、镜检。如果用 DAB 显色，则切片经过梯度乙醇脱水干燥，二甲苯透明，中性树胶封固；如果用 AEC 显色，则切片不能经乙醇脱水，而直接用水性封片剂封片。

四、常见问题

1. 免疫组化问题解答

（1）染色过强

1）抗体浓度过高或孵育时间过长：降低抗体滴度、抗体孵育时间；室温 1 h 或 4℃过夜。

2）孵育温度过高：超过 37℃，一般为 20～28℃。

3）DAB 显色时间过长或浓度过高：显色时间不超过 5～12 min，以显微镜下观察为准。

（2）非特异性背景染色

1）操作过程中冲洗不充分：每步冲洗 3 次，每次 5 min。

2）组织中含过氧化物酶未阻断：可再配制新鲜的 3% H$_2$O$_2$，封闭孵育时间延长。

3）组织中含内源性生物素：正常非免疫动物血清再封闭。

4）血清蛋白封闭不充分：延长血清蛋白封闭时间。

（3）染色弱

1）抗体浓度过低、孵育时间过短：提高抗体浓度，孵育时间不能少于 60 min。

2）试剂超过有效使用时间：应更换试剂。

3）操作中添加试剂时缓冲液未沥干：每步滴加试剂前沥干切片中多余的缓冲液，但应防止切片干燥。

4）室温太低：低于 15℃，要改放在 37℃孵育箱孵育 30～60 min 或于 4℃冰箱过夜。

5）蛋白质封闭过度：封闭不要超过 12 min。

（4）染色阴性

1）操作步骤错误：应重试设阳性对照。

2）组织中无抗原：设阳性对照以验证实验结果。

3）一抗与二抗种属连接错误：仔细确定一抗与二抗种属无误。

2. 免疫组化操作要点及技巧

1）固定：最好用 4% 多聚甲醛固定液。对于冰冻切片，甲醛固定有时比冰冻丙酮好；但对于不同的组织和抗原，可选用不同的固定液。有时候商品化的抗体会有比较适合推荐的固定液，请于购置前注意说明书。

Bouin S 固定液：饱和苦味酸 750 ml，甲醛 250 ml，冰醋酸 50 ml，其对组织的穿透力较强，固定较好，结构完整，但因偏酸，对抗原有一定损害，且组织收缩明显，不适于组织标本的长期保存。

PLP 液：高碘酸钠 - 赖氨酸 - 多聚甲醛，适于固定石蜡切片。适于富含糖类组织，对超微结构及许多抗原的抗原性保存较好。

2）组织脱水、透明：时间不能太长，否则在切片时容易碎片，切不完整。

3）切片时展片：有些组织在切片后难以在水中展开，这时可适当地在水中加几滴乙醇。

4）烤片：60℃ 30 min 或 37℃ 过夜，温度太高或时间太长，抗原容易丢失。

5）蜡块及切片的保存：最好在 4℃ 保存。

6）脱片问题：多聚赖氨酸（poly-L-lysine）为目前免疫组化染色工作中最常用的一种防脱片剂，6 ml 的多聚赖氨酸溶液可按 1∶10 稀释成 60 ml 的工作液，适合于需要酶消化、微波、高温高压的防脱片处理。如不行，可用双重处理［APES（3- 氨丙基 - 乙氧基甲硅烷）和 poly-L-lysine］的切片。在以上两种条件都行不通的情况下，可用如下方法：切片在脱蜡前，放在 APEE/ 丙酮（1∶50）溶液中浸泡 3 min，晾干，即可进行下一步。

7）灭活内源性酶：HRP 系统用 3% 双氧水灭活；ALP 系统用 3% 乙酸灭活。

8）暴露抗原：对于石蜡切片的免疫组化实验，必须采用高温加热抗原修复，这将有助于暴露抗原决定簇，从而增加免疫组化染色的强度（不同抗体的最佳修复液请参阅抗体说明书）。对于不同的组织、不同的抗原、不同的抗体，所采用的方法应不一样，可进行热修复、胰酶消化、既不修复也不消化。胶原还可以用胃蛋白酶消化等。

9）封闭：在用山羊血清封闭后，非特异性染色仍然较强时，可延长封闭时间或用浓缩血清封闭。

10）抗体稀释：应遵循"现用现配"的原则，对于 PBS 稀释的抗体一定要当天使用。

11）背景高：在抗体浓度、反应时间、反应温度等合适的条件下，如果背景依旧高，可采用含 1‰ Tween 20 的 PBS 洗，特别是在显色之前要多洗。

12）返蓝：在苏木精复染后，可用碱性缓冲液（如 PBS）或 Na_2HPO_4 饱和溶液返蓝。

13）显色：一定要在显微镜下观察，注意控制背景。

14）在整个操作过程中，切片千万不能干燥，否则会有非特异性染色。

15）拍照：存在以下三种问题。

A. 更换样品时，除了调整焦距和视野外，显微镜上的其他部件都不能动！所有的样品必须一次拍摄完全。特别是在拍摄过程中，不要一会儿用高倍镜，一会儿用低倍镜，来回切换物镜。

B. 数码相机必须设置为手动曝光，并且保持每张照片用同样的曝光条件、同样的曝光时间、同样的光圈。特别要注意的是，一定要将数码相机的自动白平衡功能关掉。

C. 免疫组化切片一般染色不太深，因此拍摄出的照片颜色较浅。拍摄出的照片中空白部位应尽可能呈现纯白色。测量其灰度应在 250 左右。如果呈现淡蓝色，一般是相机自动白平衡在起作用。另外一个因素是显微镜灯光电压不正确。要使灯光本身的色温正确。既不偏黄，也不偏蓝。

3. 免疫组化技术的关键问题

（1）组织处理　　恰当的组织处理是做好免疫组化染色的先决条件，也是决定染色成败的内部因素，在组织细胞材料准备的过程中，不仅要求保持组织细胞形态完整，更要保持组织细胞的抗原性不受损或弥漫，防止组织自溶。如果出现自溶坏死的组织，抗原已经丢失，即使用很灵敏的检测抗体和高超的技术，也很难检出所需的抗原，反而往往由于组织的坏死或制片时的刀痕挤压，在上述区域出现假阳性结果。

1）组织及时取材和固定：组织标本及时取材和固定是做好免疫组化染色关键的第一步，是有效防止组织自溶坏死、抗原丢失的开始，离体组织应尽快进行取材，最好在 2 h 内，取材时所用的刀应锐利，要一刀下去切开组织，不可反复切拉组织，造成组织的挤压，组织块大小要适中，一般在 2.5 cm×2.5 cm×0.2 cm，切记取材时组织块宁可面积大，千万不能厚的原则（组织块的面积可以大到 3 cm×5 cm，但组织块的厚度千万不能超过 0.2 cm，否则将不利于组织的均匀固定）。固定液快速渗透到组织内部使组织蛋白能在一定时间内迅速凝固，从而完好地保存抗原和组织细胞形态。

对于固定液的选择，原则上讲，应根据抗原的耐受性来选择相应的固定液，但除非是专项科研项目，在病理常规工作中很难做到这一点，因为病理的诊断和鉴别诊断都是在常规 HE 病理诊断的基础上决定是否进行免疫组化的染色，而 HE 染色的常规组织处理是采用 10% 的福尔马林缓冲液或 4% 多聚甲醛缓冲液 4 倍于组织体积进行组织固定，利用其渗透性强，对组织的作用均匀进行固定，但组织固定时间最好在 12 h 内，一般固定时间不应超过 24 h。随着固定时间的延长对组织抗原的检出强度将逐渐降低。

2）组织脱水、透明、浸蜡：组织经固定后进行脱水、透明、浸蜡和包埋。掌握的原则是脱水透明要充分但不能过，浸蜡时间要够，温度不能高，否则造成组织的硬脆使切片较难，即使能切片，由于组织硬脆，切片也不能完好平整，染色过程中极易脱片，对免疫组化染色抗原的定位及背景都不利，所以无水乙醇脱水和二甲苯透明的时间不宜过长，正常大小的组织无水乙醇脱水 1 h×3 次、二甲苯透明 1 h×2 次即可，浸蜡及包埋石蜡温度不要超过 65℃。

（2）切片　　组织得到很好的处理后在进行切片之前还应对载玻片进行处理，由于检测抗原是多种多样的，因染色操作程序复杂，时间较长，有些抗原是要进行各种抗原修复处理，如微波、高压、水溶酶等，载玻片如果得不到很好的处理，将易造成脱片，为保证免疫组化实验的正常进行，要求在贴片前对载玻片进行适当处理，必须在清洗干净的载玻片上进行黏合剂的处理以防脱片。

1）多聚赖氨酸（poly-L-lysine）：一般采用相对分子质量 30 000 左右的 0.5% 多聚赖氨酸最好，也可用试剂公司出售的浓溶液，以 1：10 去离子水稀释。方法是将载玻片浸泡其中，倾尽余液，在 60℃温箱中烤干备用，此方法的优点是可以用于多种组织化学、免疫组化及分子学检测，粘贴效果最好，但价格稍贵。

2）明胶硫酸铬钾法：将 2.5 g 明胶加热溶于 500 ml 蒸馏水中，完全溶解冷却后加入 0.25 g 硫酸铬钾搅匀充分溶解即可使用。方法是将载玻片浸泡其中 2 min，取出控尽液体入温箱中烤干备用。此法价格便宜、方法简单，任何实验都可以使用，特别适于大批量使用，但应注意，如果液体变蓝或呈黏稠状应停用。

3）APES：此法必须现用现配。将洗净的载玻片放入 1∶50 丙酮稀释的 APES 中，浸泡 20 s，取出稍停再入丙酮或蒸馏水中洗去未结合的 APES 晾干即可。用此方法黏合的玻片应垂直烤片而不能平烤，否则组织片中易出现气泡。

切片时必须保持切片刀锐利，切片要薄而平整、无皱折、无刀痕，如有上述问题的切片在进行免疫组化染色时都将出现假阳性现象，切片厚度一般为 3～4 μm，切好的切片在 60℃温箱中过夜，注意烤片的温度不宜过高，否则易使组织细胞结构破坏，而产生抗原标记定位弥漫现象。

4. 免疫组化染色注意事项

目前，免疫组化染色方法已不是什么很难的问题，操作步骤简单也易掌握，但要做好免疫组化，其方法的技巧将是每位操作者在实际工作中不断摸索和探讨的事，但最基本的应从以下方面加以注意。

（1）去除内源酶及内源性生物素 一般进行免疫组化标记的都是一些生物体组织，其中自身含有一定量的内源酶和内源性生物素。而免疫组化各种染色大部分是用过氧化物酶来标记抗体的，酶的作用是催化底物，使显色剂显色，而组织中的内源性酶同样也能催化底物，使其显色，这就影响免疫组化的特异性。所以在标记抗体的过氧化酶进入组织切片之前就应设法将组织内的各种内源性酶灭活，以保证免疫组化染色在特异性情况下进行。

1）去除内源酶：常用的去除内源性酶的方法是 3% 过氧化氢水溶液。但在含有丰富血细胞的标本中，由于其中含有大量的具有活性的过氧化物酶，能与过氧化氢反应，出现气泡现象，易对组织结构和细胞形态产生一些不良影响，但用 3% 过氧化氢的方法，能够去除大部分内源性酶，即使有些血细胞在显色后也出现棕黄色反应，但由于其形态结构与组织细胞不同，也易鉴别，而且此方法比较通用且易操作，但应注意过氧化氢的浓度不能过高，一般为 3%～5%，时间不宜过长，最好室温 10 min。

2）去除内源性生物素：在正常组织细胞中也含有生物素，特别是肝、脾、肾、脑、皮肤等组织中，在应用亲和素试剂的染色中，内源性生物素易结合卵白素，形成卵白素 - 生物素复合物，导致假阳性，所以在采用生物素方法染色前也可以将组织切片进行 0.01% 卵白素溶液室温处理 20 min，使其结合位点饱和，以消除内源性生物素的活性。

3）灭活碱性磷酸酶（ALP）：最常用的方法是将左旋咪唑（每毫升加 24 mg）加入底物溶液中并保持 pH 为 7.6～8.2，能除去大部分内源性碱性磷酸酶，对于仍能干扰染色的酸性磷酸酶可用 0.05 mol/L 酒石酸抑制。

（2）抑制非特异性背景着色 非特异性着色最常见的情况是抗体吸附到组织切片中高荷电的胶原和结缔组织成分上，而出现背景着色，为了防止这种现象，最好用特异性抗体来源的同种动物灭活的非免疫血清在特异性抗体之前进行处理，以封闭荷电点，不让一抗与之结合，但这种方法一般实验室很难实现，一般常见实用的血清是 2%～10% 羊血清或 2% 牛血清白蛋白在室温下作用 10～30 min 即可，但应注意此种结合是不牢固结合，所以最好不要冲洗，倾去余液直接加一抗，对于多克隆抗体来讲，易产生背景着色，在稀释特异性抗体时可采用含 1% 非免疫血清的 PBS（pH 7.4）。

（3）缓冲液　　免疫组化染色标记是对生物体组织抗原进行标记，抗原抗体最适合的 pH 为 7.2～7.6，最常用的是 0.01 mol/L pH 7.4 的 PBS。

简易配法：在 5000 ml 蒸馏水中分别加入 1 g NaH_2PO_4、15.6 g Na_2HPO_4、42.5 g NaCl。但如果是采用碱性磷酸酶作为标记物底物时可以用 0.02 mol/L TBS 缓冲液（pH 8.2）比较好。

（4）抗原修复　　经甲醛固定的部分组织细胞，可使免疫组化标记敏感性明显降低，这是因为甲醛固定过程中形成醛键或保存的甲醛会形成羧甲基而封闭部分抗原决定簇。因此，在染色时，有些抗原需先进行修复或暴露。

抗原修复方法可分为化学方法和物理方法。化学方法是以酶消化方法，常用胰蛋白酶及胃蛋白酶，配制浓度与消化时间要适度。常用的物理方法有单纯加热、微波处理和高压加热。

在选用这三种加热法时，浸泡切片的缓冲液的离子强度和 pH、加热的温度和时间均影响着抗原修复效果。目前最常用的修复方法有如下几种。

1）胰蛋白酶（trypsin）：主要用于细胞内抗原的修复。一般使用浓度为 0.1%，37℃作用 10 min。

配法：0.1 g 胰蛋白酶加入 0.1% pH 7.8 $CaCl_2$（无水）水溶液中溶解后即可。

2）胃蛋白酶（pepsin）：主要用于细胞间质或基底膜抗原的修复。一般浓度为 0.4%，37℃作用 30 min。

配法：0.4 g 胃蛋白酶溶于 0.1 mol/L HCl 水溶液中。

3）热引导的抗原决定簇修复（heat induced epitope retrieval，HIER）：HIER 对大多数的抗体有益，尤其是对核抗原的修复作用更加明显，最常用的抗原修复液是 pH 6.0 的柠檬酸缓冲液和 pH 8.0 的 EDTA 缓冲液，它们的作用原理是通过钠离子的螯合作用而实现的。抗原修复液的 pH 非常重要，有效的抗原修复 pH 要比修复液的化学成分更重要，同样的修复液随着 pH 的升高染色的强度逐渐增强，但最佳 pH 为 6.0～10.0，对于大多数抗原来说，在这个 pH 范围都能进行有效的修复，有些抗体（如 Ki-67、ER）则在 pH 1.0～3.0 和 6.0～8.0 更为有效。作为通用修复液，碱性 pH 的修复液要比酸性的有效，而对固定很长时间旧的存档组织，酸性 pH 的修复液则优于碱性修复液，所以两种抗原修复液可作为相互替补进行抗原修复。在进行 HIER 过程中应防止切片的干燥，加热时必须达到规定的温度，保温时间要足够，对于一些不需抗原修复的抗体最好不要采用 HIER 处理，否则对染色无益，但有些抗体则需要多种修复联合应用。

HIER 方法有以下几种。

A. 水浴加热法：将脱蜡入水后的切片放入盛有修复液的容器中，放入加热煮沸的水中，当修复液温度达到 95℃左右时计时 15 min，自然冷却，PBS 洗 3 min×3 次。

B. 微波加热法：将切片放入修复液中，微波加热使温度在 96℃左右，计时 10 min，在微波炉中停留 2 min，室温自然冷却，PBS 洗 3 min×3 次。

C. 高压加热法：将修复液在高压锅中煮沸，切片插在染色架上，放入锅中（要使修复液淹没切片）开始喷气时盖上压力阀。计时 2 min，冷水冲至室温，取出切片，PBS 洗 3 min×

3次。

（5）显色　免疫组化染色的显色是最后的关键问题，一般辣根过氧化物酶（HRP）的检测系统选用 DAB 或 AEC 显色系统进行显色。但要得到最佳的显色效果，必须在显微镜下严格控制，以检出物达到最强显色而背景无色为最终点，尤其 DAB 显色时间短、着色浅，时间长、背景又深，都将影响结果判断，根据经验，DAB 在配制完后最长宜在 30 min 以内，过时不能使用，DAB 加入组织切片时作用时间最长不宜超过 10 min（最好在 5 min 内），否则不管有无阳性都应终止反应。对一些含有内源性酶较高的组织用 DAB 显色时极易出现背景色更应尽早在显微镜下控制，以达到最佳的分辨效果（棕色）。AEC 显色系统（红色）的弊端是易溶于有机溶剂，所以封片时应以水性封片剂为主，同时染色的切片也不能久存。如果是碱性磷酸酶，最好选用 NBT/BCIP 作为显色系统（结果染为蓝黑色）。

（6）结果判断　免疫组化的结果判断有两种方法：一种方法是以检测结果阳性细胞指数来定性（如核抗原的标记），判断方法是以一个视野中的阳性细胞数与总细胞的百分比，再取 10 个相同视野算取平均指数；另一种方法是以染色阳性强度和阳性检出率相结合而定，一般阳性细胞数在 0～25 为阴性，25～50 为＋，50～75 为＋＋，75 以上为＋＋＋。此种判定方法容易出现人为误差。

有条件的实验室最好能用图像分析系统进行结果检测，定量分析更为准确。一切的判定方法都是力求使免疫组化染色结果判断更标准，但各单位采取的标准不尽相同，所以判断标准化问题还有待在长期实践中与病理学术界商讨。

免疫组化（IHC）中常见的抗原表达模式有以下几种。

1）细胞质内弥漫性分布，多数胞质型抗体的反应如此，如细胞角蛋白（cytokeratin，CK）和波形蛋白（vimentin）等。

2）细胞核周的胞质内分布，其判别要点是细胞核的轮廓被勾画得很清楚，如 CD3 多克隆抗体的染色。

3）胞质内局限性点状阳性，如 CD15 抗体的染色。

4）细胞膜线性阳性，大多数淋巴细胞标记的染色如此，如 CD20、CD45RO。

5）细胞核阳性，如 Ki-67 及雌激素、孕激素受体蛋白 ER、PR 等。一种抗体可同时出现细胞质和细胞膜的阳性表达，如 EMA 可呈膜性和胞质内弥漫性阳性反应；CD30 抗体可同时呈膜性和胞质内点状阳性反应等。

（7）对照的设置　免疫组化的质量取决于正确使用各种对照，没有对照的免疫组化结果是毫无意义的。对照包括阴性对照、阳性对照和自身对照。在实践中可用染色组织切片中不含抗原的组织作为阴性对照，而用含抗原的正常组织作阳性对照，这种自我对照具有节约的意义。观察染色结果时，先观察对照组织的结果，如阳性对照组织中阳性细胞呈强阳性，阴性对照细胞呈阴性，内源酶阴性，背景无非特异性染色时，表明本次实验的全部试剂和全过程技术操作准确无误，待检组织中的阳性细胞是可信的正确结果。免疫组化染色中对照的设置非常重要，它是判断染色是否成功的关键依据，而且是检测每一个抗体的质量标准，常设的对照如下，一般实验最常用的为第二种方法。

1）空白对照（阴性对照）：一抗由 PBS 或非免疫血清取代。

2）阳性对照：用已知含有要检测抗原的切片作为阳性对照。

3）回收实验阴性对照：已知抗原与相应的第一抗体混合，发生结合沉淀，再用此沉淀抗体复合物进行免疫组化实验，结果为阴性。

4）替代对照：用与一抗同种动物的血清或无关抗体代替一抗结果为阴性。

5）自身对照：在同一切片上，应将不同组织成分中的阳性或阴性结果与检测的目的物对照比较。例如，actin、CD34 在正常组织中的血管壁肌层应为阳性，波形蛋白（vimentin）可以间质细胞、结蛋白（desmin）以血管壁及肌束为对照，S-100 蛋白以小神经末梢为对照等，如果应为阳性的组织是阳性，则免疫组化技术正确，如为阴性，则表明染色技术有问题或免疫试剂质量有问题。

第三节　免疫共沉淀技术

免疫共沉淀（co-immunoprecipitation，Co-IP）是以抗体和抗原之间的专一性作用为基础、用于研究蛋白质相互作用的经典方法，是确定两种蛋白质在完整细胞内生理性相互作用的有效方法。

一、实验原理

当细胞在非变性条件下被裂解时，完整细胞内存在的许多蛋白质间的相互作用被保留了下来。如果用蛋白质 X 的抗体免疫沉淀 X，那么与 X 在体内结合的蛋白质 Y 也能沉淀下来。目前多用精制的 protein A 预先结合固化在琼脂糖珠（agarose bead）上，使之与含有抗原的溶液及抗体反应后，琼脂糖珠上的 protein A 就能吸附抗原达到精制的目的。这种方法常用于测定两种目标蛋白质是否在体内结合；也可用于确定一种特定蛋白质的新的作用搭档。

其优点为：①相互作用的蛋白质都是经过翻译后修饰的，处于天然状态；②蛋白质的相互作用是在自然状态下进行的，可以避免人为影响；③可以分离得到天然状态的相互作用的蛋白质复合物。其缺点为：①可能检测不到低亲和力和瞬间的蛋白质相互作用；②两种蛋白质的结合可能不是直接结合，而可能有第三者在中间起桥梁作用；③必须在实验前预测目的蛋白是什么，以选择最后检测的抗体，所以若预测不正确，实验就得不到结果，方法本身具有冒险性。

二、材料、试剂与器材

1. 材料　培养或收集好的细胞。

2. 试剂

（1）RIPA 缓冲液（100 ml）　称取 790 mg Tris，加到 75 ml 去离子水中，加入 900 mg NaCl，搅拌，直到全部溶解，用 HCl 调节 pH 到 7.4。加 10 ml 10% NP-40，加 2.5 ml 10% 的去氧胆酸钠，搅拌，直到溶液澄清。加 1 ml 100 mmol/L EDTA，定容到 100 ml，2~8℃保存。

注意：准备激酶（致活酶）实验时，不要加去氧胆酸钠，因为离子型去污剂能够使酶变性，导致活性丧失。

（2）RIPA 蛋白酶抑制剂

1）苯甲基磺酰氟（PMSF）：用异丙醇配制成 200 mmol/L 的储存液，室温保存。

2）EDTA：用 H_2O 配制成 100 mmol/L 的储存液，pH 7.4。

3）亮抑酶肽（leupeptin）：用 H_2O 配制成 1 mg/ml 的储存液，分装，于 -20℃冰箱保存。

4）抑蛋白酶肽（aprotinin）：用 H_2O 配制成 1 mg/ml 的储存液，分装，于 -20℃冰箱保存。

5）胃蛋白酶抑制剂（pepstatin）：用甲醇配制成 1 mg/ml 的储存液，分装，于 -20℃冰箱保存。

（3）RIPA 磷酸（酯）酶抑制剂

1）激活的 Na_3VO_4：用 H_2O 配制成 200 mmol/L 的储存液。

2）NaF：200 mmol/L 的储存液，室温保存。

理论上，蛋白酶和磷酸酯酶抑制剂应该在使用当天同时加入（抑蛋白酶肽、亮抑酶肽、胃蛋白酶抑制剂各 100 μl；PMSF、Na_3VO_4、NaF 各 500 μl），但是 PMSF 在水溶液中很不稳定，30 min 就会降解一半，所以 PMSF 应该在使用前现加，其他抑制剂成分可以在水溶液中稳定 5 d。

（4）其他实验室常用试剂　　PBS 等。

3. 器材

细胞刮刀，培养皿，培养瓶，EP 管，protein A 琼脂糖珠，水平摇床，离心机等。

三、实验步骤

预冷 PBS、RIPA 缓冲液、细胞刮刀（用保鲜膜包好后，埋冰下）。

1）用预冷的 PBS 洗涤细胞两次，最后一次吸干 PBS。

2）加入预冷的 RIPA 缓冲液（每 10^7 个细胞、10 cm 培养皿或 150 cm² 培养瓶加 1 ml；每 $5×10^6$ 个细胞或 6 cm 培养皿、75 cm² 培养瓶加 0.5 ml）。

3）用预冷的细胞刮刀将细胞从培养皿或培养瓶上刮下，把悬液转到 1.5 EP 管中，4℃缓慢晃动 15 min（EP 管插入冰中，置水平摇床上）。

4）4℃ 12 000 r/min 离心 15 min，立即将上清转移到一个新的 EP 管中。

5）准备 protein A 琼脂糖珠，用 PBS 洗两遍珠子，然后用 PBS 配制成 50% 浓度，建议剪掉移液器加样头尖部分，避免在涉及琼脂糖珠的操作中破坏琼脂糖珠。

6）每毫升总蛋白中加入 100 μl protein A 琼脂糖珠（50%），4℃摇晃 10 min（EP 管插于冰上，置水平摇床上），以去除非特异性杂蛋白，降低背景。

7）4℃ 12 000 r/min 离心 15 min，将上清转移到一个新的 EP 管中，去除 protein A 琼脂糖珠。

8）Bradford 法作蛋白质标准曲线，测定蛋白质浓度，测前将总蛋白质至少稀释 10 倍，以减少细胞裂解液中去垢剂的影响（定量分装后，可以在 -20℃条件下保存一个月）。

9）用 PBS 将总蛋白质稀释到约 1 μg/μl，以降低裂解液中去垢剂的浓度，如果兴趣蛋白在细胞中含量较低，则总蛋白质浓度应该稍高（如 10 μg/μl）。

10）加入一定体积的兔抗到 500 μl 总蛋白质中，抗体的稀释比例因兴趣蛋白在不同细胞系中的多少而异。

11）4℃缓慢摇动抗原抗体混合物过夜或室温 2 h，激酶或磷酸酯酶活性分析建议用 2 h 室温孵育。

12）加入 100 μl protein A 琼脂糖珠来捕捉抗原抗体复合物，4℃缓慢摇动抗原抗体混合物过夜或室温 1 h，如果所用抗体为鼠抗或鸡抗，建议加 2 μl "过渡抗体"（兔抗鼠 IgG 或兔抗鸡 IgG）。

13）14 000 r/min 瞬时离心 5 s，收集琼脂糖珠 - 抗原抗体复合物，去上清，用预冷的

RIPA 缓冲液洗 3 遍，800 μl/遍，RIPA 缓冲液有时候会破坏琼脂糖珠 - 抗原抗体复合物内部的结合，可以使用 PBS。

14）用 60 μl 2× 上样缓冲液将琼脂糖珠 - 抗原抗体复合物悬起，轻轻混匀，缓冲液的量依据上样多少的需要而定（60 μl 足够上三道）。

15）将上样样品煮 5 min，以游离抗原、抗体、琼脂糖珠，离心，将上清电泳，收集剩余琼脂糖珠，上清也可以暂时冻 −20℃ 冰箱，留待以后电泳，电泳前应再次煮 5 min 变性。

四、注意事项

1）细胞裂解采用温和的裂解条件，不能破坏细胞内存在的所有蛋白质 - 蛋白质相互作用，多采用非离子变性剂（NP40 或 Triton X-100）。每种细胞的裂解条件是不一样的，通过经验确定。不能用高浓度的变性剂（0.2% SDS），细胞裂解液中要加各种酶抑制剂，如商品化的。

2）使用明确的抗体，可以将几种抗体共同使用。

3）使用对照抗体。

单克隆抗体：正常小鼠的 IgG 或另一类单抗。

兔多克隆抗体：正常兔 IgG。

4）确保共沉淀的蛋白质是由所加入的抗体沉淀得到的，而并非外源非特异蛋白，单克隆抗体的使用有助于避免污染的发生。

5）确保抗体的特异性，即在不表达抗原的细胞溶解物中添加抗体后不会引起共沉淀。

6）确定蛋白质间的相互作用是发生在细胞中，而不是由于细胞的溶解才发生的，这需要进行蛋白质的定位来确定。

第六章

流式细胞术

第一节 Annexin V 流式细胞技术检测细胞凋亡

一、实验原理

膜联蛋白 -V（Annexin V）是检测细胞凋亡的灵敏指标之一。它是一种磷脂结合蛋白，可以与早期凋亡细胞的胞膜结合，而细胞质膜的改变是细胞发生凋亡时最早的改变之一。在细胞发生凋亡时，膜磷脂酰丝氨酸（PS）由质膜内侧翻向外侧。Annexin V 与磷脂酰丝氨酸有高度亲和力，因而与细胞外侧暴露的磷脂酰丝氨酸结合。由于在发生凋亡时，磷脂酰丝氨酸外翻的发生早于细胞核的改变，因此，与 DNA 碎片检测比较，使用 Annexin V 可以更早地检测到凋亡细胞。将 Annexin V 进行荧光素（FITC、PE）或 Biotin 标记，以标记了的 Annexin V 作为荧光探针，利用流式细胞仪或荧光显微镜可检测细胞凋亡的发生。

因为细胞坏死时也会发生磷脂酰丝氨酸外翻，所以 Annexin V 常与鉴定细胞死活的核酸染料合并使用，如用碘化丙啶（propidium iodide，PI）或 7- 氨基 - 放线菌素 D（7-AAD）来区分凋亡细胞（Annexin V＋/ 核酸染料 −）与死亡细胞（Annexin V＋/ 核酸染料＋）。

PI 是一种核酸染料，它不能透过完整的细胞膜，但在凋亡中晚期的细胞和死细胞，PI 能够透过细胞膜而使细胞核红染。因此将 Annexin V 与 PI 匹配使用，就可以将凋亡早晚期的细胞及死细胞区分开。

7-AAD 也是一种核酸染料，同 PI 有着相似的荧光特性，但其发射光谱较 PI 窄，对其他检测通道的干扰更小，在多色荧光分析中是 PI 的最佳替代品，可与 Annexin V 联合使用。7-AAD 同样不能透过正常细胞或早期凋亡细胞的完整的细胞膜，但可穿透晚期凋亡细胞或者坏死细胞并与其内的 DNA 结合。因此将 Annexin V-PE 与 7-AAD 联合使用时，7-AAD 则被排除在活细胞（Annexin V−/7-AAD−）和早期凋亡细胞（Annexin V＋/7-AAD−）之外，而晚期凋亡细胞和坏死细胞同时被 Annexin V-PE 和 7-AAD 结合染色呈现双阳性（Annexin V＋/7-AAD＋）。

二、材料、试剂与器材

1. 材料

正常培养和诱导凋亡的细胞。

2. 试剂

1）PBS：含 0.1% NaN$_3$，过滤后 2～8℃保存。

2）Annexin V Binding 缓冲液：浓度为 10×，使用时，用稀释为 1× 浓度的应用液。

3）Annexin V 试剂与核酸染料见表 6-1。

表 6-1　Annexin V 试剂与核酸染料

Annexin V	核酸染料	Annexin V	核酸染料
Annexin V-Biotin	PI	Annexin V-FITC	PI
Streptavidin-FITC（SAv-FITC）	7-AAD	Annexin V-PE	7-AAD

3. 器材

一次性 12 mm×75 mm Falcon 试管，微量加样器和加样头，FACS 流式细胞仪（上样检测），CELLQuest 软件（获取和分析试验数据）等。

三、实验步骤

1. 上机样品制备

1）取 Falcon 试管，按标本顺序编好阴性对照管和标本管号。

Annexin V 检测对照管如表 6-2 所示。

表 6-2　Annexin V 检测对照管

Annexin V	A- 阴性对照	B- 补偿 1	C- 补偿 2
Biotin	SAv-FITC	Annexin V-Biotin 和 SAv-FITC	PI 和 SAv-FITC
PE	未染色细胞	Annexin V-PE	7-AAD
FITC	未染色细胞	Annexin V-FITC	PI

2）使用冷的 PBS 洗细胞两次，再用 1×Annexin Binding 缓冲液制成 $1×10^6$ 个细胞 /ml 的悬液。

3）于 Falcon 试管中加入 100 μl 细胞悬液。

4）按表 6-3 加入 Annexin V 与核酸染料。

表 6-3　Annexin V 与核酸染料加入方案

管号	名称	荧光标记 Annexin V	核酸染料
1	阴性对照	—	—
2	单阳 1	AV-FITC	—
3	单阳 2	—	PI
4	样本	AV-FITC	PI

5）轻轻混匀，室温（20～25℃）避光处放置 15 min。

6）使用 Annexin V-Biotin 试剂进行检测时：用 1×Annexin Binding 缓冲液洗细胞一次，去上清；用 1×Annexin Binding 缓冲液 100 μl 溶解 SAv-FITC 试剂 0.5 μg，加入细胞管中，轻轻混匀；加入 5 μl PI，室温（20～25℃）避光处放置 15 min。

7）各试验管中分别加入 1×Annexin Binding 缓冲液 400 μl。

8）1 h 内上流式细胞仪或荧光显微镜检测。

2．观察检测

1）流式细胞仪分析。

A．用流式细胞仪检测：FITC 最大激发波长为 488 nm，最大发射波长为 525 nm，FITC 的绿色荧光在 FL1 通道检测；PI-DNA 复合物的最大激发波长为 535 nm，最大发射波长为 615 nm，PI 的红色荧光在 FL2 或 FL3 通道检测。

用 CellQuest 等软件进行分析，绘制双色散点图（two-color dot plot），FITC 为横坐标，PI 为纵坐标。

典型的实验中，细胞可以分成三个亚群，活细胞仅有很低强度的背景荧光，早期凋亡细胞仅有较强的绿色荧光，晚期凋亡细胞有绿色和红色荧光双重染色。

B．荧光补偿调节：使用未经凋亡诱导处理的正常细胞，作为对照进行荧光补偿调节去除光谱重叠和设定十字门的位置。

2）荧光显微镜观察。

A．滴一滴上述染色后的细胞悬液于载玻片上，并用盖玻片盖上细胞。

B．对于贴壁细胞来说，也可直接用盖玻片来培养细胞并诱导细胞凋亡：①将细胞于盖玻片上生长，用适当的凋亡诱导剂诱导细胞凋亡，并设立阴性对照组；②用 PBS 洗涤细胞两次；③在 500 μl 的 1×Annexin V Binding 缓冲液中加入 1 μl Annexin V-PE、5 μl 7-AAD 染液混匀；④将上述溶液滴加于盖玻片表面，使长有细胞的盖玻片表面均匀覆盖；⑤室温避光孵育 5 min。

C．将盖玻片倒置于载玻片上，在荧光显微镜下用双色滤光片观察。Annexin V-FITC 荧光信号呈绿色，PI 荧光信号呈红色。

四、Annexin V 阻断

待测细胞与未标记的重组 Annexin V 预孵育，然后进行实验，是 Annexin V 细胞凋亡检测的质量控制。其原理是预先阻断 Annexin V-FITC 的结合位点，这样可以证明 Annexin V-FITC 凋亡分析的特异性。

1）使用冷的 PBS 洗细胞两次，再用 1×Annexin V Binding 缓冲液制成 $1×10^6$ 个细胞 /ml 的悬液。

2）在 5 ml 的培养管中加入 100 μl 细胞悬液（约 $1×10^5$ 个细胞）。

3）加入 5～15 μg 纯化的重组 Annexin V。注意，不同的细胞系及凋亡的不同阶段，其 Annexin V 位点饱和所需要的纯化的重组 Annexin V 含量不同。某些情况下，为达到最好效果，可以减少细胞数量，$0.5×10^5$ 个细胞加 5～15 μg 纯化的重组 Annexin V。

4）轻轻混匀，室温反应 15 min。

5）加入 5 μl 的 Annexin V-FITC 或（和）PI，轻轻混匀，室温避光处放置 15 min。

6）各试验管中分别加入 1×Annexin V Binding 缓冲液 400 μl。

7）1 h 内上流式细胞仪测定结果。

8）结果分析。

五、注意事项

1）试剂在开盖前请短暂离心，将盖内壁上的液体甩至管底，避免开盖时液体洒落。必须活细胞检测，不能用能破坏细胞膜完整性的固定剂和穿透剂固定或穿膜。

2）对于贴壁细胞，消化是一个关键步骤。贴壁细胞诱导细胞凋亡时如有漂浮细胞，需收集漂浮细胞和贴壁细胞后合并染色。处理贴壁细胞时要小心操作，尽量避免人为地损伤细胞。胰酶消化时间过短，细胞需要用力吹打才能脱落，容易造成细胞膜的损伤，核酸染料摄入过多；消化时间过长，细胞膜同样易造成损伤，甚至会影响细胞膜上磷脂酰丝氨酸与Annexin V-PE 的结合。消化时将胰酶铺满孔板底后，轻摇时胰酶与细胞充分接触，然后倒掉大部分胰酶，利用剩余的少量胰酶再消化一段时间，待细胞间空隙增大，瓶底呈花斑状即可终止。由于 Annexin-V 为钙离子依赖的磷脂结合蛋白，只有在钙离子存在的情况下与 PS 的亲和力才大，因而在消化细胞时，建议一般不采用含 EDTA 的消化液。

3）特殊细胞的染色方法：在消化或吹打时，有些细胞（如神经元细胞）很容易受到损伤，导致晚期凋亡或坏死比例非常高，不能反映真实结果。实验的解决方法：先低速离心，吸取细胞培养板中的液体，留少许液体，加入适量 PI 和 Annexin-V 染色 10 min 后，将漂浮细胞吸至离心管中，离心洗涤两次，用 PBS 漂洗贴壁细胞两次，加胰酶消化后将细胞悬液移至另一离心管中，离心洗涤，再与漂浮细胞合并后上流式细胞仪检测。应用该法可降低晚期凋亡和坏死比例，增加早期凋亡细胞的比例。

4）如果样品来源于血液，请务必除去血液中的血小板。因为血小板含有 PS，能与Annexin V 结合，从而干扰实验结果。可以使用含有 EDTA 的缓冲剂并低速离心（200 r/min）洗去血小板，然后用 Annexin V 结合缓冲液清洗细胞，以避免残留的 EDTA 会螯合 Ca^{2+}。

5）由于细胞凋亡是一个快速的过程，建议样品在染色后 1 h 之内进行分析。

6）Annexin V-PE 的橙红色荧光，激发波长＝488 nm；发射波长＝578 nm；7-AAD 红色荧光，激发波长＝546 nm，发射波长＝647 nm。早期凋亡细胞仅呈较强的橙红色荧光，晚期凋亡细胞呈橙红和红色荧光双重染色。

7）PI、7-AAD 为潜在致癌物，操作时请采取防护措施，穿防护服、戴手套等。

8）Annexin V-FITC、碘化丙啶、Annexin V-PE 和 7-AAD 是光敏物质，在操作时请注意避光。

第二节　凋亡细胞的 DNA 断裂片段分析

一、实验原理

在细胞发生凋亡后，最早出现胞膜外翻等现象，这之后发生的程序性改变之一，就是细胞核酸内切酶被激活，出现 DNA 断裂片段。核酸酶将染色质的高级结构断裂为 50～300 kb 的片段，最终断裂为 200 bp 大小的 DNA 碎片。DNA 碎片检测的方法是外源性脱氧核糖核苷酸末端转移酶（TdT 酶）催化反应，常指 "end-labeling" 或脱氧核糖核苷酸转移酶介导的缺口末端标记法（terminal deoxynucleotidyl transferase dUTP nick end labeling, TUNEL）。现在可以使用 APO-DIRECT 试剂盒，用流式细胞术来检测凋亡细胞由 DNA 断裂造成的 DNA 链 3'-OH 增多的情况。

在 APO-DIRECT 分析中，TdT 酶催化 DNA 单链和双链 3'-OH 端非模板依赖性的 dUTP FITC 掺入反应。由于采用了直接荧光标记的 FITC-dUTP，因此一步反应后，就可以在流式细胞仪上检测 DNA 碎片。

二、材料、试剂与器材

1. 材料

细胞。

2. 试剂

1）PBS：含 0.1% NaN_3，过滤后 2～8℃保存。

2）固定液：含 1% 多聚甲醛的 PBS。

3）70% 乙醇。

4）APO-DIRECT 试剂盒如表 6-4 所示。

表 6-4 APO-DIRECT 试剂盒

试剂盒：Part A（4℃保存）	PI/RNase A Solution Reaction Buffer Rinsing Buffer Wash Buffer
Part B（−20℃保存）	FITC-dUTP TdT Enzyme Negative Control Cells：已固定细胞 Positive Control Cells：已固定细胞

3. 器材

离心机，一次性 12 mm×75 mm Falcon 试管，冰浴箱，流式细胞仪，微量加样器和加样头等。

三、实验步骤

凋亡细胞的 DNA 断裂片段分析实验流程见图 6-1。

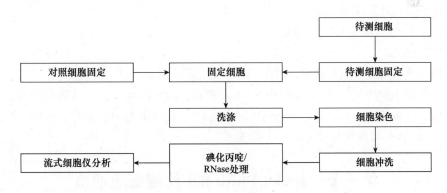

图 6-1 凋亡细胞的 DNA 断裂片段分析实验流程

1. 细胞固定

1）用 PBS 洗细胞后，将细胞重悬于 1% 多聚甲醛中，浓度为 $1×10^6～2×10^6$ 个 /ml，冰浴 30～60 min。

2）300 r/min 离心 5 min，弃上清。

3）用 5 ml PBS 洗细胞两次，重悬于 70% 乙醇中，浓度为 $1×10^6～2×10^6$ 个 /ml，冰浴 30～60 min（70% 乙醇细胞悬液在 −20℃条件下放置 12～18 h 后进行细胞凋亡检测，得到的效果最好。细胞可以在 −20℃ 条件下保存几个月)。

2. 配制染色液（现用现配）

按表 6-5 配制染色液。

表 6-5 配制染色液的试剂与用量

DNA 标记液	1 个测试	6 个测试	12 个测试
Reaction Buffer/μl	10.00	60.00	120.00
TdT Enzyme/μl	0.75	4.50	9.00
FITC-dUTP/μl	8.00	48.00	96.00
蒸馏水 /μl	32.00	192.00	384.00
总体积 /μl	50.75	304.50	609.00

3. 细胞染色

1）取离心管和 Falcon 试管，按标本顺序编号。

2）取 1×10^6 个细胞悬液加入离心管中，300 r/min 离心 5 min，弃去乙醇，留下沉积细胞。
质控细胞（Negative Control Cells、Positive Control Cells）：混匀后取 1 ml（细胞数约 1×10^6 个 /ml）加入离心管中，300 r/min 离心 5 min，弃去乙醇，留下沉积细胞。

3）每管各加入 1.0 ml Wash Buffer，洗细胞两遍，弃上清。

4）加入染色液 50 μl，混匀。

5）37℃ 温育 60 min（或者室温过夜），每 15 min 摇匀一次（非质控细胞 37℃ 温育时间需根据不同情况有所调整）。

6）各管加入 1.0 ml Rinsing Buffer，300 r/min 离心 5 min，弃上清。重复两遍，弃去上清。

7）加入 0.5 ml PI/RNase A Solution，混匀。若细胞浓度低，可将用量调整到 0.3 ml。

8）室温避光处反应 30 min。

9）3 h 内上流式细胞仪测定结果。

4. 结果分析

1）用 PI 测定细胞 DNA 含量，FITC-BrdU 测定凋亡情况。

2）制作 DNA-W/DNA-A 散点图和 DNA-A/FITC-BrdU 散点图，进行数据获取。取单个细胞门（DNA-W/DNA-A 设门），分析 BrdU 直方图，获得细胞凋亡信息。同时，可分析细胞周期（DNA-A）与细胞凋亡（BrdU）的关系。

第三节　BrdU Flow Kit 检测细胞增殖

一、实验原理

BrdU 中文全名为 5- 溴脱氧尿嘧啶核苷，为胸腺嘧啶的衍生物，可在 DNA 合成期（S 期）代替胸腺嘧啶，活体注射或细胞培养加入，而后利用抗 BrdU 单克隆抗体，荧光染色，显示增殖细胞。同时结合其他细胞标记物，可判断增殖细胞的种类与增殖速度，对研究细胞动力学有重要意义。BrdU Flow Kit 是结合 BrdU 染色和流式分析的高效试剂盒，包括在 BrdU 存在的情况下培养细胞，以适宜浓度的 DNA 酶使胞内 DNA 变性，加强掺入 BrdU 与抗体的亲和力，同时保留胞内蛋白质结构和荧光素荧光强度，从而避免了 DNA 变性条件与胞内及表面标志同时检测条件的冲突，运用荧光标记的抗细胞表面抗原单抗及抗细胞因子单抗，结合固定、破膜、通透等处理技术使同时检测细胞活化、增殖、DNA 合成及胞内细胞因子的分泌成为可能。7-AAD 染色总 DNA，通过 BrdU 和 7-AAD 双色染色就能刻画出细胞在整个细胞周期中增殖时期的特点。

二、材料、试剂与器材

1. 材料

细胞。

2. 试剂

（1）抗 BrdU 荧光抗体　　每管 50 μl，可染色 50 个样本（10^6 个细胞 / 样本）。FITC BrdU Flow Kit（美国 BD Cat. No. 559619）包含 50 μl FITC anti-BrdU 抗体。APC BrdU Flow Kit（美国 BD Cat. No.552598），包含 50 μl APC anti-BrdU 抗体。抗体使用前用 BD Perm/Wash Buffer 按照 1∶50 稀释。每个样本加入 50 μl 稀释抗体。

（2）BD Cytofix/Cytoperm™ Buffer　　一步法固定透膜试剂用于细胞内染色。此试剂可维持细胞形态，固定细胞蛋白，为下一步胞内染色进行透膜。

（3）BD Perm/Wash Buffer　　10× 浓缩液，使用时用去离子水按照 1∶10 稀释。Perm/Wash Buffer（1×）只能用于固定好的细胞，未固定的细胞使用该试剂会造成细胞损伤。

（4）BD Cytoperm™ Plus Buffer　　BD Cytoperm™ Plus Buffer 作为染色增强和二次破膜试剂（100 μl/ 样本），只能用于固定好的细胞。

（5）BrdU 储存液　　每个瓶含有 0.5 ml 的 10 mg/ml BrdU，稀释于 1×DPBS 溶液。无菌制备所提供的 BrdU 溶液（0.22 μm 膜过滤），不含防腐剂，推荐在无菌条件下处理该溶液。该母液可以通过腹膜内注射（peritoneal injection，i.p.）于动物或者稀释成 1 mmol/L 溶液用于体外标记。为了在体外标记细胞，首先通过将 31 μl 加入 1 ml 的 1×DPBS 或者培养基（这是 32× 稀释）中将母液（10 mg/ml BrdU 溶液）稀释到 1 mmol/L 溶液。将 10 μl 的 1 mmol/L 溶液加入培养基中以获得 10 μmol/L 最终浓度。储存在 −80℃ 冰箱。

注意：已经证实 BrdU 溶液在 4℃ 条件下可以稳定长达 4 个月或者可以再冷冻。避免多次冰冻循环。

（6）DNase　　每个瓶中含有 300 μl 的 1 mg/ml DNase 的 1×DPBS 溶液。当着色 10 个或更多样品时，解冻整瓶 DNase 溶液，加入 700 μl 的 1×DPBS 以制备 300 μg/ml 的工作母液。

注意：

1）如果使用 DNase 处理少于 10 个样品，取 30 μl 等份的（1 mg/ml）DNase 溶液 / 样品，并在 −80℃ 条件下再冷冻剩余的 1 mg/ml DNase。

2）DNase 母液（1 mg DNase/ml）在失活前可以再冷冻一次。使用总计 100 μl 的工作母液处理每个细胞样品（30 μg DNase/ 10^6 个细胞），在 37℃ 条件下进行培育。提供 5 瓶 DNase，并且储存在 −80℃ 冰箱。

（7）7-AAD　　每个样本用 20 μl 7-AAD 染色（10^6 个细胞 / 样本）。

（8）染色缓冲液　　1×DPBS ＋ 3% 灭活的胎牛血清 FBS ＋ 0.09% 叠氮化钠。

（9）1×DPBS（1 L） KCl 0.2 g，KH₂PO₄ 0.2 g，NaCl 8.0 g，Na₂HPO₄·7H₂O（pH 7.2～7.4）2.16 g。

3. 器材

Falcon 试管，微量加样器，流式细胞仪等。

三、实验步骤

1. BrdU 体外标记培养的细胞和细胞系

体外标记细胞，每毫升组织培养液中小心加入 10 µl 的 1 mmol/L BrdU 溶液，这步的关键是避免各方面对细胞的干扰，如离心步骤或温度变化，这些都可能干扰细胞的正常周期。孵育足够的时间。脉冲标记实验中时间点和脉冲时间的选择依赖于实验细胞群的细胞周期开始和进展的速度。例如，对于活跃增殖细胞系处于对数生长期时（如 CTLL-2），有效的脉冲时间是 30～45 min。

2. BrdU Flow Kit 染色步骤

（1）染色表面抗原

1）将加入 BrdU 储存液后的细胞（10⁶ 个细胞 /50 µl 染色缓冲液）转移到流式管。

2）加入 50 µl 含有表面分子抗体的染色缓冲液，混匀。

3）冰浴 15 min。

4）加入 1 ml 染色缓冲液洗细胞，250 r/min 离心 5 min，弃上清。

（2）用 BD Cytofix/Cytoperm Buffer 对细胞进行固定和破膜

1）用 100 µl BD Cytofix/Cytoperm Buffer 重悬细胞。

2）室温或冰浴 15～30 min。

3）加入 1 ml 染色缓冲液洗细胞，300 r/min 离心 5 min，弃上清。

（3）用 BD Cytoperm Plus Buffer 孵育细胞

1）用 100 µl BD Cytoperm Plus Buffer 重悬细胞。

2）冰浴 10 min。

3）加入 1 ml 染色缓冲液洗细胞，250 r/min 离心 5 min，弃上清。

（4）再次固定细胞

1）用 100 µl BD Cytofix/Cytoperm Buffer 重悬细胞。

2）室温或冰浴 5 min。

3）加入 1 ml 染色缓冲液洗细胞，250 r/min 离心 5 min，弃上清。

（5）处理细胞暴露出掺入的 BrdU

1）重悬细胞用 100 µl 稀释的 DNase（DPBS 稀释成 300 µg/ml），即每管 30 µg DNase。

2）37℃孵育细胞 1 h。

3）加入 1 ml 染色缓冲液洗细胞，250 r/min 离心 5 min，弃上清。

（6）用荧光抗体染色 BrdU 和胞内抗原

1）用 50 µl BD Perm/Wash Buffer 重悬细胞，其中包含有稀释的 anti-BrdU 和（或）胞内特异抗原的荧光抗体。

2）室温孵育细胞 20 min。

3）加入 1 ml 染色缓冲液洗细胞，250 r/min 离心 5 min，弃上清。

（7）可选项——染色全部 DNA 进行细胞周期分析

加入 20 μl 7-AAD 重悬细胞。

（8）重悬细胞进行流式分析

1）每管加入 1 ml 染色缓冲液重悬细胞。

2）流式分析染色样本（上样速度不要超过 400 个细胞 /s）。样本可以 4℃过夜。

四、注意事项

1）冻存液：10% 二甲基亚砜（DMSO）+90% 灭活胎牛血清（FBS）。

2）DNase 处理后的细胞储存在 BD Perm/Wash Buffer 过夜，为第二天的染色做准备。

3）通过识别多聚甲醛固定抗原决定簇，免疫荧光可以同时标记细胞表面和胞内抗原。

4）如果不用染色总 DNA，7-AAD 步骤可以省略，还可以在 FL3 进行另一荧光参数的检测。

第四节　线粒体膜电位变化检测细胞凋亡

一、实验原理

5，5′，6，6′- 四氯 -1，1′，3，3′- 四乙基苯并咪唑羰花青碘化物（5，5′，6，6′-tetrachloro-1，1′，3，3′-tetraethyl-imidacarbocyanine iodide，JC-1）是一种广泛用于检测线粒体膜电位（mitochondrial membrane potential）$\Delta \Psi_m$ 的理想荧光探针，可以检测细胞、组织或纯化的线粒体膜电位。在线粒体膜电位较高时，JC-1 聚集在线粒体的基质（matrix）中，形成聚合物（J-aggregate），可以产生红色荧光（FL-2 通道）；在线粒体膜电位较低时，JC-1 不能聚集在线粒体的基质中，此时 JC-1 为单体（monomer），可以产生绿色荧光（FL-1 通道）。这样就可以非常方便地通过荧光颜色的转变来检测线粒体膜电位的变化。常用红绿荧光的相对比例来衡量线粒体去极化的比例。

线粒体膜电位的下降是细胞凋亡早期的一个标志性事件。通过 JC-1 从红色荧光到绿色荧光的转变可以很容易地检测到细胞膜电位的下降，同时也可以用 JC-1 从红色荧光到绿色荧光的转变作为细胞凋亡早期的一个检测指标。

JC-1 单体的最大激发波长为 514 nm，最大发射波长为 527 nm；JC-1 聚合物的最大激发波长为 585 nm，最大发射波长为 590 nm。

二、材料、试剂与器材

1. 材料

细胞。

2. 试剂

线粒体检测试剂盒，包括 JC-1 和 10 × Assay Buffer；二甲基亚砜（DMSO）。

3. 器材

12 mm×75 mm Falcon 试管，15 ml 聚苯乙烯离心管，微量加样器和加样头，离心机，CO_2 培养箱，流式细胞仪等。

三、实验步骤

试剂准备和 JC-1 染色步骤见图 6-2。

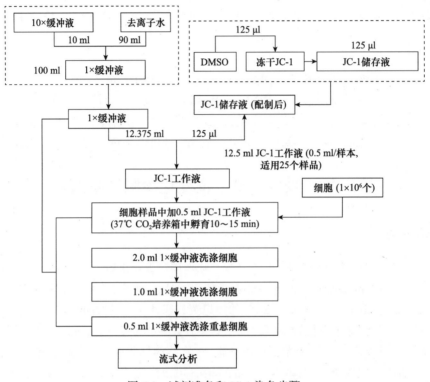

图 6-2　试剂准备和 JC-1 染色步骤

1）在 JC-1 粉末中加入 125 μl DMSO 使其充分溶解，配成 JC-1 储存液，需根据实验的量分装并于 −20℃ 冰箱保存。

2）根据样本量配制 JC-1 工作液，每个样品 500 μl 1×Assay Buffer ＋5 μl JC-1 储存液。工作液应根据样本量现配现用，多余的工作液不能储存后继续使用。

3）制备 $1×10^6$ 个 /ml 的细胞悬液，浓度不宜过高，因为超过该浓度容易造成细胞的凋亡。

4）诱导细胞进行凋亡的处理，同时保留一份未经诱导的细胞作为对照。

5）凋亡处理结束后，每个无菌的 15 ml 聚苯乙烯离心管中加入 1 ml 细胞悬液，室温下，300 r/min 离心 5 min，弃上清。

6）每管加入 0.5 ml 新配的 JC-1 工作液，充分混匀后置于 37℃ 的 CO_2 培养箱，孵育 10～15 min。

7）按以下步骤洗涤细胞两次。

第一次：每管加体积为 2 ml 的 1× Assay Buffer，轻轻悬浮细胞，振荡或用加样头使细胞分散，以免细胞聚集成块。300 r/min 室温离心 5 min，弃上清。

第二次：每管加体积为 1 ml 的 1× Assay Buffer，轻轻悬浮细胞，振荡或用加样头使细胞分散，以免细胞聚集成块。300 r/min 室温离心 5 min，弃上清。

8）每管加体积为 0.5 ml 的 1× Assay Buffer，轻轻悬浮细胞，上机检测。

9）结果分析。

四、注意事项

1）JC-1 避光保存及使用，工作液现配现用，不宜保存后继续使用。

2）细胞培养的数量不宜超过 $1×10^6$ 个，否则细胞会产生自然凋亡影响检测。

3）对 pH 变化过于敏感的细胞建议用胎牛血清取代缓冲液孵育染色及洗涤，或延长观测时间。

4）流式细胞仪检测线粒体膜电位变化受到多种因素的影响，如诱导剂、细胞株类型、作用时间不同产生的荧光强度比例都有不同，因此没有通用标准的补偿设门指南，故每个实验需设阴性对照及阳性对照组进行荧光补偿及设门。

5）组织需先制备单细胞悬液或提取纯化线粒体后方可进行检测。

第五节　Active Caspase-3 检测细胞凋亡

一、实验原理

Caspase-3 在早期凋亡细胞中就已经被活化，是凋亡程序中重要的胱天蛋白酶。凋亡细胞中，32 kDa 的原酶（Pro-Caspase-3）裂解为一个 17～21 kDa 亚单位和一个 12 kDa 亚单位，两个亚单位形成二聚体，即为活化的 Caspase-3，活化的 Caspase-3 又水解、活化其他胱天蛋白酶和多种胞质内成分（如 D4-GDI、Bcl-2）和核内成分（如 PARP）。

PharMingen 多克隆或单克隆 Caspase-3 抗体可以识别 Caspase-3 活化形式，它特异性识别由无活性的 Pro-Caspase-3 活化水解后的暴露的断裂端，C92 单克隆抗体与 Pro-Caspase-3 无交叉反应。

Active Caspase-3 Apoptosis Kit 是特为流式细胞术分析凋亡细胞的 Caspase-3 而设计的，包括荧光标记多克隆兔抗 Active-Caspase-3 抗体（Anti-Active Caspase-3 FITC 或 Anti-Active Caspase-3 PE）、固定 / 破膜剂、破膜 / 冲洗缓冲液。

二、材料、试剂与器材

1. 材料

Jurkat T 细胞（ATCC TIB-152）。

2. 试剂

1）用 DMSO 制备 1.0 mmol/L 的 Camptothecin 储备液。

2）PBS。

3）凋亡检测试剂盒，如表 6-6 所示。

3. 器材

12 mm×75 mm Falcon 试管，微量加样器和加样头，流式细胞仪等。

表 6-6 凋亡检测试剂盒

产品	型号
PE Active Caspase-3 Apoptosis Kit 包括：PE-conjugated Polyclonal Rabit Anti-Active Caspase-3 Antibody 　　　Cytofix/Cytoperm Solution 　　　Perm/Wash Buffer（10×）	100T
FITC Active Caspase-3 Apoptosis Kit 包括：FITC-conjugated Polyclonal Rabit Anti-Active Caspase-3 Antibody 　　　Cytofix/Cytoperm Solution 　　　Perm/Wash Buffer（10×）	100T

三、实验步骤

1. Camptothecin 诱导细胞凋亡

在 DNA 合成中，需要拓扑异构酶 I。Camptothecin 是拓扑异构酶 I 的抑制剂，它在体外依剂量不同而影响凋亡的发生。在此，Camptothecin 作为常规的凋亡诱导方案，辅助细胞凋亡分析。

凋亡诱导实验步骤如下。

1）在 $1×10^6$ 个 /ml 增殖的 Jurkat T 细胞中加入 Camptothecin，Camptothecin 终浓度为 4～6 μmol/L。

2）细胞 37℃孵育 4 h。

2. Active Caspase-3 染色

1）计算抗体和 Perm/Wash Buffer 缓冲液用量：每个测试样本加入 100 μl Perm/Wash Buffer 和 20 μl 抗体（表 6-7）。

表 6-7 抗体和 Perm/Wash Buffer 用量

测试样本数	细胞总数 / 个	Perm/Wash Buffer 总体积 /ml	抗体总体积 /μl
1	$1×10^6$	0.10	20
5	$5×10^6$	0.50	100
10	$10×10^6$	1.00	200
20	$20×10^6$	2.00	400

2）根据用量制备 Perm/Wash Buffer（1×），将 10× 浓度缓冲液使用蒸馏水进行 10 倍稀释。

注意：有时 10× 浓度的缓冲液内会出现沉淀，属正常现象，在稀释成 1× 浓度的缓冲液后，使用 0.45 μm 滤器过滤即可。

3）使用冷的 PBS 洗细胞两次，再用 Cytofix/Cytoperm Solution 调整细胞浓度为 $1×10^6$ 个 /0.5 ml。

4）细胞冰浴 20 min。

5）细胞离心，弃上清。室温下，使用 1×Perm/Wash Buffer 洗细胞两次，Perm/Wash Buffer 缓冲液的用量为 0.5 ml Perm/Wash Buffer/$1×10^6$ 个细胞。

6）按样本数加入 1×Perm/Wash Buffer 和抗体，混匀，室温反应 30 min。

7）每支试管中，用 1.0 ml 的 1×Perm/Wash Buffer 洗细胞一次，再用 0.5 ml 的 1×Perm/Wash Buffer 制成细胞悬液，在流式细胞仪上进行样本分析。

第七章

组 学 分 析

第一节　16 S rDNA 基因组分析

　　微生物无处不在，生态环境中的微生物在地球化学循环中发挥着重要的生态作用，在人体内的微生物更是广泛参与免疫、消化、代谢等生理过程。细菌是微生物的主要类群之一，在细菌中，主要存在 3 种核糖体 RNA（5 S、16 S、23 S），其中 16 S rRNA 是细菌核糖体 RNA 的小亚基，该亚基的编码基因为 16 S rDNA，由于 DNA 容易提取并相对稳定，因此一般在进行细菌群落结构或功能分析时均选取 16 S rDNA。随着分子生物学技术的快速发展，特别是高通量测序（high-throughput sequencing, HTS），又称大规模平行测序技术（massively parallel sequencing, MPS）的出现，生命科学领域掀起了新的技术革命，16 S rDNA 的研究也进入了新的发展阶段。微生物 16 S rDNA 作为种群分类的系统发育标记，使非培养微生物的发现和研究成为可能，同时极大地促进了微生物学的发展。

一、16 S rDNA 的原理及特点

　　16 S rDNA 分子大小适中，由于功能上高度保守，而序列不同位置的变异速率不同，其进化具有良好的时钟特性，因此 16 S rDNA 作为分子标记被广泛应用于细菌物种分类学的研究中。16 S rDNA 由 9 个高变区和 10 个保守区构成，保守区反映细菌物种间的亲缘关系，可根据其序列设计细菌的通用扩增引物，而高变区则反映细菌物种间的差异，可根据其序列设计通用引物对细菌进行鉴定分类，虽然高变区无法准确地将所有细菌分类到种属水平，但依靠某些高变区仍可在特定的分类水平上预测细菌（图 7-1）。例如，V3 区在鉴定检测病原体的种属方面效果最佳；V4 区为半保守高变区，在门类鉴定水平与完整 16 S rDNA 序列的分辨率相近；V6 区在鉴定炭疽病菌方面最为准确。基于 16 S rDNA 保守区设计测序引物，建立各个可变区的复合扩增体系，利用 HTS 和生物信息学分析方法等检测样本中微生物群落的结构特征是目前研究的新热点。

二、16 S rDNA 测序的分析方法

　　16 S rDNA 测序即对 16 S rDNA 特定可变区（可选择单可变区或多可变区）进行 PCR 扩增，再结合高通量测序和生物信息分析，为研究人员提供进行大规模鉴定群落组成、表达丰度，以及开展系统进化分析的方案。

　　16 S rDNA 作为目前微生物学的主要研究对象，其基本研究流程包括微生物 DNA 的提取、16 S rDNA 高变区的 PCR 模板、文库构建、模板制备、上机测序和测序数据的生物信息学分析。

　　数据分析主要流程如下。

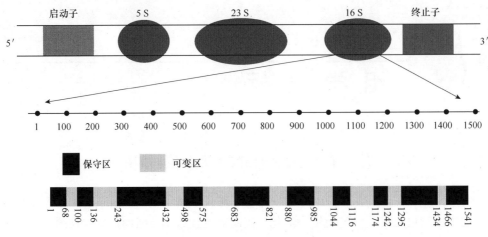

图 7-1　rRNA 结构及 16 S rRNA 的保守区与可变区

1）测序数据的预处理。由于测序过程中各种影响因素会导致测序错误的发生，因此需要在分析之前排除或过滤这些数据，包括接头、引物及标签序列的去除，低质量序列过滤，序列去噪，嵌合体去除和数据均一化处理。

2）操作性分类单元（operational taxonomic unit，OTU）表的建立。OTU 是指通过一定的距离度量方法计算两两不同序列之间的相似性，继而设置特定的分类阈值，进行聚类操作，形成不同的分类单元，在进行微生物多样性分析的时候，通常需要引入 OTU，序列之间的相似水平大于 97% 则划分为同一种微生物。通过将 OTU 的代表序列与相应的微生物数据库比对，进行物种注释并建立 OTU 的系统发育树。

3）后续分析。包括 α 多样性（样本内）、β 多样性（样本间）、物种丰度及群落结构等分析，从而得到微生物群落内和群落之间的相互联系及代谢特征等数据信息。

（一）样本提取

在 16 S rDNA 测序项目中，高质量的 DNA 是得到完美结果的第一步。即使实验设计及样本处理都十分严谨，但是在取样时稍一不注意，样本遭到破坏，那么测序数据必然不会完全符合预期了。因此，样本提取是关键中的关键。

1. 粪便样本的收集及提取

1）收集样本：一般对于人的粪便，要求用无菌粪便收集器或其他灭菌器皿收集粪便样本，要注意即刻进行样本标记并低温保存（考虑到患者样本可能无法取样后直接分装标记，可以先在低温条件下保存，尽快进行分装标记）；对于小鼠粪便，分别收集采样小鼠的粪便，立即进行收取，尽量不要暴露在空气中太长时间，避免污染和降解。

2）分装保存：由于有些样本取样不易，因此建议一次收集后分装保存，对于人的粪便，建议使用无菌牙签挑取内部样本，尽量排除空气污染及防止样本降解，使用灭菌离心管分别称取 0.2 g 左右的样本，每个样本分装 10 管左右备用，标记好后即刻放入 -80℃冰箱保存。当然由于小鼠个体较小，可能粪便样本不足 0.2 g 时，可以适当将多个生物学重复样本进行混合，进行保存。

注意：一般来说，每次实验取用一管，用过后将剩余样本丢弃；若遇上收集困难或者十分珍贵的样本，请注意备份，避免再次收集耗费更大的人力、物力，并且无法保证实验条件完全一致，导致后续分析无法达到预期。

3）DNA 提取：建议使用粪便提取试剂盒。

4）注意事项：粪便样本提取时注意胆汁酸盐、复杂多糖等杂质的去除。

2. 土壤样本的收集及提取

1）样本收集：取样区域一般根据实验设计进行选择，建议选取具有代表性的土壤；采样时使用的所有工具、采集袋或其他物品均要使用已灭菌的；若野外没有合适的条件进行灭菌处理，可以使用采集的土壤对取样工具进行擦拭，尽量去除干扰；采集时一般选取 5～10 cm 处土壤，去除杂质，将一定量的土壤进行分装标记，每袋样品约 5 g，密封后立即于 −20℃ 冰箱保存。

注意：土壤取样时常会碰到杂质含量较高、取样时需要对杂质进行过滤、避免石块等杂质戳破采集袋等情况的发生，否则会给后续提取造成干扰。

2）提取：建议使用土壤提取试剂盒。

3）注意事项：土壤样本提取时含有大量的腐殖酸、重金属等杂质需处理。

3. 水体微生物的收集及提取

1）样本收集：根据实验设计确定取样的深度和范围，由于水体样本的特殊性，取样体积需大于 2 L，取样工具需灭菌处理，采样后进行滤膜过滤，应选择合适孔径的滤膜。对于澄清水体或者略浑浊水体，选用 0.22 μm 或者 0.45 μm 滤膜过滤；对于浑浊水体，建议先用大孔径的滤膜过滤一遍，再用小孔径的滤膜过滤；水体泥样的采集提供大于 2 g 样本。

注意：由于水体样本的特殊性，样本直接保存较困难，因此建议一次取样足够，一般提取一次需要 1～2 张滤膜，分装保存足够量的滤膜，便于后续实验的使用。

2）注意事项：取样与提取时，注意样品的交叉污染。

4. 肠道内容物的收集及提取

1）样本收集：一般取样时实验对象已死亡（动物），需要使用无菌的解剖刀，尽量在无菌状态下取出整个肠道，将实验所需肠段的内容物切下，将内容物取出放置在无菌离心管中，建议分装保存，便于后续实验需求，低温保存运输；若是无法立即抽提，建议将样本先置于液氮中冷冻 2 h 以上，保证冷冻充分再转移到 −80℃ 冰箱保存。

注意：由于肠道内容物来源不一，一般来说，保存单个样本取样量如下：大型动物，如牛、羊为 500～1000 mg/ 管；中型动物，如大鼠、家兔为 200～1000 mg/ 管；小型动物，如小鼠为 200～500 mg/ 管；对于肠道内容物较少的动物，如鱼、虾则 ≥100 mg/ 管。为保证实验顺利进行，在采样允许的情况下，尽量多采集样品。

2）DNA 提取：建议使用粪便提取试剂盒。

3）注意事项：样本提取时注意胆汁酸盐、复杂多糖等杂质的去除及内容物的分离。

5. 肠道黏膜微生物的收集

样本收集：实验操作在无菌条件下进行，将整个肠道移出体外，将肠系膜的对面纵向切开，使肠腔外露；使用无菌器械将肠道内容物清理干净后，用无菌生理盐水清洗肠腔，为了避免扰乱破坏肠黏膜，需将看得见的肠道内容物轻轻去除；用无菌载玻片轻刮肠道黏膜（避免穿透基底膜）。所有样品取完后立即放入液氮冷冻，并放在 −80℃ 冰箱保存。

注意：由于肠道黏膜微生物收集要求较多，而采集到的黏膜微生物比较少，建议重复上述步骤多次，但必须在无菌环境下操作，保证足够取样及保存。

6. 生殖道微生物的收集

样本收集：取样对象需 48 h 内无性行为，不得进行私处清洗、上药等改变菌群结构的行为，30 d 内不能用抗生素和抗真菌类药物，以免导致菌群结构变化；取样时用无菌棉签擦拭，充分取样，用无菌剪刀剪下棉签头部，放入装有 Amies 培养基的无菌离心管中，立即于 −80℃冰箱保存。

注意：生殖道微生物收取不易，样本珍贵，需进行多管备份保存；提取 DNA 时需先将棉签低温解冻，涡旋处理 5 min 以重悬细胞。

7. 口腔微生物的收集

样本收集：口腔微生物收集可用以下两种方法。

1）（推荐）根据研究目的选定时间段对 24 h 内不刷牙的受试者进行取样；取样前漱口，用无菌金属环轻轻刮取牙齿表面 10～20 次；将其置于装有 1 ml 盐溶液的 1.5 ml 无菌离心管，盐溶液经过紫外线（UV）照射以避免 DNA 污染；将样本混合完全后于 −80℃冰箱保存。

2）根据研究目的选定时间段对 24 h 内不刷牙的受试者进行取样，使用特定唾液取样器；受试者向取样器中吐 2～3 次唾液（一次约 1 ml）；将配套的 DNA 稳定剂加到唾液中；密封后，做好样品标记，于 −80℃冰箱保存。由于唾液中含有抑菌成分且宿主 DNA 过多，不推荐使用此方法。

注意：不同研究目的受试者情况不同，建议取样时进行多管备份保存，以备后续实验需求。

8. 发酵食物微生物的收集

1）样本收集：根据实验设计确定取样的样品，由于发酵食品的特殊性，取样体积需包装在无菌的密封容器内，取样工具需灭菌处理。酱油需大于 100 ml。

注意：由于样本的特殊性，建议一次取样做好备份，一般提取一次需要 100 ml 左右，分装保存足够量，便于后续实验的使用。

2）注意事项：酱油类发酵食品，需进行前处理。

9. 皮肤微生物表面的收集

样本收集：取样前 24 h 不能洗澡，不能使用润肤乳及抗菌活性的肥皂等；取样前 7 天不能使用抗菌成分的沐浴用品；取样时采用无菌棉签或无菌手术刀片轻轻刮取皮肤表面取样，区域大小约为 4 cm²；若是取指甲等其他部位样本，需将指甲样品剪碎后用蛋白酶 K 过夜 55℃处理，其他样品用酵母裂解缓冲液和溶菌酶处理 1 h（37℃），于 −80℃冰箱保存。

注意：由于皮肤微生物采集较困难，菌量可能不多，因此建议取样时进行多管备份保存，以备后续实验需求。

10. 血液微生物的收集

样本收集：用 EDTA 抗凝管抽取 1～2 ml 全血；颠倒抗凝管 8～10 次，充分混匀 EDTA 和全血，以保证抗凝效果；于 −20℃冰箱保存。

注意：由于血液样本十分特殊，提取的 DNA 宿主会占多数，且样本中本身细菌含量较低，无法保证扩增建库成功，因此需要根据实际情况及经验调整提取方案。但实际情况是，无论何种方法提取，成功率均不高。

11. 空气微生物的收集

样本收集：抽取针对实验目的空气微颗粒，用不同孔径大小的无菌滤膜筛选目的颗粒

（将含颗粒滤膜装入无菌铝箔内，密封在 −80℃冰箱长期保存）；截取合适大小的滤膜，置于含 1×PBS 的 50 ml 离心管；在 4℃条件下，加速离心 2 h；温和涡旋处理，用 0.2 μm 的 Supor 200 PES Membrane Disc Filter 过滤重悬液。

注意：由于样本特殊，微生物含量较少，建议多管备份保存。

12. 污泥、海洋沉积微生物的收集

样本收集：活性污泥样本取自活性污泥装置中，一般取样量大于 20 ml，将其置于无菌管中，建议立即提取后于 −80℃冰箱保存；海洋沉积物样本根据研究目的进行取样，一般建议取 1 kg 以上的沉积物装入无菌的塑料袋中，低温运输并尽快进行提取后于 −80℃冰箱保存。

注意：活性污泥样本等一般建议及时提取，样本体积较大，长时间 −80℃保存一方面储存不便，另一方面冻融提取也比较困难，加大了实验的工作量及难度。建议提取后保存 DNA 即可。

13. 物体表面微生物的收集

样本收集：根据物体形状大小采用不同的方式进行收集，对于形状较小的物体，直接将其放入无菌的容器中，加入 PBS 进行冲洗，振荡使微生物脱落到 PBS 中，利用 PBS 提取 DNA 或者经滤膜过滤之后进行 DNA 提取；对于形状较大物体，采用无菌棉签蘸无菌水擦拭物体表面取样，或用无菌手术刀片轻轻刮取物体表面取样，均使用无菌离心管收集样品，于 −80℃冰箱保存。

注意：物体表面微生物根据实际情况不同存在差异，若微生物较少可能会对提取存在干扰，建议多取几次，保证足够的量。

（二）DNA 提取

一般用试剂盒提取样本中的 DNA。提取 DNA 后需要经过质检和纯化，一般 16 S rDNA 测序扩增对 DNA 的总量要求并不高，总量大于 100 ng，浓度大于 10 ng/μl 一般都可以满足要求。如果是来自寄主共生环境如昆虫的肠道微生物，提取时可能包括了寄主本身的大量 DNA，对 DNA 的总量要求会提高。提取的 DNA 经 1% 琼脂糖凝胶电泳检测完整性，超微量分光光度计检测浓度，检测合格后保存于 −20℃冰箱，用于后续实验。微生物菌群多样性测序受 DNA 提取和扩增影响很大，不同的扩增区段和扩增引物甚至 PCR 循环数的差异都会对结果有所影响。因而建议同一项目不同样品的都采用相同的条件和测序方法，这样相互之间才存在可比性。

（三）PCR 扩增

PCR 扩增时，关键的一步是选择合适的引物。传统方法中最常用的引物是 27F 和 1492R，几乎能扩增出完整的 16 S rDNA 基因全长，由于目前二代高通量测序的读长限制，该引物不适用于高通量测序平台，但被广泛用于纯菌的分子鉴定。考虑到目前主流高通量测序平台读长的限制，只能对 16 S rDNA 经常变化的区域也就是可变区进行测序。16 S rDNA 包含 9 个可变区，即 V1～V9。有文献选择测单 V 区（V3、V4、V6），有的测双 V 区（V3～V4 区或 V4～V5 区），还有的选择三 V 区（V1～V3 区、V5～V7 区或 V7～V9 区）进行 16 S rDNA 测序。

一般而言，环境微生物组学常用的，也是认可度比较高的测序区域是 V3～V4 区、V4～V5 区或者单测 V4 区。

在 Illumina 时代，由于平台测序长度的限制，V4 单区测序（515F/806R）被更为广泛地使用。传统的 V4 区引物，由 Caporaso 等科学家设计，对细菌的覆盖度高，也可以同时检测到部分古菌。

在细菌物种鉴定方面，使用位于 V4 区的 U/E515F 引物的覆盖度达到 99%～99.1%，与此同时下游引物 E806R 的覆盖度也达到了 95.10%；根据实验目的的不同，如下游引物使用 U909R 则会检出更大比例的古菌。因此，选择 U515F/U806R 引物对在细菌检出率上具有绝对的优势。同时，该引物对扩增子平均长度为 291 bp，相较于使用 V3～V5 区引物 E341F/U909R 或 U341F/E785R 扩增子 566 bp 和 444 bp 来说长度更短，在短片段测序具有更大优势的 Illumina 测序平台来说，更小的扩增子测序引入的测序误差更低，Q 值更高，测序结果更加真实可靠。因此，U515F/U806R 引物对的使用更能真实反映细菌群落结构的信息。

（四）文库构建及测序

完成 PCR 之后的产物一般可以直接上测序仪测序，在上机测序前需要对所有样本进行定量和均一化，通常要进行荧光定量 PCR。完成定量的样品混合后就可以上机测序。

16 S rDNA 目前可以采用多种不同的测序仪进行测序，包括罗氏的 454、Illumina 的 MiSeq、Life 的 PGM 或 Pacbio 的 RS Ⅱ 三代测序仪。不同的仪器各有优缺点，目前最主流的是 Illumina 公司的 MiSeq，因为其在通量、长度和价格三者之间最为平衡。MiSeq 测序仪可以产生 2×300 bp 的测序读长，一次可以产生 15 Gb 的测序数据，远远大于其他测序仪的测序通量。

三、生物信息学分析

（一）16 S rDNA 数据分析常用工具

16 S rDNA 数据分析工具主要有 Mothur、QIIME、GreenGenes database、Ribosomal database project database、ARB 和 Silva 等（表 7-1）。

表 7-1 16 S rDNA 数据分析常用工具

软件	形式	网址
Mothur	软件	http://www.mothur.org
QIIME（Quantitative Insight Into Microbial Ecology）	软件	http://qiime.org/scripts/
Ribosomal database project database	数据库	http://rdp.cme.msu.edu/
GreenGenes database	数据库	http://greengenes.lbl.gov
ARB	软件	http://www.arb-home.de/
Silva: comprehansive ribosomal RNA database	数据库	http://www.arb-silva.de/
NCBI Nucleotide database	数据库	https://www.ncbi.nlm.gov/nucletide

Mothur 软件包包含 DOTUR、SONS、TreeClimber、LIBSHUFF、∫-LIBSHUFF 和 UniFrac 等程序。除此之外，Mothur 软件包还具有一些额外的功能，如在 α 多样性和 β 多样性分析中定量关键的生态学参数；提供韦恩图、热图和系统树图的可视化工具；根据序列特性进行聚类并实现以 NAST 为依据的序列比对等。

QIIME 的主要功能是构建 OTU、序列比对、建立系统发育树及使用图表形象地展示数据之间的关系。QIIME 能通过整合不同的实验数据分析不同微生物群体的信息。GreenGenes database 的功能包括 Chimera 序列剔除、序列比对和物种分类等。ARB 是对测序数据存储和分析的图形化软件，包含数据的输入和输出、序列比对、预处理和过滤计算等功能。Silva 是一个提供细菌、古生菌及真核生物 rRNA 最新数据的数据库，并结合 ARB 软件进行基因质量检测和序列比对，最终进行系统发育树的分析。

（二）原始数据处理

原始测序数据需要去除接头序列，并将双端测序序列进行拼接成单条序列。根据测序标签（barcode）序列区分不同的样本序列，过滤低质量序列和无法比对到 16 S rDNA 数据库的序列。

从测序仪上得到的原始数据通常是所有样品的序列混合在一起的，每条序列上都有标签、引物等人为添加的片段，各序列的测序质量也参差不齐，因此必须进行预处理才能开展下游分析。16 S rRNA 测序数据预处理通常包括将序列按照样品标签进行分类、去除序列上的样品标签序列和引物序列、去除低质量序列 3 个步骤。此外，双端测序的数据还需进行简单的数据拼接。

具体优化步骤及参数：①将两条序列进行比对，根据比对的末端重叠区进行拼接，拼接时保证至少有 20 bp 的重叠区，去除拼接结果中含有 N 的序列；②去除引物和接头序列，去除两端质量值低于 20 的碱基，去除长度小于 200 bp 的序列；③将上面拼接过滤后的序列与数据库进行比对，去除其中的嵌合体序列（chimera sequence），得到最终的有效数据。

SeqClean 软件能去除接头序列，或利用比对软件寻找接头位置，然后用自编程序去除；标签序列（barcode）即序列开始的几个碱基序列可通过自编程序去除；SeqClean 软件还能去除引物序列。Lucy 软件能去除测序数据中低质量的序列。ChimeraSlayer 软件或 UCHIME 软件可去除 Chimera 序列。表 7-2 为常用去噪软件的名称和网址。

表 7-2　常用去噪软件的名称和网址

软件名称	网址
SeqClean	http://sourceforge.net/projects/Seqclean
VecScreen	http://www.ncbi.nlm.nih.gov/VecScreen/VecScreen_docs.html
Cross Match	http://www.phrap.org/phredphrapconsed.html
Bioedit	http://www.mbio.ncsu.edu/bioedit/bioedit.html
Lucy	http://lucy.sourceforge.net/
ChimeraSlayer	http://microbiomeutil.sourceforge.net/
UCHIME	http://www.drive5.com/uchime/
PANGEA	http://pangea-16 s.sourceforge.net/

（三）序列聚类与注释

1. OTU 聚类与物种注释

将 16 S rRNA 数据按照一定的相似性标准进行聚类是微生物群落分析的第一步，也是关键的一步。测序数据非常庞大，并且由于细菌基因组变异和测序误差的存在，即使是来自同一菌种的 16 S rRNA 序列也可能存在碱基差异，因此将每一个不完全相同的序列看作一个菌种进行下游分析非常耗时，也不科学。所以在生物信息分析中，要了解一个样本测序结果中的菌种、属等数目信息，就需要对序列进行归类操作。运算分类单元（operational taxonomic unit，OTU）聚类是 16 S rRNA 测序数据分析中必不可少的流程，该方法通常按照 97% 的相似性阈值将序列划分为不同的 OTU，每一个 OTU 通常被视为一个微生物物种。但实际上，现有的 OTU 聚类方法存在一定缺陷，97% 的序列相似度与传统上"种"的概念并不完全等同。

OTU 聚类可以通过 QIIME、DOTUR 等软件完成。具体分析方法及步骤如下。

1）对优化后的有效序列提取 unique 序列，保留各序列的重复次数。

2）去除重复次数为 1 的 unique 序列。

3）按照 97% 相似性对 unique 序列（重复次数＞1）进行 OTU 聚类，在聚类过程中进一步去除嵌合体序列，得到 OTU 的代表序列。

4）将所有优化后的序列与 OTU 代表序列进行比对，与 OTU 代表序列相似性在 97% 以上的序列为同一 OTU，统计生成 OTU 丰度表。

为了对 OTU 有更直观的认识，通常选取每个 OTU 中丰度最高的序列为该 OTU 的代表序列，进行微生物物种注释（虽然 OTU 与物种并非完全对应），从而得到每个样本的群落组成。Ribosomal Database Project（RDP）Classifier 是完成这一过程常用的软件。采用 QIIME 分析流也可自动完成这一过程。

例如，用 QIIME 分析，使用 RDP Classifier 贝叶斯算法对 97% 相似水平的 OTU 代表序列进行分类学分析，并在各个水平统计每个样本的群落组成。

2. 基于 OTU 的韦恩图和花瓣图

根据 OTU 聚类分析结果，统计不同样本/分组共有和特有的 OTU，当样本分组数小于 5 时，绘制韦恩（Venn）图。当样本/分组大于 5 时，绘制花瓣图。用 R 语言统计和作图。OTU 韦恩图见图 7-2。

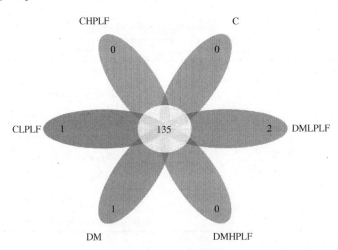

图 7-2　OTU 韦恩图

图中每一个花瓣表示不同的样本/分组（C 是对照组，CHPLF 和 CLPLF 是正常药物干预组，DM 是模型组，DMHPLF 和 DMLPLF 是模型干预组），图中的数字分别代表每个样本/分组特有或共有的 OTU 数目，中间白圈代表所有样本/分组共有的 OTU 数目

3. 物种相对丰度柱状图

分析软件：R 语言统计和作图。

将各样本 / 分组在不同分类水平（门、纲、目、科、属、种）下对 Top30 的物种分布绘制为柱状图，如图 7-3 所示。

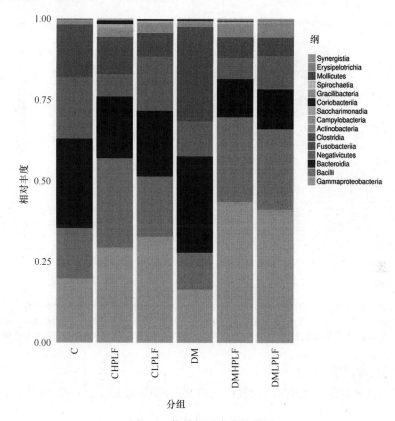

图 7-3 物种相对丰度柱状图

横坐标中每一个条形图代表一个样本，纵坐标为不同物种的相对丰度（relative abundance），图例为不同
分类水平的物种分类名称

根据 OTU 数据进行标准化处理之后，选取数目最多的前 15 个物种，基于 R heatmap 绘制聚类热图，热图中的每一个色块代表一个样品的一个属的丰度，样品横向排列，属纵向排列，通过热图颜色差异可直观显示各物种的相似性与差异性。物种分布热图见图 7-4。

4. 物种进化树

挑选出 Top30 的属水平的 OTU 序列，根据最大似然法构建进化树，利用 R 语言作图绘制。属水平物种的代表序列构建的系统发育树，分支的颜色表示其对应的门，不同的颜色代表一个门。Top30 属水平进化树见图 7-5。

（四）微生物群落结构分析

微生物群落结构分析是从整体的角度分析各组样品的微生物群落之间是否有显著差异，从而分析实验所关注的因素是否会导致样本微生物群落结构的显著变化。α 多样性、β 多样性及依样品间不相似性进行排序分析和聚类分析是微生物群落结构分析的主要方法。

1. 样本复杂度分析（α 多样性）

（1）α 多样性指数　　α 多样性是样本内物种多样性（within-sample diversity），反映每个样本的物种丰富度和均匀度。α 多样性的高低由 α 多样性指数表征，在 16 S rRNA 测序数

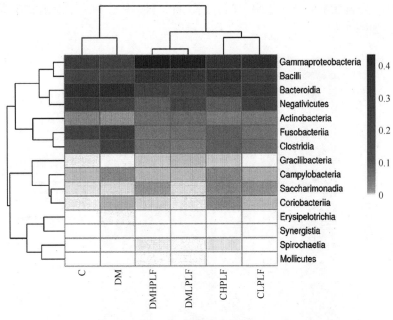

图 7-4　物种分布热图

列名为样本 / 分组信息，行名为纲名，图上方的树为样本 / 分组聚类树，图左侧为物种聚类树，中间热图
每一个方格不同颜色对应的值为每一行物种相对丰度值。如果聚类结果中出现大面积的白是因为大量的菌含量
非常低，导致都没有数值，可以在绘制之前进行标准化操作，对每一类菌单独进行 Z 标准化

据分析中常用的有以下几种。

ACE 用来估计群落中含有 OTU 数目的指数，由 Chao 提出，是生态学中估计物种总数常用指数之一。

Chao 是用 Chao1 算法估计样本中所含 OTU 数目的指数，Chao 在生态学中常用来评估物种总数。

Shannon 常用于反映 α 多样性指数，用来估算样本中微生物多样性。

Simpson 为辛普森多样性指数，由 Edward Hugh Simpson 于 1949 年提出，在生态学中常用来定量描述一个区域的生物多样性。

例如，通过对辛普森多样性指数的计算和比较，发现赭曲霉毒素 A（OTA）灌胃组的大鼠，其肠道微生物 α 多样性显著低于对照组，从而推测 OTA 对肠道微生物的一些菌种存在抑制生长的作用。QIIME、Mothur、PAST 等软件都可以进行多种 α 多样性指数的计算。分析方法为采用对序列进行随机抽样的方法，以抽到的有效序列数进行 OTU 的分析，并分别计算各 α 多样性指数。

（2）α 多样性指数组间差异分析　　α 多样性指数组间差异分析是基于 α 多样性指数表使用 R 语言构建箱线图，直观地展示各组样本 α 多样性指数的最大值与最小值、中位数及异常值，同时也能直接反映出组间多样性的差异程度。

以 Chao1 指数为例，组间差异分析的箱线图如图 7-6 所示。

（3）稀释曲线　　稀释曲线（rarefaction curve）是用于描述随着样本量的加大，可能检测到物种种类随之增加的状况，是调查样本的物种组成和预测样本中物种丰度的有效工具，在生物多样性和群落调查中，被广泛用于判断样本量是否充分及估计物种丰富度。因

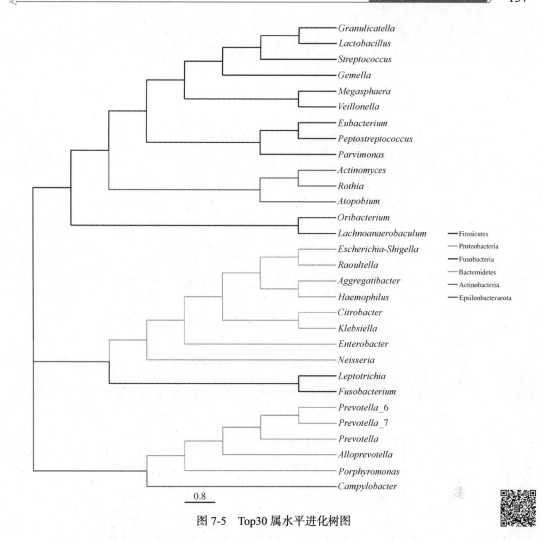

图 7-5 Top30 属水平进化树图

此，通过稀释曲线不仅可以判断样本量是否充分，在样本量充分的前提下，运用稀释曲线还可以对物种丰富度进行预测。

稀释曲线是利用已测得的 16 S rDNA 序列中已知的各种 OTU 的相对比例，来计算抽取 n 个 [n 小于测序片段（reads）序列总数] reads 时出现 OTU 数量的期望值，然后根据一组 n 值（一般为一组小于总序列数的等差数列）与其相对应的 OTU 数量的期望值作出曲线。当曲线趋于平缓或者达到平台期时也就可以认为测序深度已经基本覆盖到样品中所有的物种；反之，则表示样品中物种多样性较高，还存在较多未被测序检测到的物种。稀释曲线见图 7-7。

曲线解读：图中每条曲线代表一个样本，用不同颜色标记；随测序深度增加，OTU 的数量随之增加。当曲线趋于平缓时表示随着抽取数据量的加大，检测到的 OTU 数目不再增加，此时的测序数据量较为合理。

（4）rank-abundance 曲线　　rank-abundance 曲线是分析多样性的一种方式。构建方法是统计单一样本中每个 OTU 所含的有效序列数，将 OTU 按相对丰度（所含有的有效序列条数）由大到小按等级排序，以 OTU 等级作为横坐标，以每个 OTU 中所含序列数（也可用

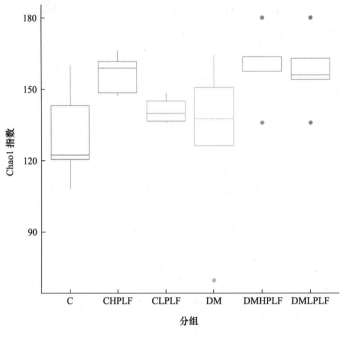

图 7-6　组间多样性差异箱线图

横坐标标记了组名，纵坐标为 Chao1 指数值，图中每个箱线图分别展示了组内样本 Chao1 指数最小值、第一四分位数、中位数、第三四分位数、最大值

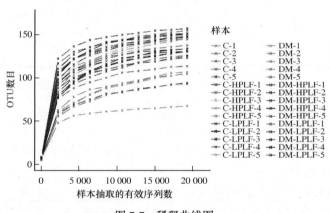

图 7-7　稀释曲线图

OTU 中序列数的相对百分含量）为纵坐标作图。rank-abundance 曲线可反映物种丰度和物种均匀度两个方面，物种丰度由曲线在横轴上的长度来反映，曲线在横轴上的范围越大，物种的丰度越高；物种均匀度由曲线的形状（平滑度）来反映，曲线越平坦，表示物种的均匀度越高。rank-abundance 曲线图见图 7-8。

2. 多样本比较分析（β 多样性）

（1）PCA、PCoA、NMDS 分析　　β 多样性是指样本间多样性（between-sample diversity），其高低反映每个组内各个样本的群落物种组成差异的大小。人类微生物组计划通过计算同一组内各个样品间的距离来表征各个组的 β 多样性，通过比较数值大小来比较各个组的 β 多样性。更形象化的做法是利用距离表征出的样品间的关系，通过主成分分析

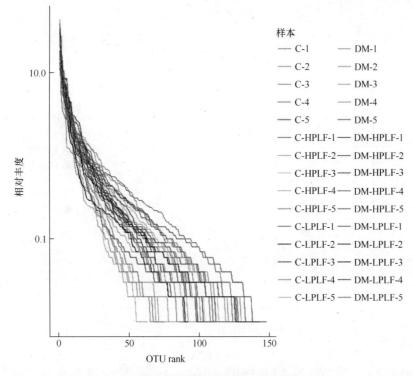

样本
—— C-1	—— DM-1
—— C-2	—— DM-2
—— C-3	—— DM-3
—— C-4	—— DM-4
—— C-5	—— DM-5
—— C-HPLF-1	—— DM-HPLF-1
—— C-HPLF-2	—— DM-HPLF-2
—— C-HPLF-3	—— DM-HPLF-3
—— C-HPLF-4	—— DM-HPLF-4
—— C-HPLF-5	—— DM-HPLF-5
—— C-LPLF-1	—— DM-LPLF-1
—— C-LPLF-2	—— DM-LPLF-2
—— C-LPLF-3	—— DM-LPLF-3
—— C-LPLF-4	—— DM-LPLF-4
—— C-LPLF-5	—— DM-LPLF-5

图 7-8　rank-abundance 曲线图

每条曲线对应一个样本，横坐标为 OTU 相对丰度含量按等级降序排列（OTU rank），纵坐标为该 OTU 中序列数的相对百分含量（relative abundance）。如横坐标 100 表示样本中按照相对丰度降序排列在第 100 的 OTU，纵坐标为该等级 OTU 中序列数的相对百分含量（该 OTU 的序列数除以总序列数）

（principal component analysis，PCA）、主坐标分析（principal coordinates analysis，PCoA）、非度量多维尺度分析（nonmetric multidimensional scaling，NMDS）等作图方法将所有样品在二维坐标系中表现出来，从而从侧面反映各个组的 β 多样性及各样品之间的相互关系。

PCA：是一种对数据进行简化分析的技术，这种方法可以有效地找出数据中最"主要"的元素和结构。

通过分析不同样本的菌种群落分布，可以反映出样本间的相似度和差异，运用方差分解，将多组数据的差异反映在二维坐标图上，坐标轴能够充分反映方差值的两个特征值。PCA 图见图 7-9。

PCoA：是一种研究数据相似性或差异性的可视化方法。它与 PCA 类似，通过一系列的特征值和特征向量进行排序后，选择主要排在前几位的特征值，找到距离矩阵中最主要的坐标，结果是数据矩阵的一个旋转，它没有改变样本点之间的相互位置关系，只是改变了坐标系统。两者的区别为 PCA 是基于样本的相似系数矩阵来寻找主成分，而 PCoA 是基于距离矩阵来寻找主坐标。PCoA 图见图 7-10。

NMDS：是一种将多维空间的研究对象简化到低维空间进行定位、分析和归类，同时又保留对象间原始关系的数据分析方法。其特点是根据样本中包含的物种信息，以点的形式反映在多维空间上，而对不同样本间的差异程度，则是通过点与点间的距离体现的，最终获得样本的空间定位点图。NMDS 图见图 7-11。

PCA、PcoA、NMDS 都属于排序分析（ordination analysis）。排序的过程就是在一个可视

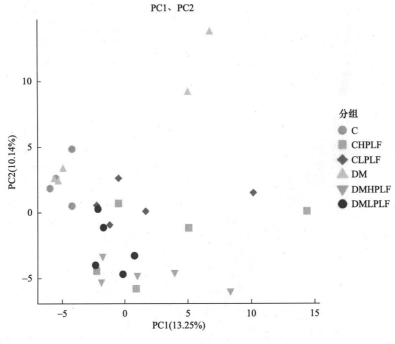

图 7-9　PCA 图

PC1、PC2 分别代表第一和第二主成分，主成分后的百分比代表此成分对样本差异的贡献率，度量了此主成分对原始信息量提取的多少。样品点距离的远近代表了样品中功能分类分布的相似性，距离越近，相似度越高

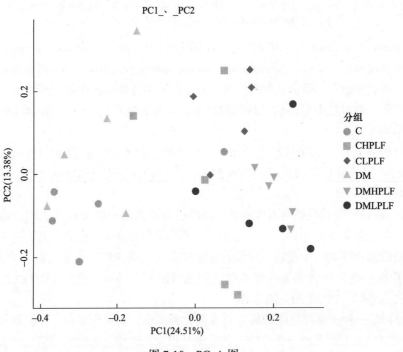

图 7-10　PCoA 图

同一个组的样本使用相同颜色和形状表示。PC1_、_PC2 为第一和第二主坐标得到的 PCoA 图；X 轴与 Y 轴分别代表第一和第二主坐标。主坐标后的百分比代表此坐标对样本差异的贡献率，度量了此主坐标对原始信息量提取的多少。样本点距离的远近代表了样本中微生物群落的相似性，距离越近，相似度越高；聚集在一起的样本由相似的微生物群落构成

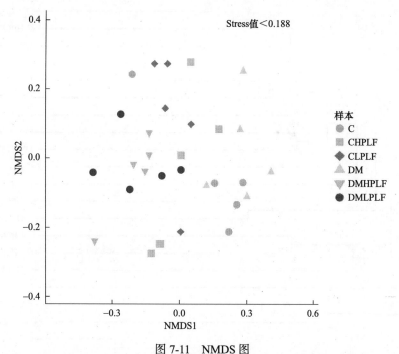

图 7-11　NMDS 图

图中的每个点表示一个样本，点与点之间的距离表示差异程度，同一个组的样本使用同一
种颜色表示。Stress 值小于 0.2 时，说明 NMDS 可以准确反映样本间的差异程度

化的低维空间或平面重新排列这些样本，使样本之间的距离最大程度地反映出平面散点图内
样本之间的关系信息。

（2）UniFrac 距离矩阵　　微生物群落样品间距离即群落之间的不相似性，两个群落越
不相似，它们之间的距离越大。传统生态学上应用较多的布雷 - 柯蒂斯距离（Bray-Curtis
dissimilarity）将不同的 OTU 视为完全没有联系的单位，导致 16 S rRNA 测序数据中丰富的
序列信息没有得到有效的应用，UniFrac 距离解决了这个问题。UniFrac 距离利用测序序列
信息建立的物种系统发育树，考虑了物种的相似度：如果一个群落中的某物种变成另一个群
落中进化关系相近的物种，则视为较小的变化，所反映出的两个群落的距离较小；如果一个
群落中某物变成另一个群落中进化关系较远的物种，则视为较大的变化，两个群落距离较
大。非加权 UniFrac（unweighted UniFrac）只考虑了物种有无的变化，加权 UniFrac（weighted
UniFrac）同时考虑了物种有无和物种丰度的变化。UniFrac 距离可以在 UniFrac 网站进行
在线计算，也可以通过 QIIME 分析流进行计算，二者也都可以直接依据 UniFrac 距离给出
PCA 或 PCoA 图。

（3）UPGMA-Tree 聚类分析　　样本聚类分析是另一种直观表示样品间相互关系的方法。
该方法利用样品间距离的数据，建立样品的系统发生树，反映各个样品的聚类情况，利用各
样本序列间的进化信息来比较环境样本在特定的进化谱系中是否有显著的微生物群落差异。
QIIME 分析流中采用不加权配对组算术方法（unweighted pair group method with arithmetic
mean，UPGMA）进行聚类，并用折刀分析法（jackknifing analysis）验证该系统发生树的稳
健性。图 7-12 为 UPGMA 树图。

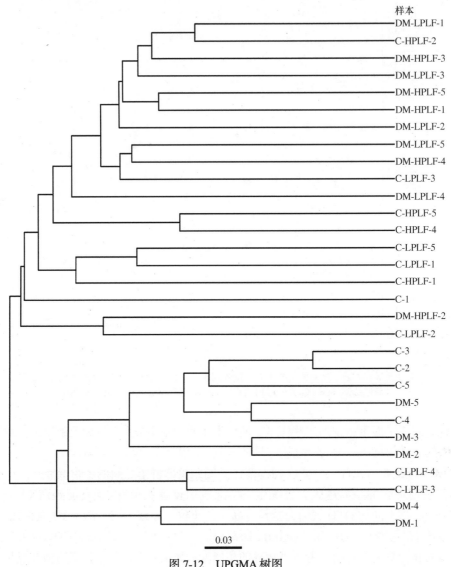

图 7-12　UPGMA 树图

每个分支代表一个样本

（五）组间群落结构差异显著性分析

1. Anosim 组间差异性分析

Anosim 是一种非参数检验，用来检验组间（两组或多组）的差异是否显著大于组内差异，从而判断分组是否有意义。通过对样本间距离矩阵的分析，得到 R 值。对于 Anosim 分析结果，基于两两样本之间的距离值排序得到的秩值（组间为 between，组内为 within），这样任意两组的比较可以获得三个分类的数据，并用 R 语言进行箱线图的绘制，如图 7-13 所示。

2. 微生物分类单位分析

如果微生物群落结构表现出整体的差异，则下一步需要找出群落中具体的分类单位来解释这些差异。找到不同组样品之间有显著差异的分类单位有助于人们发现所研究问题与样本微生物之间的直接关联，其中一些起关键作用的分类单位也可以作为微生物层面上的生物标

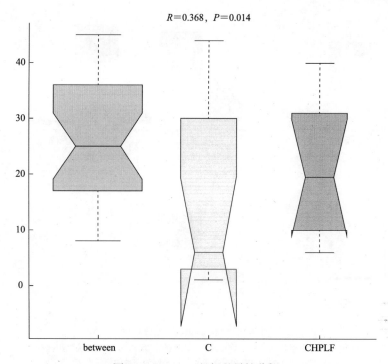

图 7-13　Anosim 组间差异性分析

纵坐标为样本间距离的秩；横坐标中 between 为两组之间的结果，其他两个为各组内的结果。图中
R 值越接近于 1 表示组间差异越大于组内差异，P＜0.05 表示统计具有显著性

志物（biomarker）。

传统的统计学假设检验可以帮助人们找到各个组之间有显著差异的分类单位。近年来，一些专门用于 16 S rRNA 测序数据分类单位相对丰度比较和生物标志物寻找的软件被开发出来，如 Metastats 和 LEfSe，这些软件将统计学方法与已有的生物学信息结合，从而使结果更具有生物学意义。

3. Metastats 差异分析

组间物种组成显著性差异分析根据不同组别的群落丰度数据，运用严格的统计学方法可以检测两组微生物群落中表现出丰度差异的分类，进行稀有频率数据的多重假设检验和假发现率（FDR）分析可以评估观察到的差异的显著性。该分析可选择在门、纲、目、科及属等不同分类学水平上进行，Metastats 差异分析见图 7-14。

4. LEfSe 分析

LEfSe（LDA effect size）是一种用于识别高维生物标识和揭示基因组特征（包括基因、代谢和物种分类）的分析方法。这些生物标识或基因组特征可以显示两个或两个以上生物条件（或者是类群）之间的差异，见图 7-15。

分析软件：LEfSe 在线分析工具，网址为 http://huttenhower.sph.harvard.edu/galaxy/root？tool_id＝lefse_upload。

（六）微生物相关性分析

根据各个物种在各个样品中的丰度及变化情况，计算物种之间的相关性，包括正相关和

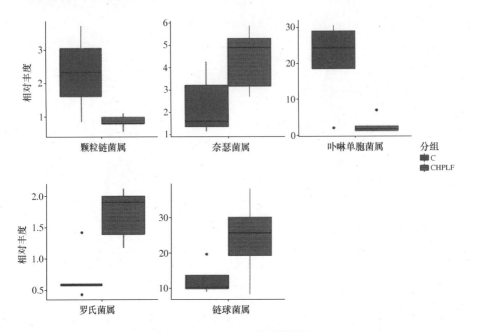

图 7-14　Metastats 差异分析图

图中展示了两组样本中差异最大的 5 个菌种的丰度分布，横坐标为两组样本
差异最大的 5 个菌种分类名称，纵坐标为菌种的相对丰度

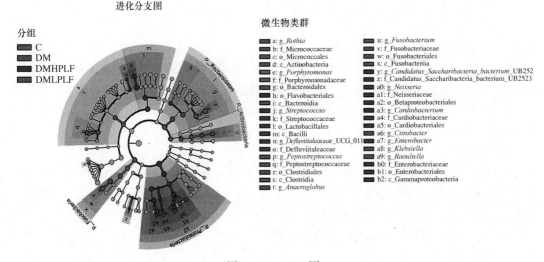

图 7-15　LEfSe 图

物种聚类进化树图中，红色背景区域和绿色背景区域表示不同的分组，树枝中红色节
点表示在红色组别中起重要作用的微生物，绿色节点表示在绿色组别中起重要作用的
微生物类群，黄色节点表示的是在两组中均没有起重要作用的微生物类群

负相关。

　　相关性分析使用 CCREPE（compositionality corrected by RE normalization and PE mutation）
算法，首先对原始 16 S rRNA 测序数据的种属数量进行标准化，然后进行 Spearman 和 Pearson
秩相关分析并进行统计检验，计算出各个物种之间的相关性，之后在所有物种中根据 simscore
绝对值的大小，挑选出相关性最高的前 100 组数据，基于 Cytoscap 绘制共表达分析网络图，

网络图采用两种不同的形式表现出来，见图7-16。

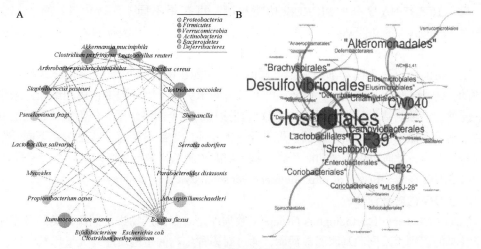

图7-16 物种相关性网络图

物种相关性网络图A：图中每一个点代表一个物种，存在相关性的物种用连线连接，其中，红色的连线代表负相关，绿色的线代表正相关，连线颜色的深浅代表相关性的高低。

物种相关性网络图B：图中每一个点代表一个物种，点的大小表示与其他物种的关联关系的多少，其中与之有相关性的物种数越多，点的半径和字体越大，连线的粗细代表两物种之间相关性的大小，连线越粗，相关性越高

（七）群落功能差异分析

通过上述方法寻找到的关键分类单位在不同组中有显著差异，但它们是否具有特定的生物学功能还需要进一步分析和实验验证。分类单位相对丰度与宿主生理指标的相关性分析可以为分析关键分类单位的功能提供很好的方向。若某一关键分类单位的相对丰度与宿主某一生理指标呈现高度相关性，则该分类单位很可能通过影响该生理指标所反映的宿主代谢过程而影响宿主健康。依据已有数据推测出关键分类单位可能的功能后，开展相应的实验验证往往可以使结果更加具有说服力。

1. PICRUSt 功能预测分析

PICRUSt 是最早被开发的基于 16 S rRNA 基因序列预测微生物群落功能的工具，通过对已有测序微生物基因组的基因功能的构成进行分析后，可以通过 16 S rRNA 测序获得的物种构成推测样本中的功能基因的构成，从而分析不同样本和分组之间在功能上的差异。

PICRUSt 的原理基于已测细菌基因组的 16 S rRNA 全长序列，推断它们的共同祖先的基因功能谱，对 GreenGenes 数据库中其他未测物种的基因功能谱进行推断，构建古菌和细菌域全谱系的基因功能预测谱；最后，将测序得到的菌群组成"映射"到数据库中，对菌群代谢功能进行预测。

通过对宏基因组测序数据功能分析和对应 16 S rRNA 预测功能分析结果的比较发现，此方法的准确性为84%～95%，对肠道微生物菌群和土壤菌群的功能分析接近95%，能非常好地反映样品中的功能基因构成。

为了能够通过 16 S rRNA 测序数据来准确地预测出功能构成，首先需要对原始 16 S rRNA 测序数据的种属数量进行标准化，因为不同的种属菌包含的 16 S rRNA 拷贝数不相同。然后将 16 S rRNA 的种属构成信息通过构建好的已测序基因组的种属功能基因构成表映射获得预测的

功能结果。

基于16 S rDNA序列的PICRUSt功能预测，可获得不同水平（1~3）的KEGG通路（KEGG pathway）的功能基因丰度富集情况。提供COG、KO基因预测及KEGG代谢途径预测。也可使用STAMP软件在不同层级及不同分组之间进行统计分析和制图。

该分析的缺点是古菌和细菌域全谱系的基因功能预测谱是基于GreenGenes数据库进行构建的，GreenGenes版本为gg_13_5，已经长时间未更新，因此很多古菌和细菌并未包含在内。此外，该预测结果只能预测到KEGG代谢途径的某个通路水平，但不能从基因层面预测研究。如果在做宏基因组研究之前，想先看一下关注的通路是否存在或是否在不同分组中存在显著性差异，此时可以先做功能预测，基于功能预测结果进行后续宏基因组实验设计。

PICRUSt在线分析网址：http://huttenhower.sph.harvard.edu/galaxy/。

2. COG构成差异分析

COG（Clusters of Orthologous Groups）数据库是对基因产物进行同源分类的数据库，是一个较早的识别直系同源基因的数据库，通过对多种生物的蛋白质序列大量比较而来。COG构成差异分析可以给出COG构成在组间存在显著差异的功能分类及在各组的比例。

3. KEGG代谢途径差异分析

通过KEGG代谢途径的预测差异分析，可以了解到不同分组的样品之间其微生物群落的功能基因在代谢途径上的差异，以及变化的高低，为了解群落样本的环境适应变化的代谢过程提供一种简便快捷的方法。

4. 基因的差异分析

除了能对大的基因功能分类和代谢途径进行预测外，还能对功能基因的数量和构成进行预测，以及进行样本间与组间的差异分析，并给出具有统计意义和置信区间的分析结果。这一分析对于样本群落的差异可进一步深入到每一类基因的层面。

第二节　宏基因组分析

早期的微生物研究主要依靠纯培养分离的方法，1998年，Handelsman等在研究土壤微生物时将环境中的全部微生物基因组当作研究对象并提出"宏基因组学"的概念，有别于传统的微生物研究，宏基因组学无须分离纯培养微生物，克服了传统研究中大多数微生物不能被大量培养、无法被测序的缺陷，更拓展了微生物的研究方法，可以在群落水平上揭示微生物及其相互之间的作用机制。宏基因组（metagenome）又称为"元基因组"。随着宏基因组学研究技术的发展和研究者兴趣的不断增加，对其研究手段和研究对象的重点也不断发生着变化，大致可以分为以16 S rRNA为主要研究对象的核糖体RNA研究和以环境中所有遗传物质为研究对象的研究。狭义的宏基因组学研究是指后者。这里提到的"宏基因组学"倾向于狭义的概念。

一、宏基因组技术原理

宏基因组包含着环境微生物的全部遗传信息，相比于16 S rDNA来说，宏基因组除了群落中各种微生物的分类信息以外，还包含了所有微生物的基因信息。因此，这种数据更有助于我们对群落潜在的功能进行深入分析。并且通过对基因组大小进行均一化（normalization），可以对群落中的微生物进行相对定量研究。功能基因研究则可以通过测序找到特定环境下富集的功能基因。宏基因组是近年研究的热点，数据量较为庞大，尤其需要高通量的测序技术和高效的数据处理能力作为依托。宏基因组测序具有以下特色。

1）微生物无须分离培养，且通过该技术可以客观还原微生物菌群结构。宏基因组测序技术，无 PCR 扩增环节，可以避免非特异性扩增问题，并且可以完整呈现微生物菌群的结构。

2）在客观还原菌群结构的基础上，同时可以对群落微生物的功能进行研究。基于 16 S rRNA 的微生物多样性研究方法，可以基于物种丰度进行功能丰度的预测，但是不能更进一步探究微生物的具体功能。而传统的微生物基因组方法，也需要构建大量的克隆筛选文库，才能获得微生物的功能基因。

宏基因组测序可以直接基于环境中的所有微生物的基因序列，进行微生物基因的相关功能研究。

二、宏基因组测序流程

宏基因组测序分析以环境样品中全部 DNA 序列为研究对象，其基本流程：①从环境样品中直接提取全部微生物的基因组 DNA；②用酶切或超声波方法打断 DNA，构建质粒文库，进行测序；③对测序数据进行预处理以去除低质量和污染的序列；④用拼装软件对预处理后序列进行拼装，得到重叠序列（contigs）和拼装序列（scaffolds）；⑤对拼装好的 DNA 拼装序列进行基因预测；⑥通过比对分析和数据库搜索分析对预测基因进行物种分类注释和功能注释。

（一）DNA 提取

提取的样品 DNA 必须可以代表特定环境中微生物的种类，尽可能代表自然状态下的微生物原貌，获得高质量环境样品中的总 DNA 是宏基因组文库构建的关键之一。要采用合适的方法，既要尽可能地完全抽提出环境样品中的 DNA，又要保持较大的片段以获得完整的目的基因或基因簇。所以提取总是在最大提取量和最小剪切力之间折中。应严格操作，谨防污染，并且保持 DNA 片段的完整和纯度。已有许多商品化宏基因组 DNA 提取试剂盒可用，同时很多实验室仍致力于宏基因组 DNA 提取方法的改进。

常用的提取方法有直接裂解法和间接提取法（细胞提取法）。直接裂解法是将环境样品直接悬浮在裂解缓冲液中处理，继而抽提纯化，包括物理法（如冻融法、超声法、玻璃珠击打法、液氮研磨法等）和化学法、酶法等。不同直接裂解法的提取方法的差别在于细胞破壁的方式不同。此法操作容易、成本低、DNA 提取率高、重复性好，但由于强烈的机械剪切作用，所提取的 DNA 片段较小（1~50 kb），难以完全去除酚类物质。细胞提取法先采用物理方法将微生物细胞从环境中分离出来，然后采用较温和的方法抽提 DNA，如先采用密度梯度离心分离微生物细胞，然后包埋在低熔点琼脂糖中裂解，脉冲场凝胶电泳回收 DNA。此法可获得大片段 DNA（20~500 kb）且纯度高，但操作烦琐，成本高，有些微生物在分离过程中可能丢失，温和条件下一些细胞壁较厚的微生物 DNA 也不容易抽提出来。

需要注意的是，环境样品中的诸多因素如酚类化合物及高浓度的金属离子会干扰提取及下游基因工程操作中工具酶的活性，应尽量排除。此外，土壤中含有的腐殖酸类物质可以用聚乙烯吡咯烷酮（PVP）或漆酶来处理。用于 RNA 提取的土壤样品可以加入 RNA later 避免 RNA 的降解。

为了更好地反映环境中的微生物种群并且提高阳性克隆的占有率,需要在克隆之前通过不同的方法对感兴趣的目的基因或基因组进行富集,一个比较好的富集方法是稳定同位素示踪技术。而在采集一些低营养环境(如极地环境或岩石)样品无法获得足够克隆的 DNA 时,可运用新兴的多重置换扩增技术(multiple displacement amplification,MDA)从少量细胞中获得更多的遗传信息。

(二)文库构建及测序

文库构建及测序的具体步骤见图 7-17。

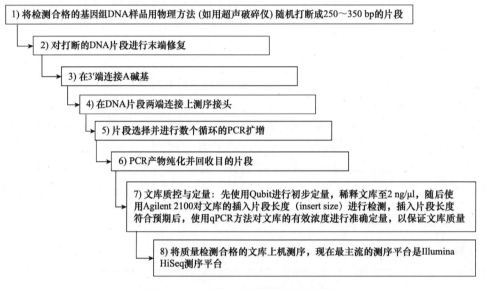

图 7-17 文库构建及测序的具体步骤

(三)数据评估及质控

数据评估及质控流程见图 7-18。在测序过程中,计算机通过处理荧光图像数据来确定碱基,同时给出质量评分。根据荧光图像上的位置坐标,计算机按照顺序将测得的碱基连起来形成测序片段(reads)。由于序列污染和测序错误等因素,测序仪读出的测序片段难免存在碱基质量问题,因此在拼接前必须对数据进行评估和质控,以保证拼接质量。

1. 原始序列数据

IIumina Hiseq 得到的原始图像数据文件经 CASAVA 碱基识别(base calling)分析转化为原始测序序列(sequenced reads),称为 Raw Data 或 Raw Reads,结果以 FASTQ 文件格式存储。

2. 原始数据质量评估

对原始数据质量值等信息进行统计,并使用 FastQC 对样本的测序数据质量进行可视化评估。Hiseq 测序是双端测序,每条测序片段长度为 150 bp。随着测序的进行,酶的活性会逐步下降,因此到达一定测序长度后,碱基质量值也会随之下降。碱基质量分布见图 7-19,碱基含量分布见图 7-20。

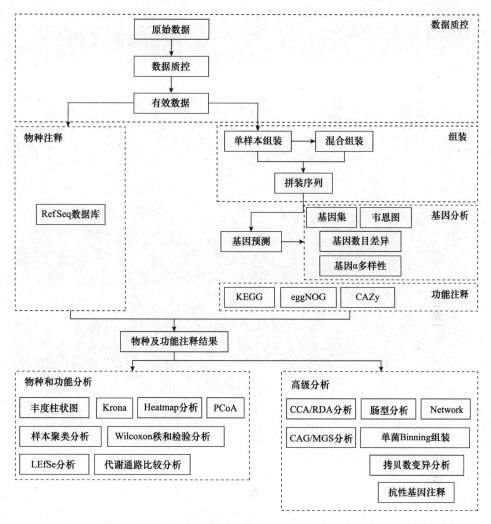

图 7-18 数据评估及质控流程

CAZy. 碳水化合物酶；eggNOG. 同源基因簇；Heatmap. 热图；PCoA. 主坐标分析；Network. 网络图分析；
CAG. 丰度共变化基因类群；MGS. 差异基因聚类

3. 数据质控

测序得到的原始数据中含有带接头的、低质量的序列。为了保证信息分析质量，必须对原始数据进行过滤，得到有效数据（clean data）。

使用 Trimmonmatic 进行数据处理，步骤如下。

1）去除带 N 碱基数目≥3 的序列。

2）去除测序片段中的接头序列。

3）从测序片段 3' 到 5' 方向去除低质量碱基（质量值<20）。

4）从测序片段 5' 到 3' 方向去除低质量碱基（质量值<20）。

5）使用滑窗法去除测序片段尾部质量值在 20 以下的碱基（窗口大小为 5 bp）。

6）去除测序片段长度小于 35 nt 的测序片段本身及其配对测序片段。

7）如果样品存在宿主污染，需与宿主数据库进行比对，过滤掉可能来源于宿主（默认采用 SoapAligner 软件，参数设置：identity≥90%，−1 30，−v 7，−M 4，−m 200，−x 400）的

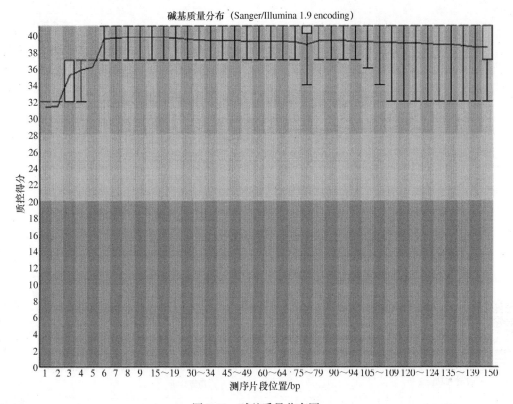

碱基质量分布（Sanger/Illumina 1.9 encoding）

图 7-19　碱基质量分布图

横坐标为测序片段碱基位置，纵坐标为所有测序片段在该碱基位置上的质控得分。红色表示中位
数，黄色是 25%～75% 区间，触须是 10%～90% 区间，蓝线是平均数

测序片段。

（四）基因组拼装

由于新一代测序技术的测序片段较短，长度一般是几十至几百碱基对，故需将这些测序片段组装成较长的序列，便于后续的分析处理。基因组装即把测序片段拼装成重叠序列，再由重叠序列拼装成拼装序列。拼装序列也被称为 Super Contigs 或 Meta Contigs，拼装输入文件格式大部分是 FASTA。与单个基因组拼装不同的是，宏基因组拼装最终得到的是环境样品中全部微生物的混合拼装序列。针对高通量测序数据，出现了多种拼装算法和软件。

1. 常用的基因拼装软件

目前拼装方法主要有两类，即针对有参考基因组的重测序数据及针对无参考基因组的从头测序数据。对于之前未被测定过基因组序列的物种，并没有参照基因组可供使用，于是只能采用从头测序方式，将测序仪读出的一条条测序片段拼接组装成一个较为完整的基因组序列。针对从头测序的数据，目前主要有三种拼装算法，即基于重叠图（overlap-layout-consensus，OLC）的算法、基于 de Bruijn Graph（DBG）的算法及基于 Sparsede de Bruijn Graph 的算法。

基于重叠图算法的软件主要用于第一代测序技术产生的数据。主要有 Celera Assemble、PCAP 和 Arachne。基于 de Bruijin Graph 和 Sparse de Bruijn Graph 的算法主要用于第二代测序技术产生的数据。使用前者的软件主要有 SOAPdenovo、Abyss、Velvet、SSAKE 和 Eule。使用 Sparse de Bruijin Graph 算法的软件为 Sparse Assembler。以 DBG 算法为基础的软件中，

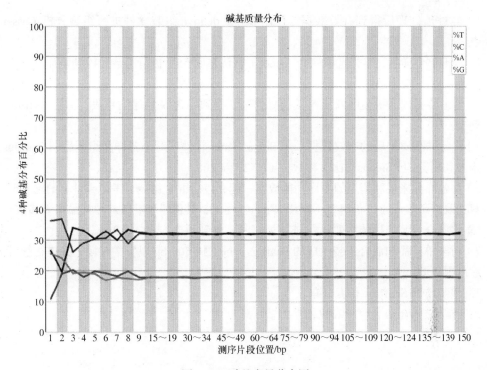

图 7-20 碱基含量分布图

G和C碱基及A和T碱基含量每个测序循环上应分别相等，且整个测序过程稳定不变，呈水平线。由于随机引物扩增偏差等原因，常会在测序得到的每个测序片段前6～7个碱基有较大波动，这种波动属于正常情况

SOAP denovo 速度最快，主要用于较大数据库的组装；Abyss 软件内存需求最小；Velvet 适用于极短读长的组装，能很好地消除序列错误，解决重复问题；SSAKE 拼接结果的 N50（N50 可作为拼装效果的指标，N50 较大时表明组装效果较好）较大，但拼接错误率很高，且运行时间和内存消耗都很大；Euler 在单末端短序列测序片段组装中，N50 最大，但错误率也较高。目前，Sparse Assembler 内存需求最小，运行时间较快，N50 较大，组装效果很好。因此，使用者应根据自己数据的特点，选择适合的软件进行分析。表 7-3 列出了基因组拼装常用软件的算法、名称和网址。

表 7-3 基因组拼装常用软件列表

算法	软件名称	网址
overlap-layout-consensus（OLC）	Celera Assember	http://www.mybiosoftware.com/assembly-tools/749
	Archne	http://steel.lcc.gatech.edu/ ～ marleigh/arachne/download.html
de Bruijin Graph	SOAPdenovo	http://github.com/aquaskyline/SOAPdenovo2
	Abyss	http://www.aprelium.com/abyssws/
	Velvet	http://www.ebi.ac.uk/～zerbino/velvet/
	SSAKE	http://www.bcgsc.ca/platform/bioinfo/software/ssake/
Sparse de Bruijin Graph	SparseAssembler	http://sourceforge.net/projects/sparseassembler/files/latest/download

2. 具体示例

使用 SOAP denovo（版本：2-src-r240，参数：-d 1 -M 3 -D 1 -F）组装软件进行组装。

1）经过预处理后得到有效数据，使用 SOAP denovo 组装软件进行组装分析（assembly analysis）。

2）对于单个样品，首先选取一个 *K*-mer（默认选取 55）进行组装，得到该样品的组装结果；组装参数：-d1，-M3，-R，-u，-F。

3）将组装得到的拼装序列从 N 连接处打断，得到不含 N 的序列片段，称为 Scaftigs（连续序列）。

4）将各样品质控后的有效数据采用 SoapAligner 软件比对至各样品组装后的 Scaftigs 上，获取未被利用上的 PEreads；比对参数：-u，-2，-m200。

5）将各样品未被利用上的测序片段放在一起，进行混合组装，考虑到计算消耗和时间消耗，只选取一个 *K*-mer 进行组装（默认 *K*-mer 为 55），其他组装参数与单样品组装参数相同。

6）将混合组装的拼装序列从 N 连接处打断，得到不含 N 的 Scaftigs。

7）对于单样品和混合组装生成的 Scaftigs，过滤掉 500 bp 以下的片段，并进行统计分析和后续基因预测。

3. 组装结果 Scaftigs 长度分布

组装结果 Scaftigs 长度分布见图 7-21。

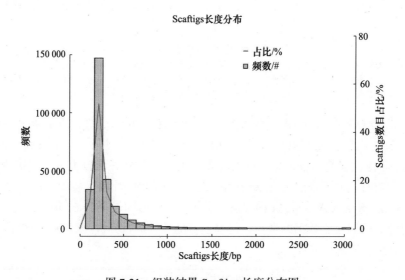

图 7-21　组装结果 Scaftigs 长度分布图

*X*轴表示 Scaftigs 的长度值，大于 3000 统一看作 3000；左侧的 *Y*轴（frequence）表示 Scaftigs 的数目（频数），右侧的 *Y*轴表示 Scaftigs 数目占 Scaftigs 总数的百分比（percentage）

（五）物种注释及丰度分析

1. 物种注释基本步骤

使用 DIAMOND 软件将 Unigenes 与从 NCBI 的 NR 数据库中抽提出的细菌（bacteria）、真菌（fungi）、古菌（archaea）和病毒（viruses）序列进行比对（blastp，*e* 值≤-5）。

NR 数据库：非冗余蛋白质的氨基酸序列数据库（RefSeq non-redundant proteins），包含了 SwissProt、PIR（Protein Information Resource）、PRF（Protein Research Foundation）、PDB（Protein Data Bank）蛋白质数据库非冗余的数据，以及从 GenBank 和 RefSeq 的 CDS 数据翻

译来的蛋白质数据。下载地址：https://ftp.ncbi.nlm.nih.gov/blast/db/FASTA/。

比对结果过滤：对于每一条序列的比对结果，选取 e 值≤最小 e 值×10 的比对结果进行后续分析。

过滤后，由于每一条序列可能会有多个比对结果，得到多个不同的物种分类信息，为了保证其生物意义，采取最近公共祖先（lowest common ancestor, LCA）算法（应用于 MEGAN 软件的系统分类），将出现第一个分支前的分类级别，作为该序列的物种注释信息。

从 LCA 注释结果及基因丰度表出发，获得各个样品在各个分类层级（界、门、纲、目、科、属、种）上的丰度信息，对于某个物种在某个样品中的丰度，等于注释为该物种的基因丰度的加和。

从 LCA 注释结果及基因丰度表出发，获得各个样品在各个分类层级上的基因数目表，对于某个物种在某个样品中的基因数目，等于在注释为该物种的基因中丰度不为 0 的基因数目。

从各个分类层级上的丰度表出发，进行 Krnoa 分析，相对丰度概况展示，丰度聚类热图展示，PCA 和 NMDS 降维分析，Anosim 组间（内）差异分析，组间差异物种的 Metastat 和 LEfSe 多元统计分析。

2. 单样本多级物种组成图

利用 Krona 软件对物种注释结果进行可视化展示，圆圈图的各层依次代表物种的分类级别，扇形的大小代表注释物种的比例。单个样品的结果展示如图 7-22 所示。

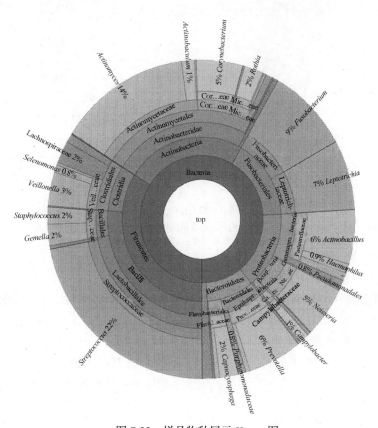

图 7-22　样品物种展示 Krona 图

图中圆圈从内到外依次代表不同的分类级别（界、门、纲、目、科、属、种），扇形大小表示物种的相对比例

3. 基于 GraPhlAn 的分类学组成信息可视化

根据样本的物种或功能丰度分析结果，选出优势物种或功能，结合物种、功能层级信息，将其可视化和注释（图 7-23）。

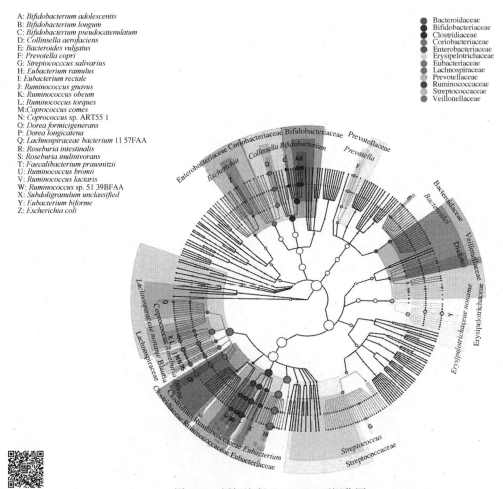

图 7-23 层级注释 GraPhlAn 可视化图

分类等级树展示了样本总体中，从门到属（从内圈到外圈依次排列）所有分类单元（以节点表示）的等级关系，节点大小对应于该分类单元的平均相对丰度，字母上的阴影颜色同对应节点颜色一致

4. 物种相对丰度概况

从不同分类层级的相对丰度表出发，选取出各样品中的最大相对丰度排名前 15 的物种，绘制出各样品对应的物种注释结果在不同分类层级上的相对丰度柱形图（图 7-24）。

5. 基于物种相对丰度聚类分析

从不同分类层级的相对丰度表出发，选取丰度排名前 35 的属及它们在每个样品中的丰度信息绘制热图，并从物种层面进行聚类，便于结果展示和信息发现，从而找出样品中聚集较多的物种，结果展示于图 7-25。

6. 基于物种丰度的降维分析

（1）PCA 主成分分析（PCA）是一种研究数据相似性或差异性的可视化方法，通过一

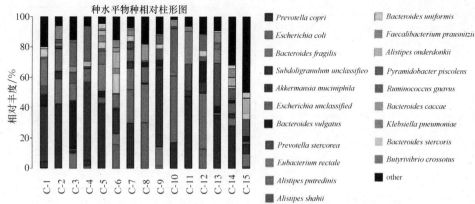

图 7-24 种水平物种相对柱形图

横轴表示样品名称；纵轴表示注释到某类型的物种的相对比例；各颜色区块对应的物种类别见右侧图例

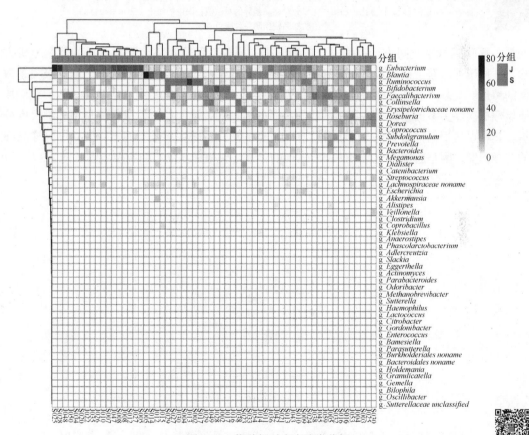

图 7-25 物种相对丰度聚类分析

系列的特征值和特征向量进行排序后，选择主要的前几位特征值，采取降维的思想，PCA 可以找到距离矩阵中最主要的坐标，结果是数据矩阵的一个旋转，它没有改变样品点之间的相互位置关系，只是改变了坐标系统。PCA 可以观察个体或群体间的差异。图 7-26 每一个点代表一个样本，相同颜色的点来自同一个分组，两点之间距离越近表明两者的群落构成差异越小。

（2）NMDS　非度量多维尺度分析（NMDS）是一种将多维空间的研究对象（样本或

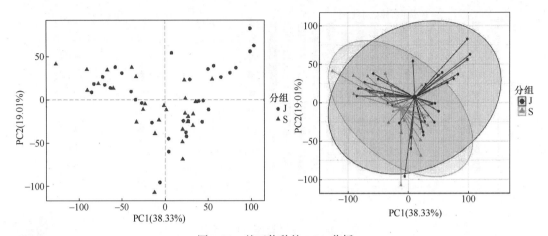

图 7-26　基于物种的 PCA 分析

种水平 PCA 分析，横坐标表示第一主成分，百分比则表示第一主成分对样品差异的贡献值；纵坐
标表示第二主成分，百分比表示第二主成分对样品差异的贡献值；图中的每个点表示一个样品，同
一个组的样品使用同一种颜色表示

变量）简化到低维空间进行定位、分析和归类，同时又保留对象间原始关系的数据分析方法。适用于无法获得研究对象间精确的相似性或相异性数据，仅能得到它们之间等级关系数据的情形。其基本特征是将对象间的相似性或相异性数据看成点间距离的单调函数，在保持原始数据次序关系的基础上，用新的相同次序的数据列替换原始数据进行度量型多维尺度分析。其特点是根据样品中包含的物种信息，以点的形式反映在多维空间上，而对不同样品间的差异程度，则是通过点与点间的距离体现的，最终获得样品的空间定位点图（图 7-27）。

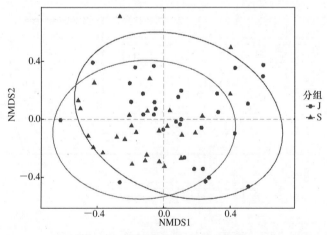

图 7-27　基于物种的 NMDS 分析

属水平 NMDS 分析，图中的每个点表示一个样品，点与点之间的距离表示差异程度，同一个组的样
品使用同一种颜色表示；Stress 值小于 0.2 时，表明 NMDS 分析具有一定的可靠性

7. 组间差异物种的 LEfSe 分析

为了筛选组间具有显著差异的物种生物标记物（biomarker），首先通过秩和检验的方法检测不同分组间的差异物种并通过 LDA（线性判别分析）实现降维并评估差异物种的影响大小，即得到 LDA 值；组间差异物种的 LEfSe 分析结果包括三部分，分别是 LDA 值分布柱状图、进化分支图（系统发育分布）和组间具有统计学差异的生物标记物在不同组中丰度比较

图。差异物种的进化分支图如图 7-28 所示，差异物种的 LDA 值分布如图 7-29 所示。

进化分支图

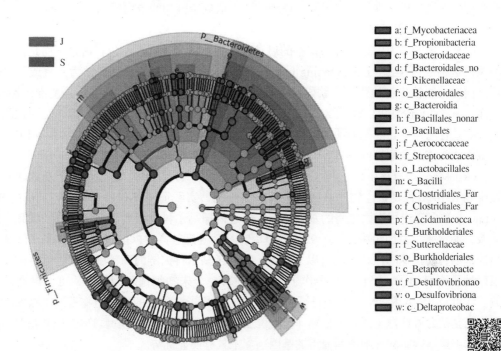

图 7-28　差异物种的进化分支图

由内至外辐射的圆圈代表了由门至属（或种）的分类级别。在不同分类级别上的每一个小圆圈代表该水平下的一个分类，小圆圈直径大小与相对丰度大小成正比。着色原则：无显著差异的物种统一着色为黄色，差异物种生物标记物跟随组进行着色，红色节点表示在红色组别中起到重要作用的微生物类群，绿色节点表示在绿色组别中起到重要作用的微生物类群。图中英文字母表示的物种名称在右侧图例中进行展示

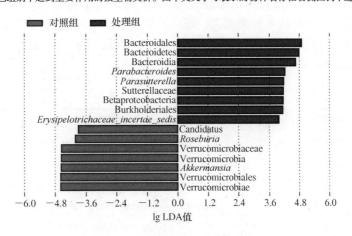

图 7-29　差异物种的 LDA 值分布图

LDA 值分布柱状图中展示了 LDA 值大于设定值（默认设置为 3）的物种，即组间具有统计学差异的生物标记物，柱状图的长度代表差异物种的影响大小（LDA 值）

（六）基因预测及丰度分析

　　基因预测一般用于预测 DNA 序列中编码蛋白质氨基酸序列的部分，即预测结构基因。

目前的方法主要有两类：一类是基于序列相似性的预测方法，即以 mRNA 或蛋白质序列为线索，在 DNA 序列中搜寻所对应的片段进行基因预测；另一类是基于统计学模型的预测方法，即利用数学统计模型进行基因预测，这种方法不依赖于已知的蛋白质编码 DNA 序列。

1. 常用的基因预测软件

原核生物的基因中具有容易识别的启动子序列，且原核基因不包含内含子而是仅由连续的编码区构成可读框（open reading frame，ORF），这些 ORF 的长度通常为几百或几千碱基对；同时，原核生物的蛋白质编码区具有一些容易辨别的特征，因此基因预测准确性较高。然而，真核生物的基因结构相对复杂，具有明显的外显子 - 内含子结构，因此基因预测相对复杂。适合原核生物的基因预测软件主要有 GeneMark、Glimmer、FGENESB 和 MED。适合真核生物的基因预测软件主要有 GENSCAN、FGENESH、TwinScan 和 HMMgene。

GeneMark 对原核生物、真核生物和病毒均能进行基因预测，曾被应用于对约 200 种原核生物和 10 多种真核生物的基因组进行基因预测，实践证明其是一个高效、准确的软件。Glimmer 被广泛应用于微生物的基因预测，通过内插马尔科夫模型识别出编码区域和非编码区域，能预测出基因组中 97%～98% 的基因，且精确度较高。FGENESB 主要用于细菌基因组的基因自动预测和注释，具有以下特点：①基于马尔科夫链的高精度的基因预测；②可以很好地预测启动子、终止子和操作子；③在注释一个未知细菌基因组时，可以自动设定参数；④可对 tRNA 和 rRNA 基因进行绘图。MED 运用了一种新的原核生物基因预测算法，该算法的基础为可读框（ORF）和翻译起始位点（TIS）的综合统计模型。MED 2.0 在对 GC 含量高的细菌基因组和古细菌基因组的基因预测上具有明显优势。

GENESCAN 是基于广义隐马尔科夫模型的基因预测软件，通过建立整体结构模型对基因进行预测。它是不依赖现有的数据库的从头预测软件，曾被用于人类及脊椎动物基因组的基因预测。FGENESH 应用隐马尔科夫模型，主要对植物基因进行预测，准确度和速度均高于 GENESCAN 等其他预测软件。由华盛顿大学开发的 TwinScan 适用于真核生物基因预测，它主要通过基因组序列比较来预测基因，准确性较 GENESCAN 要高。HMMgene 是基于隐马尔科夫模型的基因预测软件，主要用于预测 DNA 序列中的基因。表 7-4 列出了上述基因预测软件的名称和网址。

表 7-4　基因预测常用软件列表

类别	软件名称	网址
适合于原核生物	GeneMark	http://opal.biology.gatech.edu/GeneMark/
	Glimmer	http://cbcb.umd.edu/software/glimmer/
	FGENESB	http://linux1.softberry.com/berry.phtml？topic＝fgenesb&group＝programs&subgroup＝gfindb
	MED	http://ctb.pku.edu.cn/main/SheGroup/Software/MED2.htm
适合于真核生物	GENSCAN	http://genes.mit.edu/GENSCAN.html
	FGENESH	http://nhjy.hzau.edu.cn/kech/swxxx/jakj/dianzi/Bioinf6/GeneFinding/GeneFinding2.htm
	TwinScan	http://mblab.wustl.edu/nscan/submit/
	GeneMark	http://opal.biology.gatech.edu/GeneMark/
	HMMgene	http://www.cbs.dtu.dk/services/HMMgene/

2. 基因预测及丰度分析的基本步骤

本节主要以 GeneMark 为例对基因进行预测。

从各样品及混合组装的拼装序列（≥500 bp）出发，采用 MetaGeneMark 进行 ORF 预测，并从预测结果出发，过滤掉长度小于 100 nt 的信息；预测参数采用默认参数进行。

基因去冗余：对各样品及混合组装的 ORF 预测结果，采用 CD-HIT 软件进行去冗余，以获得非冗余的初始基因集（gene catalogue）（此处，操作上，将非冗余的连续基因编码的核酸序列称为 genes），默认以相似度（identity）95%、覆盖度（coverage）90% 进行聚类，并选取最长的序列为代表性序列；采用参数：-c 0.95，-G 0，-aS 0.9，-g 1，-d 0。

采用 SoapAligner，将各样品的有效数据比对至初始基因集，计算得到基因在各样品中比对上的测序片段数目；比对参数：-m 200，-x 400，相似度≥95%。过滤掉在各个样品中支持测序片段数目≤2 的基因，获得最终用于后续分析的基因集（Unigenes）。

从比对上的测序片段数目及基因长度出发，计算得到各基因在各样品中的丰度信息，得到基因丰度表。

基于基因集中各基因在各样品中的丰度信息，进行基本信息统计、Core-Pan 基因分析、样品间相关性分析及基因数目韦恩图分析。

3. 基因长度分布图

预测基因长度分布见图 7-30。

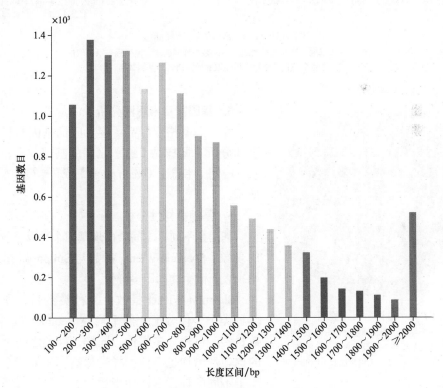

图 7-30　预测基因长度分布图

横轴为长度区间，纵轴为该区间内的预测基因数目，由于长度在 2000 bp 以上的序列长度范围很广，故将其缩并在一起

4. *Core-Pan* 基因分析

从基因在各样品中的丰度表出发，可以获得各样品的基因数目信息，通过随机抽取不同数目的样品，可以获得不同数目样品组合间的基因数目，由此构建和绘制 *Core* 和 *Pan* 基因的稀释曲线，如图 7-31 所示。

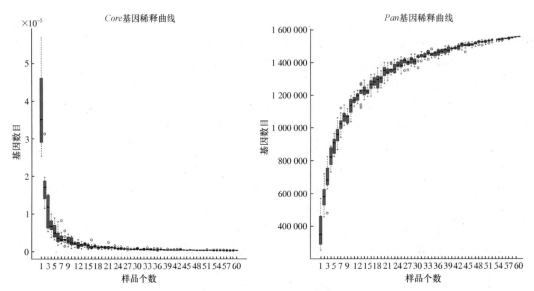

图 7-31 *Core-Pan* 基因稀释曲线

左图为 *Core* 基因稀释曲线；右图为 *Pan* 基因稀释曲线。横坐标表示抽取的
样品个数；纵坐标表示抽取的样品组合的基因数目

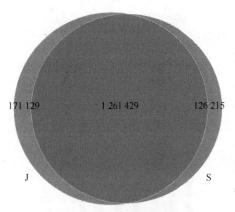

图 7-32 基因数目韦恩图

每个圈代表一个样品；圈和圈重叠部分的数字代表
样品之间共有的基因个数；没有重叠部分的数字代
表样品的特有基因个数；J 和 S 代表不同的样本

5. 基因数目韦恩图分析

为了考察指定样品（组）间的基因数目分布情况，分析不同样品（组）之间的基因共有、特有信息，绘制了韦恩图（Venn graph）或花瓣图，如图 7-32 所示。

6. 基因多样性分析

基因在不同样本间会出现基因个数及丰度有差异的现象，Shannon-Wiener 指数与 Simposon 指数常被用来表征微生物基因多样性。

Shannon-Wiener 指数：①种类数目，即丰度；②种类中个体分配上的平均性（equitability）。种类数目多，可增加多样性；同样，种类之间个体分配的均匀性增加也会使多样性提高。如果每个个体都属于不同的种，多样性指数就大；如果每个个体都属于同一种，则多样性指数就小。

Simposon 指数：随机取样的两个个体属于不同种的概率，群落中种属越多，各种个体分配越均匀，指数越高，表明多样性越好。

（七）功能注释及丰度分析

目前，基因注释主要通过序列比对来完成，即对两条（或多条）核酸或蛋白质序列进行排列，获得最大的相似性（核酸）或保守性（蛋白质），并据此来评价序列间的相似性和同源程度。序列比对是数据库搜索算法的基础，通过将查询序列与数据库中所有序列进行比对，可从数据库中获得与其相似程度最高的序列，且通过这些高相似度序列的功能信息，便能推测查询序列相关功能信息。对于宏基因组研究，基因功能和物种分类信息主要通过计算机程序软件与已有数据库中已注释的基因（ORF）进行序列比对而获得。

1. 常用的基因注释数据库

KEGG（Kyoto Encyclopedia of Genes and Genomes）是一个关于基因功能注释方面的综合性数据库，包括基因的功能、分类、代谢通路（KEGG 通路数据库，是 KEGG 最核心的数据库）等诸多方面的信息。KEGG 数据库于 1995 年由 Kanehisa Laboratories 推出 0.1 版，目前发展为一个综合性数据库，其中最核心的为 KEGG 通路和 KEGG orthology 数据库。在KEGG orthology 数据库中，将行使相同功能的基因聚在一起，称为 Ortholog Groups（KO entries），每个 KO 包含多个基因信息，并在一至多个通路中发挥作用。

KEGG 通路数据库将生物代谢通路划分为六大类（A 级分类），分别为新陈代谢（metabolism）、遗传信息处理（genetic information processing）、环境信息处理（environmental information processing）、细胞过程（cellular processes）、生物体系统（organismal systems）、人类疾病（human diseases），其中每大类又被系统分类为 B、C、D 3 个级别。其中 B 级分类目前包括有 43 种子功能；C 级分类为代谢通路图；D 级分类为每个代谢通路图的具体注释信息。

eggNOG 数据库是利用 Smith-Waterman 比对算法对构建的基因直系同源簇（orthologous groups）进行功能注释，eggNOG（v4.5）目前涵盖了 2031 个物种，构建了包含 25 个大类、约 19 万个直系同源簇。

CAZy 数据库是研究碳水化合物酶的专业级数据库，主要涵盖六大功能类：糖苷水解酶（glycoside hydrolase，GH）、糖基转移酶（glycosyl transferase，GT）、多糖裂合酶（polysaccharide lyase，PL）、碳水化合物酯酶（carbohydrate esterase，CE）、辅助氧化还原酶（auxiliary activitie，AA）和碳水化合物结合模块（carbohydrate-binding module，CBM）。其中每一个大类有可以分类很多小的家族，如 CE1、CE2 等，注释结果中的 CE0 表示没有小家族分类的结果。

抗生素抗性基因数据库（Comprehensive Antibiotic Resistance Database, CARD, http://card.mcmaster.ca）用来注释抗生素抗性基因。

VFDB（Virulence Factors Database）用来注释毒力基因。

2. 功能注释基本步骤

使用 DIAMOND 软件将 Unigenes 与各功能数据库进行比对（blastp，e 值≤$1.0×10^{-5}$）；比对结果过滤：对于每一条序列的比对结果，选取得分最高的比对结果（one HSP > 60 bits）进行后续分析；从比对结果出发，统计不同功能层级的相对丰度（各功能层级的相对丰度等于注释为该功能层级的基因的相对丰度之和），其中，KEGG 数据库划分为 5 个层级，eggNOG 数据库划分为 3 个层级，CAZy 数据库划分为 3 个层级，各数据库的详细划分层级如表 7-5 所示。

表 7-5　不同数据库不同的功能层级

数据库名称	划分层级	该层级的描述
KEGG	Level 1	KEGG 代谢通路第一层级六大代谢通路
KEGG	Level 2	KEGG 代谢通路第二层级 43 种子通路
KEGG	Level 3	KEGG 通路 id（如 ko00010）
KEGG	ko	KEGG 直系同源群（如 K00010）
KEGG	ec	KEGG EC 号（如 EC3.4.1.1）
eggNOG	Level 1	24 大功能类
eggNOG	Level 2	ortholog group 描述
eggNOG	og	直系同源群 ID
CAZy	Level 1	六大功能类
CAZy	Level 2	CAZy 科
CAZy	Level 3	EC 号

从功能注释结果及基因丰度表出发，获得各个样品在各个分类层级上的基因数目表，对于某个功能在某个样品中的基因数目，等于在注释为该功能的基因中丰度不为 0 的基因数目；从各个分类层级上的丰度表出发，进行注释基因数目统计，相对丰度概况展示，丰度聚类热图展示，PCA 和 NMDS 降维分析，基于功能丰度的 Anosim 组间（内）差异分析，代谢通路比较分析，组间功能差异的 Metastat 和 LEfSe 分析。

3. 功能注释统计

综合各个数据库的注释结果，分别统计其注释基因的个数及比率，然后绘制柱状图（图 7-33）和韦恩图（图 7-34），并生成基因注释总表。

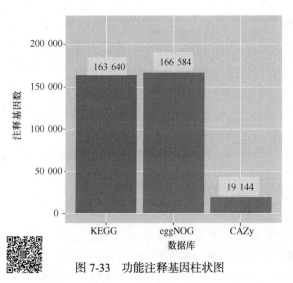

图 7-33　功能注释基因柱状图

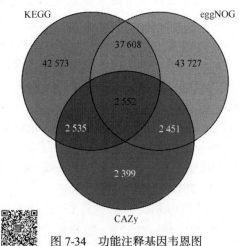

图 7-34　功能注释基因韦恩图

4. 功能注释结果分类分析

根据基因在各个数据库中的分类信息，统计各个数据库各个分类上注释的基因数，然后绘制柱状图（图 7-35）。其中，KEGG 统计 B 级分类上的注释结果，eggNOG 统计 A 级分类上的注释结果，CAZy 统计 A 级分类上的结果。

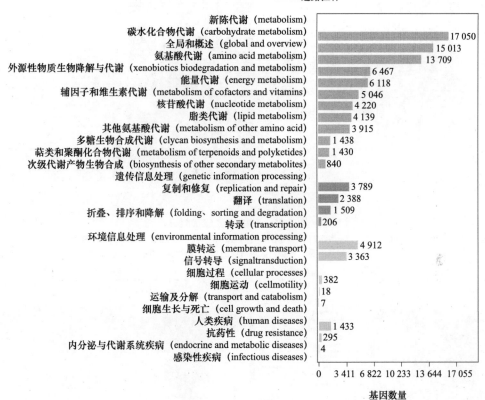

图 7-35 功能注释结果分类

图中 X 轴为注释上基因的数量，图中 Y 轴为通路的分类信息，其中黑色部分为 A 级分类，有颜色的部分为 B 级分类，图中没有展示的分类说明其注释到的基因个数为 0

5. 功能丰度分析

根据基因在各个数据库中的分类信息，结合基因在各个样品中的丰度表，可以得到各数据库在不同层级上的相对丰度信息。其中，KEGG 分为三个层次（第一层为生物代谢通路，第二层为子功能，第三层为代谢通路图），eggNOG 分为三个层次（第一层为二级功能分类，第二层为功能描述，第三层为 eggNOG 编号），CAZy 共分为两个层次（第一层为六大功能类，第二层为子功能）。

利用各数据库第一层级（A 级）的相对丰度表，绘制出各个数据库中各样品对应的在第一层级上的统计图（图 7-36）。

6. 功能丰度聚类热图

根据所有样品在各个数据库中的功能注释和丰度信息，选取丰度排名前 35 的功能及它们在每个样品中的丰度信息绘制热图，并从功能和样品两个层级进行聚类（图 7-37）。

7. 基于功能丰度的降维分析

基于不同数据库在各个分类层级的功能丰度进行 PCA 和 NMDS 降维分析，如果样品的功能组成越相似，则它们在降维图中的距离越接近。基于 KEGG 的 KO、eggNOG 的 OG 和

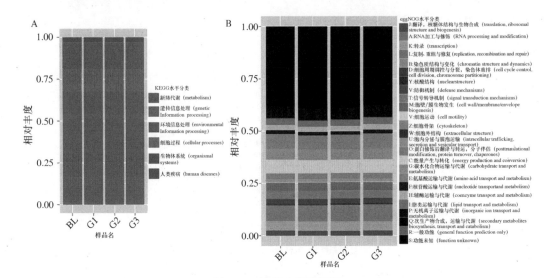

图 7-36 功能丰度柱状图

A 为 KEGG、B 为 eggNOG 的结果展示。纵轴表示注释到某功能类的相对比例；横轴表
示样品名称；各颜色区块对应的功能类别见右侧图例

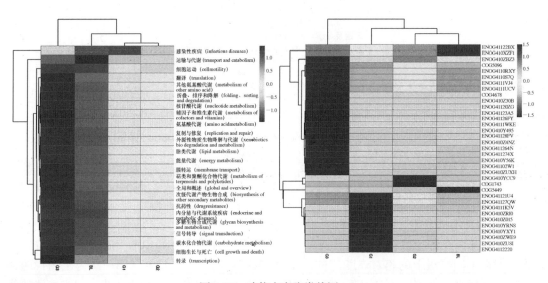

图 7-37 功能丰度聚类热图

A 为 KEGG、B 为 eggNOG 的结果展示。横向为样品信息；纵向为功能注释信息；中间热图对应
的值为每一行功能相对丰度经过标准化处理后得到的 Z 值

CAZy 的 Level 2 层级的功能丰度进行 PCA 和 NMDS 分析的结果如图 7-38 所示。

8. 抗生素抗性基因注释

抗生素的滥用导致人体和环境中微生物群落发生不可逆的变化，对人体健康和生态环境产生影响，因此抗性基因的相关研究受到了研究者的广泛关注。目前，抗生素抗性基因的研究主要利用 ARDB（Antibiotic Resistance Genes Database）。通过该数据库的注释，可以找到抗生素抗性基因（antibiotic resistance gene，ARG）及其抗性类型（antibiotic resistance class），以及这些基因所耐受的抗生素种类（antibiotic）等信息。

（1）抗性基因丰度概况　　依据耐受的抗生素种类丰度结果，提取丰度前 15 的抗生素种类绘制柱状图，如图 7-39 所示。

（2）抗性基因类型丰度聚类分析 根据抗性基因类型的丰度表绘制聚类热图，见图 7-40。

（3）组间抗性基因数目差异分析 组间抗性基因数目差异见图 7-41。

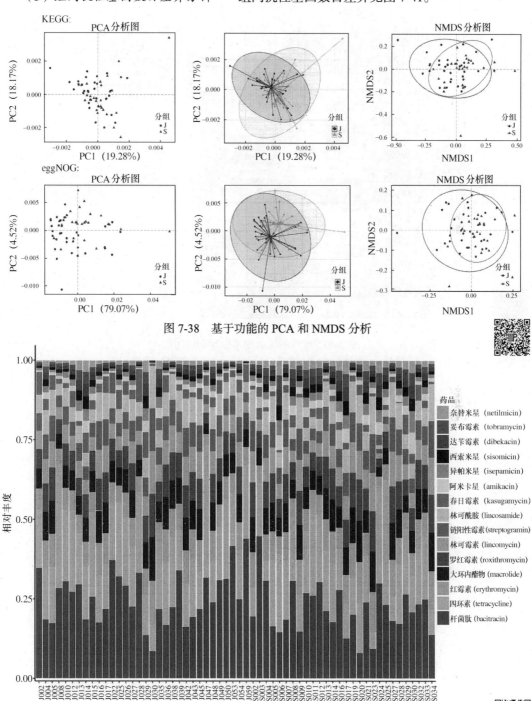

图 7-38 基于功能的 PCA 和 NMDS 分析

图 7-39 不同抗生素抗性基因在各样品中的丰度柱形图

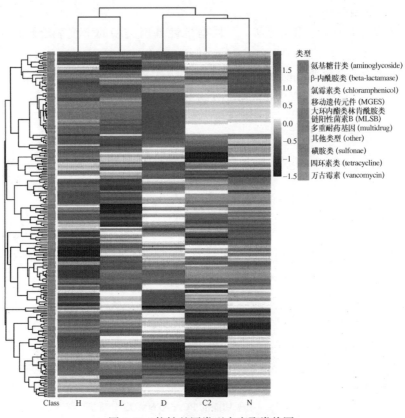

图 7-40　抗性基因类型丰度聚类热图

横轴为样品，纵轴为抗性基因类型，不同颜色代表图例中对应的丰度范围

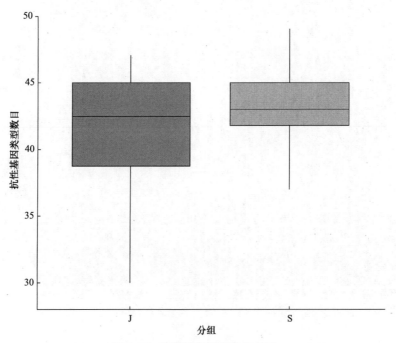

图 7-41　组间抗性基因数目差异

第三节 转录组分析

一、转录组测序原理

转录组测序的研究对象为特定细胞在某一功能状态下所能转录出来的所有 RNA 的总和，包括 mRNA 和非编码 RNA。转录组测序是指用新一代高通量测序技术对物种或者组织的转录本进行测序并得到相关的转录本信息。

转录组测序可获得物种或者组织的转录本信息、得到转录本上基因的相关信息，如基因结构、功能等；发现新的基因；基因结构优化；发现可变剪切；发现基因融合；基因表达差异分析。

转录组测序的优点：①覆盖度高，检测信号是数字信号，几乎覆盖所有转录本；②检测精度高，几十到数十万个拷贝精确计数；③分辨率高，可以检测到单碱基差异、基因家族中相似基因及可变剪切造成的不同转录本的表达；④完成速度快；⑤成本低。

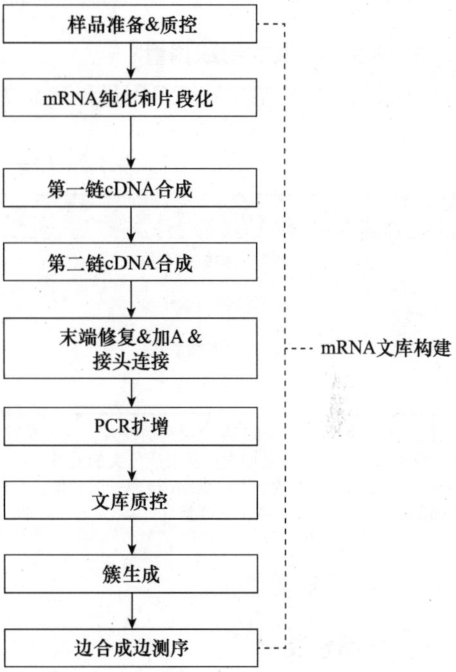

图 7-42 转录组测序流程

二、转录组测序流程

转录组测序流程见图 7-42。

（一）样品准备

1. RNA 样品的要求

1）样品类型：去蛋白质并进行 DNase 处理后的完整总 RNA。

2）样品需求量（单次）：植物样品≥20 μg；人、大鼠、小鼠样品≥5 μg；其他类型动物样品≥10 μg。

3）样品浓度：植物样品≥400 ng/μl；人、大鼠、小鼠样品≥80 ng/μl；其他类型动物样品≥200 ng/μl；原核生物样品≥500 ng/μl。

4）样品纯度：$OD_{260}/OD_{280}=1.8\sim2.2$；$OD_{260}/OD_{230}\geq2.0$；动物植物样品 RIN≥7.0，28 S/18 S≥1.0；原核生物样品 RIN≥6.0，23 S/16 S＝1.2~2.2。

2. RNA 样品送样标准

需要提供 Nanodrop、琼脂糖凝胶电泳或者 Aglient 中一种或多种形式的样品分析结果；应仔细纯化样品，尽量避免多糖、蛋白质和外切酶的残留；样品必须注明溶剂成分。具体要求见表 7-6。

表 7-6　转录组送样标准

样本类型	样本需求量	浓度 / (ng/μl)	OD₂₆₀/OD₂₈₀	OD₂₆₀/OD₂₃₀	RIN	28 S/18 S	23 S/16 S
转录组	≥20 μg(植物);≥5 μg(人、大鼠、小鼠);≥10 μg(其他动物)	≥80 ng/μl(人、大鼠、小鼠);≥200 ng/μl(其他动物);≥400 ng/μl(植物);≥500 ng/μl(原核生物)	1.8~2.2	≥2.0	≥7.0(动物、植物);≥6.0(原核生物)	≥1.0	1.2~2.2(原核生物)

3. RNA 提取的组织用量

转录组 RNA 提取的组织用量见表 7-7。

表 7-7　转录组 RNA 提取的组织用量

组织类型	送样量
新鲜动物组织干重	1~2 g
新鲜植物组织干重	3~4 g
新鲜培养细胞数	8×10^6~9×10^7 个
血清	≥4 ml

注：不同类型的样品 RNA 产量差别较大，像人或哺乳动物的全血中红细胞没有细胞核，每毫升血液中实用细胞数少，RNA 得率低，送样量需要加大；鸟类或鱼类的血液中红细胞含有细胞核，可适当减少送样量；含肌纤维和脂肪的一类物质及含多糖、多酚较高的复杂植物，RNA 得率一般较低，送样量需要增加；代谢活跃的肝脏组织细胞量旺盛，每 50 mg 组织可达 20~30 μg RNA，可适当减少送样量

（二）样品运输要求

1. 样品包装

对于 RNA 样品，建议尽量用 1.5 ml EP 管装载样品，为了防止 EP 管在运输过程中受到挤压破裂，导致样品损失，最好将 EP 管装在 50 ml 离心管（或其他支撑物）中，里面还可以添加棉花、吸水纸等进行固定。如是大批量样品，请用冻存盒之类的存放盒装好样品，防止样品受损（注意：切勿在 50 ml 离心管内或其他支撑物内加入液氮等危险品）。

对于组织样品，一般建议用 1.5 ml EP 管或 2 ml 的螺旋管装载。在样品运输过程中请用 Parafilm 膜将管口密封好。不建议将样品溶于无水乙醇、异丙醇等有机溶剂进行邮寄，因为有机试剂比较容易泄露，泄露后容易使管壁字迹模糊，甚至造成样品交叉污染。如果一定要溶于有机溶剂，那么 EP 管的管口至少要用 Parafilm 膜封 5 圈以上。

对于血液样品，可用 5~10 ml 抗凝管装载，但为了防止抗凝管在运输过程中受到碰撞而破裂，需要将抗凝管放在泡沫或棉花中固定，并彼此隔开。

2. 样品标识

不建议用油性笔直接在管壁或管盖上写样品名称等信息，最好将样品名称等各种信息写在标签纸上，贴在管壁，外面再用透明胶带缠绕一圈（一方面防止样品名称被泄露的有机溶剂溶掉，另一方面也可以防止标签纸没有粘牢而脱落，导致样品无法使用）。

管壁上先用纸条写好，再用胶带缠绕；PCR 板请在侧面标记，再用胶带贴好。

3. 样品运输条件

1）DNA 样品如果用乙醇沉淀，则可以常温运输，否则在运输过程中，应放于干冰中，时间不要超过 72 h；或利用冰袋运输，时间最好不要超过 24 h。

2）RNA、组织样品无论溶于什么溶剂，都需放于干冰中运输，时间不要超过 72 h。

3）血浆要保存在干冰中运输，确保样品送达接收地点时有足量的干冰剩余，并及时存放血浆于 −80℃冰箱中，禁止将样品在室温状态下放置；全血要在生物冰袋条件下运输，且在 12 h 内送达。

4）运输过程中需要添加的干冰和冰袋的量与季节、运输时间长短、泡沫盒的薄厚有关（为更有利于保温，尽量选用大块的干冰，如果条件允许，建议在邮寄的泡沫盒的上下填充一些棉花等，以隔绝热量的传递）。

（三）测序基本过程

提取样品总 RNA 后，用带有 oligo（dT）的磁珠富集真核生物 mRNA（若为原核生物，则用试剂盒去除 rRNA 后进入下一步）。加入破碎缓冲液（fragmentation buffer）将 mRNA 打断成短片段，以 mRNA 为模板，用六碱基随机引物（random hexamer）合成第一条 cDNA 链，然后加入缓冲液、dNTP 混合液、RNase H 和 DNA 聚合酶Ⅰ（DNA polymeraseⅠ, polⅠ）合成第二条 cDNA 链，在经过 QiaQuick PCR 试剂盒纯化并加 EB 缓冲液洗脱之后做末端修复并连接测序接头，然后用琼脂糖凝胶电泳进行片段大小选择，最后进行 PCR 扩增，使用建好的测序文库进行测序。

得到 RNA 的序列后，又可以找到它的参考序列（物种本身的基因、基因组）时，可以用有参（reference）流程对数据进行详细的分析。reference 后面所有的流程都是基于参考序列进行的，所以选择正确的参考序列十分重要。

1. 试剂与器材

（1）试剂　　NEBNext Ultra RNA 文库制备试剂盒，NEBNext Poly(A) mRNA 磁性分离模块，NEBNext 多样本接头引物试剂盒 - Illumina（检索引物试剂盒 1），NEBNext 多样本接头引物试剂盒 - Illumina（检索引物试剂盒 2），RNA 6000 Pico 芯片，高灵敏度 DNA 检测试剂盒，RNA 6000 Nano 芯片，QUBIT RNA BR 试剂盒，QUBIT DNA BR 试剂盒，QUBIT DNA HS 试剂盒，KAPA SYBR 快速定量 PCR 试剂盒（2×），DNA 定量及引物预混试剂盒等。

（2）器材　　96 孔 PCR 仪 (带加热盖)，Bioanalyzer 2100，QUBIT 2.0 荧光分析仪，PTC-225 PCR 仪，一次性吸头，一次性薄壁离心管，Gel Breaker 管，5 μm 滤器等。

2. 建库实验步骤

（1）mRNA 纯化和片段化　　纯化原理是用带有 oligo（dT）的琼脂糖珠对总 RNA 中 mRNA 进行纯化。

表 7-8 为制备反应体系，然后在 PCR 仪上运行程序，将 RNA 片段化到目标长度范围。

表 7-8　mRNA 片段化反应体系

试剂	体积 /μl	程序 1
总 RNA（去 rRNA）	5	a）94℃, 15 min b）4℃
（pink）NEBNext 第一链合成缓冲液（5×）	4	
（pink）随机引物	1	
总体积	10	

（2）第一链 cDNA 合成　　根据表 7-9 制备反应体系，然后在 PCR 仪上运行程序 2。

表 7-9　第一链 cDNA 合成反应体系

试剂	体积 /μl	程序 2
Fragmented and primed mRNA	15	a）25℃，10 min
（pink）鼠 RNase 抑制剂	0.5	b）42℃，50 min
（pink）ProtoScript Ⅱ 反转录酶	1	c）70℃，15 min
Nuclease-free 水	3.5	d）4℃
总体积	20	

（3）第二链 cDNA 合成　　根据表 7-10 制备反应体系，然后在 PCR 仪上运行程序 3，然后将第二链 cDNA 合成产物用 144 μl AMPure XP Beads 进行纯化，最后用 60 μl 的 Nuclease-free 水进行重悬，取出 55.5 μl 以备下一步使用。

表 7-10　第二链 cDNA 合成反应体系

试剂	体积 /μl	程序 3
第一链 cDNA	20	
Nuclease-free 水	48	16℃，1 h
（orange）第二链合成缓冲液（10×）	8	
（orange）第二链合成酶混合物	4	
总体积	80	

（4）末端修复 / 加 A　　根据表 7-11 制备反应体系，然后在 PCR 仪上运行程序 4。

表 7-11　末端修复 / 加 A 反应体系

试剂	体积 /μl	程序 4
ds cDNA	55.5	a）20℃，30 min
（green）NEBNext 末端修复反应缓冲液（10×）	6.5	b）65℃，30 min
（green）NEBNext 末端制备酶混合物	3	c）4℃
总体积	65	

（5）接头连接　　根据表 7-12 制备反应体系，然后在 PCR 仪上运行程序 5、程序 6，然后 100 μl AMPure XP Beads 进行纯化后用 52.5 μl 的重悬缓冲液进行重悬，再用 50 μl AMPure XP Beads 进行纯化，最后用 22 μl 的重悬缓冲液进行重悬，取出 23 μl 以备下一步使用。

表 7-12　接头连接反应体系

试剂	体积 /μl	程序
dA-Tailed cDNA	65	程序 5：20℃，15 min
（red）Blunt/TA 连接酶混合物	15	
（red）Diluted NEBNext Adaptor	1	
Nuclease-free 水	2.5	

续表

试剂	体积/μl	程序
总体积	83.5	
（red）USER 酶	3	程序 6：37℃，15 min
总体积	86.5	
Nuclease-free 水	13.5	Ampure XP beads 纯化
总体积	100	

（6）PCR 扩增　　根据表 7-13 制备反应体系，然后在 PCR 仪上运行程序 7，然后用 45 μl AMPure XP Beads 进行纯化，最后用 23 μl 的重悬缓冲液进行重悬，取出 20 μl 以备下一步使用。

表 7-13　PCR 扩增反应体系

试剂	体积/μl	程序
接头 DNA（Adaptor DNA）	20	程序 7：
（blue）NEBNext Q5 Hot Start HiFi PCR 混合物（2×）	25	a）98℃，30 s b）12 次循环
（blue）通用 PCR 引物（10 μmol/L）	2.5	98℃，10 s；65℃，75 s
（blue）Index（X）引物（10 μmol/L）	2.5	c）65℃，5 min d）4℃
总体积	50	

（7）PCR 产物质控　　用 QUBIT DNA HS 试剂盒对 PCR 产物进行准确定量。

2100 质控：用 2100 Bioanalyzer chip 判断 PCR 切胶产物片段大小是否符合后续测序的要求。

文库摩尔浓度准确定量：通过 qPCR 标准品的摩尔浓度对构建的文库进行摩尔浓度的绝对定量，以保证文库上机用量的准确性，采用 Illumina 推荐的 KAPA SYBR 快速定量 PCR 试剂盒（Cat no.KK4602）。

（8）混合文库（选择）　　根据文库的定量及定性结果将每个文库的摩尔浓度统一调整到 2 nmol/L，然后根据实验设计选择性地将需要混合的文库进行等量等浓度混合，保证混合后文库的终浓度也是 2 nmol/L，体积≥10 μl，然后将文库于 −80℃冰箱保存。

（四）文库的构建及测序

1. 试剂与器材

（1）试剂　　TruSeq Rapid Duo cBot Sample Loading Kit，TruSeq Rapid PE 集群套件，TruSeq Rapid SBS 试剂盒（200 cycle），1 PhiX Control Kit v3（10 lanes）等。

（2）器材　　Cluster Generation（cBot），HiSeq2500 等。

2. 测序及数据处理

（1）文库上机样品准备　　准备新鲜配制的 NaOH，将其浓度调整到 0.1 mol/L；取 0.1 mol/L 的 NaOH（10 μl）与 2 nmol/L 的文库（10 μl）进行涡旋混合，离心，室温放置 5 min，然后冰上放置；将 20 μl 已经变性成单链 DNA 的文库加入 980 μl 预冷的 HT1（hybridization buffer）中，使文库的终浓度为 20 pmol/L, 冰上放置; 根据情况将文库再进行稀释, 方法如表 7-14 所示。

表 7-14 PCR 扩增反应体系 （单位：μl）

终浓度	20 pmol/L 变性 DNA	预冷 HT1
10 pmol/L	500	500
12 pmol/L	600	400
15 pmol/L	750	250
18 pmol/L	900	100
20 pmol/L	1000	0

（2）Phix control 样品准备

1）Phix control 的原始浓度为 10 nmol/L, 用 HT1 将 Phix control 稀释到 2 nmol/L（10 μl）的体系, 见表 7-15。

表 7-15 PCR 扩增反应体系

成分	体积/μl
10 nmol/L Phix control	2
HT1	8
总体积	10

2）取 0.1 mol/L 的 NaOH（10 μl）与 2 nmol/L 的 Phix control（10 μl）进行涡旋混合, 离心, 室温放置 5 min, 然后冰上放置。

3）然后将 20 μl 已经变性成单链 DNA 的 Phix control 加入 980 μl 预冷的 HT1 中, 使 Phix control 的终浓度为 20 pmol/L, 冰上放置; 然后再将 Phix control 浓度稀释到 5 pmol/L, 即 20 pmol/L 的 Phix control（600 μl）＋HT1（400 μl）。

（3）簇生成　　使用 TruSeq Rapid PE Cluster Kit 将 Flowcell（流动池、测序芯片）和准备好的文库在 cBot 上进行簇生成, 即文库中的分子与 Flowcell 上固定的引物结合进行桥式 PCR 扩增, 然后才能在 HiSeq2500 上进行测序。

（4）边合成边测序　　将做好簇生成的 Flowcell 转移到 HiSeq2500 仪器上准备测序, 根据不同的测序类型及测序长度, 选择正确的 Recipe（模式）, 平均完成 1 个碱基的测序大概需要 9 min, 所以测序周期与测序的长度直接相关。

测序程序正式运行前, 首先根据 First Base Report（第一碱基报告）判断每条 Lane（通道）上 A、T、C、G 碱基信号是否正常, 从而判断测序引物结合是否有问题; 其次根据 First Base Report 中 cluster 数量估测生成的数据量是否满足测序实验要求。

（五）转录组生物信息学分析

转录组信息流程见图 7-43。

1. 数据质控

为确保测序片段有足够高的质量, 将下机原始测序数据（raw reads）去掉含有带接头的、低质量的测序片段, 得到待分析数据, 以保证后续分析的准确性。测序因受测序仪本身、测序试剂、样品等因素的影响, 存在一定的错误率。碱基测序错误率分布图可以反映测序数据的质量。

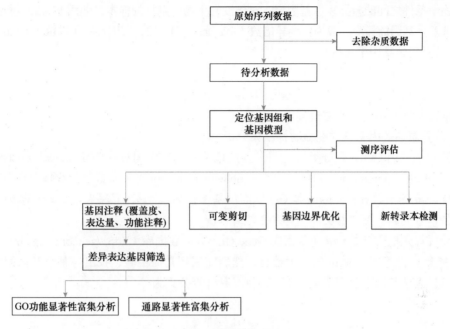

图 7-43 转录组信息流程

2. 参考序列比对

将待分析数据与参考基因组进行序列比对，获取在参考基因组或基因上的位置信息，定位区域分为外显子（exon）、内含子（intron）和基因间区（intergenic）。比对到参考基因组上的测序片段称为 Mapped Reads，Mapped Reads 占待分析数据的百分比，可以用来评估所选参考基因组组装是否能满足信息分析的需求。

3. 重复相关性评估

生物学重复的相关性不仅可以检验生物学实验操作的可重复性，还可以评估差异表达基因的可靠性和辅助异常样品的筛查。

4. 基因表达水平分析

基因表达量使用 RPKM（Reads Per Kb per Million reads，每百万测定序列中来自某基因每千碱基长度的测序片段数）法计算，公式为

$$RPKM(A) = \frac{10^6 C}{NL/10^3} \qquad (7-1)$$

式中，RPKM（A）为基因 A 的表达量；C 为唯一比对到基因 A 的测序片段数；N 为唯一比对到基因组的总测序片段数；L 为基因 A 编码区的碱基数。

RPKM 法能消除基因长度和测序量差异对计算基因表达的影响，计算得到的基因表达量可直接用于比较不同样品间的基因表达差异。

如果一个基因存在多个转录本，则用该基因的最长转录本计算其测序覆盖度和表达量。

5. 差异表达基因分析

差异表达基因以火山图（volcano plot）、MA 图、韦恩图、聚类热图、蛋白质互作图等形式呈现，通过火山图可以快速地查看基因在两个（组）样品中表达水平的差异，以及差异的统计学显著性。对于有生物学重复的样本，我们采用 DEseq 进行样品组间的差异表达分析，获得

两个生物学条件之间的差异表达基因集；对于没有生物学重复的样本，使用 EBseq 进行差异分析。筛选差异基因的标准一般为：变异倍数（fold change）≥2，假阳性率（FDR）<0.01。

6. 差异表达基因聚类分析

聚类分析用于判断差异基因在不同实验条件下的表达模式，可通过将表达模式相同或相近的基因聚集成类，从而识别未知基因的功能或已知基因的未知功能，同类基因可能具有相似的功能或共同参与同一代谢过程。

7. 差异表达基因 GO 功能显著性富集分析

差异表达基因 GO 注释分类统计图，直观地反映出在生物过程（biological process）、细胞组分（cellular component）和分子功能（molecular function）三个方面所有基因和差异基因注释 GO term 的个数分布（term 是 GO 里面的基本描述单元）。可深入挖掘差异基因的功能及所在的信号通路，筛选并关注差异基因注释情况。

该分析首先把所有差异表达基因向 Gene Ontology 数据库（http://geneontology.org/）的各个 term 映射，计算每个 term 的基因数目，然后应用超几何检验，找出与整个基因组背景相比，在差异表达基因中显著富集的 GO 条目，其计算公式为

$$P = 1 - \sum_{i=0}^{m-1} \frac{\binom{M}{i}\binom{N-M}{n-i}}{\binom{N}{n}} \tag{7-2}$$

式中，N 为所有基因中具有 GO 注释的基因数目；n 为 N 中差异表达基因的数目；M 为所有基因中注释为某特定 GO term 的基因数目；m 为注释为某特定 GO term 的差异表达基因数目。计算得到的 P 值通过 Bonferroni 校正之后，以修正后 P 值≤0.05 为阈值，满足此条件的 GO term 定义为在差异表达基因中显著富集的 GO term。通过 GO 功能显著性富集分析能确定差异表达基因行使的主要生物学功能。

8. 差异表达基因通路显著性富集分析

在生物体内，不同基因相互协调行使其生物学功能，基于通路（pathway）的分析有助于更进一步了解基因的生物学功能。KEGG 是有关通路的主要公共数据库，通路显著性富集分析以 KEGG 通路为单位，应用超几何检验，找出与整个基因组背景相比，在差异表达基因中显著性富集的通路。该分析的计算公式同 GO 功能显著性富集分析，在这里 N 为所有基因中具有通路注释的基因数目；n 为 N 中差异表达基因的数目；M 为所有基因中注释为某特定通路的基因数目；m 为注释为某特定通路的差异表达基因数目。FDR≤0.05 的通路定义为在差异表达基因中显著富集的通路。通过通路显著性富集能确定差异表达基因参与的最主要生化代谢途径和信号转导途径。

9. 差异表达基因蛋白互作网络

STRING（search tool for the retrieval of interacting genes/proteins）数据库为收录多个物种预测的和实验验证的蛋白质-蛋白质互作的数据库，包括直接的物理互作和间接的功能相关。结合差异表达分析结果和数据库收录的互作关系对，构建差异表达基因互作网络。

第四节　蛋白质组分析

蛋白质组学（proteomics）是研究蛋白质组的一门新兴学科，旨在阐明生物体全部蛋白

质的表达模式及功能模式。蛋白质化学着重于单一蛋白质结构、功能的研究，如某一种蛋白质或蛋白质亚基的全序列分析，三维立体结构的确定，这样的结构如何执行功能，在生理上所扮演的角色，以及代谢的生化机制等。蛋白质组学则是研究多种蛋白质组成的复杂系统。proteomics 的字尾"-omics"的意思是"组学"，代表对生物、生命体系研究工作方式的重新定义，也就是说，蛋白质组学是对基因组所表达的整套蛋白质的分析，其研究对象是多蛋白质混合物的"系统"行为，而不是"单一组成"的行为。它通过对一个大系统中包含的所有蛋白质进行分离、鉴定、表征和定量，提供关于该系统准确和全面的数据与信息。

一、蛋白质组分析原理

（一）蛋白质组与基因组

通常，一个细胞中表达两类基因：①必需功能蛋白质的基因；②行使细胞专一性功能蛋白质的基因。因此，一种生物有一个基因组，但有许多蛋白质组。因此，蛋白质组与基因组在内涵上有很大的不同，蛋白质组具有多样性；在蛋白质组的研究中，时间和空间的影响都不可忽视；蛋白质间主要以相互作用的形式参与生命活动；蛋白质组研究对技术的依赖性和要求远远超过基因组学。

（二）蛋白质组学分析策略与研究路线

蛋白质组学的基本分析策略如图 7-44 所示。

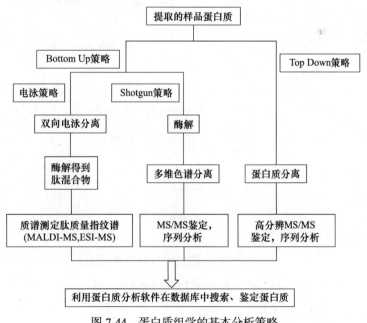

图 7-44　蛋白质组学的基本分析策略
MS. 质谱

蛋白质组学的研究路线主要有两条：一条路线类似于基因组学的研究，即力图查清人类 3 万～4 万个基因编码的所有蛋白质，建立蛋白质数据库，从而获得有关生命活动的"全景式"信息（图 7-45）；另一条是基于比较的研究路线，称为比较蛋白质组学（comparative proteomics），国外的文献中也称为差异显示蛋白质组学（differential display proteomics）或表达蛋白质组学（expression proteomics）（图 7-46）。

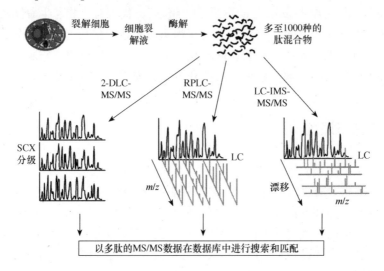

图 7-45　鸟枪法的基本分析策略

2-DLC-MS/MS. 2-D 液相色谱 - 串联质谱；RPLC-MS/MS. 反相液相色谱 - 串联质谱；

LC-IMS-MS/MS. 液相色谱 - 离子淌度质谱联用；SCX. 阳离子交换色谱；LC. 液相色谱

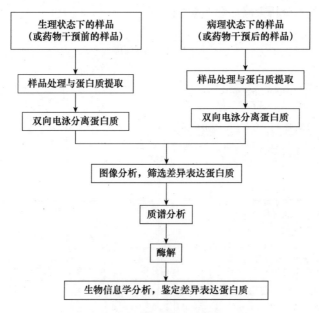

图 7-46　比较蛋白质组学分析的研究路线

二、双向电泳技术

双向电泳（two dimensional electrophresis，2-DE）是根据蛋白质的两个一级属性（等电点和相对分子质量），将一种蛋白质样品进行两次电泳，即在第一个方向上按等电点高低进行分离，称为等电聚焦；在第二个方向（与第一次电泳成直角的方向）上按相对分子质量大小进行分离。蛋白质组学研究中用得最多的是由固相 pH 梯度等电聚焦（immobilized pH gradients isoelectric focusing，IEF）/SDS-PAGE 所构成的双向电泳体系。

双向电泳的流程如图 7-47 所示。

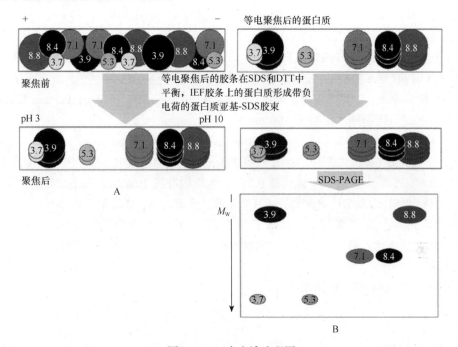

图 7-47 双向电泳流程图

A. 第一向等电聚焦电泳，通电后，样品中的蛋白质成分按照各自的等电点聚集在胶条上不同的 pH 梯度区；
B. 第二向 SDS-PAGE，样品中的蛋白质成分按照蛋白质亚基相对分子质量的大小加以分离

（一）实验原理

2-DE 的第一向电泳等电聚焦是基于等电点不同而将蛋白质初步分离的，第二向 SDS-PAGE 基于蛋白质相对分子质量不同，而将第一向分离后的蛋白质进一步分离。这样就可以得到蛋白质的等电点和相对分子质量的信息。

（二）材料、试剂与器材

1. 材料

纯化后的晶体蛋白。

2. 试剂

（1）Bradford 工作液

1）先用 25 ml 95% 乙醇溶解 0.035 g 考马斯亮蓝 G250，溶解完后再加 52ml 85% 磷酸。

2）用超纯水定容至 500 ml，过滤后置于棕色瓶中。

Bradford 不稳定，一周内有效。

（2）裂解液　　尿素 8 mol/L，硫脲 2 mol/L，CHAPS 4%，DTT 60 mmol/L，Tris 碱 40 mmol/L（如果有条件可以添加 PMSF 0.5 mmol/L 和 5% 两性电解质 Pharmalate，pH 3～10）。

（3）水化储存液　　尿素 8 mol/L，硫脲 2 mol/L，CHAPS 4%，Tris 碱 40 mmol/L。

（4）分离胶缓冲液（pH 8.8）250 ml　　0.4% SDS，1.5 mol/L Tris-HCl。

（5）浓缩胶缓冲液（pH 6.8）100 ml　　0.4% SDS 0.4 g，0.5 mol/L Tris-HCl 6.07 g。

（6）凝胶储存液（30% 的丙烯酰胺）250 ml　　Acr 29.2% 73 g，Bis 0.8% 2 g。

（7）电极缓冲液（一次用量为 2500 ml）　　甘氨酸 43.2 g 或 36 g，Tris 9 g 或 7.5 g，SDS 3 g 或 2.5 g，超纯水定容至 3000 ml 或 2500 ml。

（8）0.5 mol/L Tris-HCl（pH 6.8）储存液　　6.1 g Tris 先用 30 ml 超纯水溶解，再用 46 ml 3 mol/L HCl 调 pH 至 6.8，然后加水定容至 100 ml。

（9）平衡储存液　　脲（尿素）36 g，甘油 30% 30 ml，SDS 1% 1 g，0.5 mol/L Tris-HCl（pH 6.8）10 ml，用超纯水定容至 100 ml。

（10）平衡液 A（一根胶条）　　DTT 20 mg，平衡储存液 10 ml。

（11）平衡液 B（一根胶条）　　碘乙酰胺 300 mg，平衡储存液 10 ml，0.05% 溴酚蓝 15 μl。

（12）0.5% 琼脂糖 10 ml　　琼脂糖 0.05 g，电极缓冲液 10 ml，溴酚蓝 25 μl。

注：（4）～（6）溶液需过滤后储存于 4℃ 备用。平衡液 A、B 均需临时配制。

（13）其他　　蛋白裂解液，BSA（牛血清白蛋白），溴酚蓝，无水乙醇，乙酸，$Na_2S_2O_3 \cdot 5H_2O$，无水乙酸钠，$AgNO_3$，无水 Na_2CO_3，甲醛，$EDTA-Na_2 \cdot 2H_2O$ 等。

3. 器材

涡旋振荡器，离心机，电泳系统等。

（三）实验步骤

1. 样品的溶解

取纯化后的晶体蛋白 3.0 mg，加入 300 μl 裂解液（1 mg 晶体蛋白：100 μl 裂解液），在涡旋振荡器上振荡 10 min 左右，共处理 1 h。其中每隔 10～15 min 振荡一次，然后 13 200 r/min 离心 15 min 除杂质，取上清分装，每管 70 μl，于 −80℃ 冰箱保存。

2. Bradford 法测蛋白质含量

取 0.001 g BSA（牛血清白蛋白）用 1 ml 超纯水溶解，测定 BSA 标准曲线及样品蛋白质含量。

取 7 个 10 ml 离心管，首先在 5 个离心管中按次序加入 0 μl、5 μl、10 μl、15 μl、20 μl 的 BSA 溶解液，另 2 管中分别加入 2 μl 待测样品溶液，再在每管中加入相应体积的双蒸水（总体积为 80 μl），然后，各管中分别加入 4 ml Bradford 液（原来配好的 Bradford 液使用前需再取需要的剂量过滤一遍方能使用），摇匀，2 min 后在 595 nm 下，按由低到高的浓度顺序测定各浓度 BSA 的 OD 值，再测样品 OD 值（测量过程要在 1 h 内完成）。制作标准曲线。

3. 双向电泳第一向——IEF（双向电泳中一律使用超纯水）

（1）水化液的制备　　称取 2.0 mg DTT，用 700 μl 水化储存液溶解后，加入 8 μl 0.05% 的溴酚蓝，3.5 μl（0.5%，V/V）IPG 缓冲液（pH 3～10）振荡混匀，13 200 r/min 离心 15 min 除杂质，取上清。

在含 300 μg 蛋白质（经验值）的样品溶解液中加入水化储存液，至终体积为 340 μl，在涡旋振荡器上振荡混合，13 200 r/min 离心 15 min 除杂质，取上清。

（2）点样，上胶　　分两次吸取样品，每次 170 μl，按从正极到负极的顺序加入点样槽两侧，再用镊子拨开固相 pH 线性胶条（18 cm，pH 3～10），从正极到负极将胶条压入槽中，胶面接触加入的样品（注意：胶条使用前，要在室温中平衡 30 min；加样时，正极要多加样，以防气泡的产生；压胶时不能产生气泡；酸性端对应正极，碱性端对应负极；样品加好后，加同样多的覆盖油（Bio-Rad），两个上样槽必须与底线齐平）。

（3）IPG 聚焦系统电泳程序的设定（电泳温度为 20℃） IPG 聚焦系统电泳参数见表 7-16。

表 7-16 IPG 聚焦系统电泳参数

步骤	电压 /V	时间 /h	电压伏小时 /Vh	升压模式
S1	30	12	360	step
S2	500	1	500	step
S3	1 000	1	1 000	step
S4	8 000	0.5	2 250	grad
S5	8 000	5	40 000	step

共计 44 110Vh，19.5 h。其中 S1 用于泡胀水化胶条，S2 和 S3 用于去小离子，S4 和 S5 用于聚焦。

（4）平衡 用镊子夹出胶条，超纯水冲洗后，在滤纸上吸干（胶面，即接触样品那一面不能接触滤纸，如果为 18 cm 的胶条要将两头剪去），再以超纯水冲洗，滤纸吸干（再次冲洗过程也可省略），然后用镊子夹住胶条以正极端（酸性端）向下，负极端（碱性端）向上，放入用来平衡的试管中（镊子所夹的是碱性端，酸性端留有溴酚蓝作为标记），用平衡液 A、平衡液 B 先后平衡 15 min（注意：平衡时要注意保持胶面始终向上，不能接触平衡管壁）。

平衡第二次时，在沸水中煮 marker 3 min，剪两个同样大小的小纸片，长度与第一向胶条的宽度等同，然后吸取煮好的 marker，转入 SDS-PAGE 胶面上，保持紧密贴合；同样在第二次平衡时，煮 5% 的琼脂糖 10 ml。

4. 双向电泳第二向——SDS-PAGE

（1）配胶（两根胶条所用剂量） 分离胶（$T=8\%$，80 ml）：溶液于真空机中抽气后再加 APS 和 TEMED。30% 丙烯酰胺储存液 21.28 ml；分离胶缓冲液 20 ml，10% APS 220 μl，TEMED 44 μl；双蒸水 38.72 ml。

浓缩胶（$T=4.8\%$，10 ml）：30% 丙烯酰胺储存液 1.6 ml；浓缩胶缓冲液 2.5 ml，10% APS 30 μl，TEMED 5 μl；双蒸水 5.9 ml。

（2）灌胶 将玻璃板洗净后，室温晾干，然后将电泳槽平衡好，玻璃板夹好，再在玻璃板底部涂上凡士林以防漏胶，倒入正丁醇压胶，凝胶后（这时会出现三条线），用注射器吸去正丁醇，超纯水洗两次，再用滤纸除水后，倒入浓缩胶，正丁醇压胶，凝胶后，用注射器吸去正丁醇，超纯水洗两次，再加入超纯水，用保鲜膜封好。

（3）转移 剪两个小的滤纸片，吸取 marker 后，放入 SDS-PAGE 胶面的一端。然后，将平衡好的 IPG 胶条贴靠在玻璃板上，加少量 5% 琼脂糖溶液在胶面上（琼脂糖凝胶在转移前十几分钟配好，水浴加热溶解，并保持烧杯中水处于沸腾状态，至用之前再拿出来），再将 IPG 胶条缓缓加入 SDS-PAGE 胶面，其中不断补加 5% 的琼脂糖溶液，注意不能产生气泡。

（4）电泳 浓缩胶 13 mA，分离胶 20 mA，共约 5.5 h。

5. 银染（两根胶条所用剂量）（银染特别注意用超纯水）

1）固定 30 min：无水乙醇 200 ml＋乙酸 50 ml，用超纯水定容至 500 ml。

2）敏化 30 min：无水乙醇 150 ml，$Na_2S_2O_3 \cdot 5H_2O$ 1.5688 g，无水乙酸钠 34 g，先用水溶解 $Na_2S_2O_3 \cdot 5H_2O$ 和无水乙酸钠，再加乙醇，最后定容至 500 ml。

3）洗涤 5 min×3 次。

4）银染 20 min：$AgNO_3$ 1.25 g，用超纯水定容至 500 ml。

5）洗涤：1 min×2 次。

6）显影：无水 Na_2CO_3 12.5 g，用超纯水定容至 500 ml，甲醛（37%）0.1 ml，临用时加。

7）终止 10 min：EDTA-$Na_2 \cdot 2H_2O$ 7.3 g，用超纯水定容至 500 ml。

8）洗涤：5 min×3 次。

注意：整个双向电泳实验中全部使用超纯水，尽量减少离子的影响。

（四）双向电泳图像分析

由双向电泳图可以得到：①蛋白质的分布范围（偏酸性或偏碱性）；②表达蛋白质的可能个数（凝胶点的数目）；③蛋白质的大概相对分子质量；④蛋白质的大概等电点；⑤蛋白质相对表达丰度（点的灰度值）等信息。

图像分析包括图像采集、背景消减、斑点配比、数据库构建。常用的图像采集系统有电感偶合装置（charge coupled devices，CCD）、光密度仪、激光诱导荧光检测器等。无论何种采集系统，都必须具备透射扫描的功能以获得较高的灵敏度。图像采集的信息为光密度值，一般来说，该光密度值与蛋白质点的表达丰度成正比。影响图像采集质量的因素有：扫描系统的分辨率、灵敏度，以及扫描时所选择的图像对比度和明亮度。

双向电泳图像分析通过软件的运行来实现。软件分析所要做到的有以下几点：蛋白质点数的统计；蛋白质点的定位、编号；相对丰度分析；在进行差异蛋白质组分析时，则要对相互对照样品的凝胶图像进行同步分析，比较对应蛋白质点的表达丰度，获得差异蛋白质点的缺失、出现及表达量的变化等信息。目前有多种图像分析软件可以使用，如表 7-17 所示。

表 7-17　用于 2-DE 图像分析的软件工具

软件名称	来源	应用
Fliker	National Cancer Institute（www.lecb.ncifcrf.gov / fliker/）	可视的胶 - 胶对比
PDQuest	Bio-Rad（www.biorad.com）	凝胶图像比较
Image Mster	Amersham Biosciences（www4.amershambiosciences.com）	凝胶图像比较
DeCyder	Amersham Biosciences（www4.amershambiosciences.com）	荧光差异双向电泳分析
Melanie	Genebio（http:// www. genebio.com/）	凝胶图像比较
Phoretix/Progenesis	Nonlinear Dynamics（http:// www. nonlinear.com/）	凝胶图像比较
Investigator HT Analyzer	Genomic Solutions（http:// www. genomicsolutions.com/）	凝胶图像比较
Proteome Weawer	Definiens（http:// www. definiens.com/）	凝胶图像比较
Delta 2D	Decodon（http:// www. decodon.com/）	凝胶图像比较

（五）蛋白质点的处理

1. 试剂与器材

质辅助激光飞行时间质谱仪，A- 氰基 -4- 羟肉桂酸（CHCA），乙腈（ACN），三氟乙酸

（TFA），Mass Standards Kit for the 4700 Proteomics Analyzer，胰蛋白酶（trypsin），Ziptip 等。

2. 蛋白质样品酶解及 Ziptip 脱盐

将差异的蛋白质点挖取出放置于离心管中，将测序级胰蛋白酶溶液加入含有差异蛋白质点的凝胶状态下的离心管中，7℃反应过夜（20 h 左右）；取出第一次的酶解液放置到新的离心管中，在原来的离心管中加入 100 μl 60% ACN /0.1% TFA，继续酶解超声 15 min，取出第二次的酶解液放置到第一次的酶解液的离心管中，然后冻干；若有较多盐分，则用 Ziptip 进行脱盐。

3. 质谱分析

使用质辅助激光飞行时间质谱仪对取出的差异表达的蛋白质进行鉴定。

4. 数据库检索

质谱测试得到的原始文件用 Mascot 2.2 软件检索相应的数据库，最后得到鉴定的蛋白质结果。

（六）注意事项

一般来说，一种理想、有效的样品制备方法应满足以下要求：①应使所有待分析的蛋白质样品全部处于溶解状态（包括多数疏水性蛋白），且制备方法应具有可重现性；②溶解方法要保证样品在电泳过程中保持溶解状态，避免溶解性低的蛋白质（如膜蛋白）在等电聚焦时由于溶解度降低而沉淀析出；③防止在样品处理过程发生蛋白质的化学修饰，包括蛋白质降解、蛋白酶或尿素热分解后所引起的修饰；④排除核酸、多糖、脂类和其他干扰分子，同时应避免处理环境对蛋白质的污染；⑤尽量去除起干扰作用的高丰度或无关蛋白质，从而保证待研究蛋白质在可检测水平；⑥尽可能缩短处理样品的时间，尽可能在低温环境中处理样品。

三、iTRAQ 标记蛋白质组分析

iTRAQ（isobaric tags for relative and absolute quantitation）即等重标签标记用于蛋白质相对和绝对定量技术，是由美国应用生物系统公司（Applied Biosystems Incorporation, ABI）研发的一种多肽体外标记技术。

（一）iTRAQ 定量蛋白质组学实验的基本原理及流程

1. iTRAQ 定量蛋白质组学实验的基本原理

iTRAQ 技术采用 4 种或 8 种同位素的标签，通过特异性标记多肽的氨基基团，然后进行串联质谱分析，可同时比较 4 种或 8 种不同样品中蛋白质的相对含量，作为定量蛋白质组学中的高通量筛选技术应用得极其广泛。

iTRAQ 试剂由三部分组成：报告基团（reporter group）、质量平衡基团（balance group）和肽反应标记试剂基团（peptide reactive group），形成 4 种或 8 种相对分子质量均等量的异位标签（4-plex 或 8-plex）。

iTRAQ 试剂用于标记酶解后的肽段，标记试剂不影响肽段的质谱检测和匹配。以 4-plex 为例来说明 iTRAQ 试剂标记原理。

1）报告基团：质量分别为 114 Da、115 Da、116 Da、117 Da。

2）质量平衡基团：质量分别为 31 Da、30 Da、29 Da、28 Da，使得 4 种 iTRAQ 试剂报

告基团和平衡分子的总分子质量均为 145 Da。在质谱图中，任何一种 iTRAQ 试剂标记的不同样本中的同一肽段表现为相同的质荷比，呈现的都是同一峰值。

3）肽反应标记试剂基团：将报告基团与肽 N 端及赖氨酸侧链连接，从而将报告基团和质量平衡基团标记到肽段上，几乎可以标记样本中所有蛋白质。

在串联质谱中，报告基团、质量平衡基团和肽反应标记试剂基团之间的键断裂，质量平衡基团丢失，带不同同位素标签的同一多肽产生质量为 114 Da、115 Da、116 Da 和 117 Da 的报告离子，根据报告离子的信号强度值可获得样品间相同肽段的定量信息，再经过软件处理得到蛋白质的定量信息。

而 8-plex 的报告基团共有 8 种，质量分数分别为 114～121 Da，因此 iTRAQ 最多可同时标记 8 组样品。

2. iTRAQ 定量蛋白质组学实验的主要流程（图 7-48）

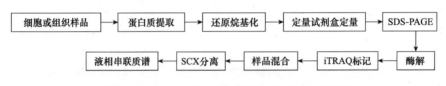

图 7-48　iTRAQ 定量蛋白质组学实验的主要流程

1）从样品中提取蛋白质。

2）对提取后的蛋白质样品进行还原烷基化处理，打开二硫键以便后续步骤充分酶解蛋白质。

3）用 Brandford 法进行蛋白质浓度的测定。

4）SDS-PAGE 检测。

5）每个样品取等量胰蛋白酶酶解。

6）用 iTRAQ 试剂标记肽段。

7）将标记后的肽段进行等量混合。

8）对混合后的肽段使用强阳离子交换色谱（strong cation exchange chromatography，SCX）进行预分离。

9）进行液相串联质谱（liquid chromatography coupled with mass spectrometry，LC-MS/MS）。

（二）材料、试剂与器材

1. 材料

人肝癌 SMMC-7721 细胞株。

2. 试剂

SDS，Tris，碘乙酰胺（IAA），NH₃·H₂O，C18 Empore™ 固相萃取圆盘，甲酸，乙腈，C18 Cartridge，二硫苏糖醇（DTT），HCOONH₄，三氟乙酸（TFA），iTRAQ Reagent-8plex Multiplex 试剂盒，溶解缓冲液，SDS-PAGE 蛋白质上样缓冲液（5×），考马斯亮蓝 G250 染色液，Lysing Matrix A 等。

3. 器材

0.22 μm Spin-X 超滤离心管，30 kDa 超滤离心管，多重亲和去除 LC 柱 -Human 14 / Mouse 3，连续光谱酶标仪，台式离心机，台式高效冷冻离心机，Easy n LC 色谱系统，Agilent 1260 infinity Ⅱ HPLC 系统，Q Exactive Plus 质谱仪等。

（三）实验步骤

1. 蛋白质提取

蛋白质提取见第五章第一节。

2. Bradford 法测蛋白质含量

蛋白质浓度测定见第七章第四节。

3. SDS-PAGE

配制 12% 的 SDS 聚丙烯酰胺凝胶。每个样品分别与 5× 蛋白质上样缓冲液混合，95℃加热 5 min。每个样品上样量为 30 μg，marker 上样量为 10 μg。120 V 恒压电泳 120 min。电泳结束后，考马斯亮蓝 G250 染色 2 h，再用脱色液脱色 3～5 次，每次 30 min。

4. 蛋白质酶解

各样本定量后，分别取蛋白质 100 μg 于 30 kDa 超滤离心管中，根据 iTRAQ Reagent-8plex Multiplex Kit 试剂盒说明书，加入 DTT 至终浓度为 100 mmol/L，使蛋白质溶液还原烷基化，沸水浴 5 min，冷却至室温。加入 200 μl UA 缓冲液振摇混匀，14 000 r/min 离心 3 次，每次 15 min，每次离心后弃掉超滤管底部滤液，已完全去除蛋白质溶液中 DTT 等硫醇类化合物。

再加入 100 μl IAA 封闭液，涡旋振荡 1 min，室温避光封闭 30 min，14 000 r/min 离心 20 min。加入 100 μl UA 缓冲液（8 mol/L 尿素，150 mmol/L Tris-HCl，pH 8.5）振摇混匀，14 000 r/min 离心两次，每次 15 min。加入 100 μl 的 5 倍稀释后的溶解缓冲液，14 000 r/min 离心两次，每次 15 min。

以与蛋白质质量比 1∶50 的比例加入 20 μl 胰蛋白酶（2 μg 胰蛋白酶溶于 20 μl 溶解缓冲液中），600 r/min 离心 1 min，37℃放置过夜。次日更换新收集管，每管加入 20 μl 溶解缓冲液，14 000 r/min 离心 20 min，收集滤液。使用核酸检测仪对收集的肽段进行定量（OD_{280}）。

5. iTRAQ 标记

根据 iTRAQ Reagent-8plex Multiplex Kit 试剂盒说明书，将从 −80℃冰箱中取出的 iTRAQ 试剂于室温下融化复温，每份 iTRAQ 试剂内加入 70 μl 无水乙醇，涡旋振荡后低速离心。取 100 μg 蛋白酶解产物于一新的离心管，加入 iTRAQ 试剂，涡旋振荡，低速离心后，样本加入 iTRAQ 试剂标记。室温反应 2 h 后，各离心管内加入 100 μl 超纯水终止反应以避免各样本混合后交叉标记。离心管涡旋振荡，高速冷冻离心机离心，真空冷冻干燥，样品可保存于 −80℃冰箱待用。

6. 高 pH 反相高效液相分级

将每组标记后的肽段用 150 μl 流动相 A（10 mmol/L $HCOONH_4$，5% ACN，pH 10.0）混合复溶，涡旋振荡，14 000 r/min 离心 15 min，上清采用 Agilent 1260 infinity Ⅱ HPLC 系统进行分级。B 液为 10 mmol/L $HCOONH_4$，85% ACN，pH 10.0。色谱柱以 A 液平衡，样品由自动进样器上样到色谱柱进行分离，流速为 1 ml/min。分离梯度如表 7-18 所示。从上样后 3 min 开始，根据 214 nm 的吸光度值，每隔 1 min 收集洗脱组分，共计收集洗脱组分约 36 份。将样品冷冻离心干燥后于 −80℃冰箱保存待用。

表 7-18　肽段分离梯度

时间 /min	B 液 /%
0～25	0
25～30	0～7
30～65	7～40
65～70	40～100
70～85	100

7. Easyn LC 色谱蛋白质分析

将高 pH 反相高效液相分离得到的各冻干组分用 0.1% FA 溶液复溶，根据洗脱顺序，将组分第一组和最后一组、第二组和倒数第二组、第三组和倒数第三组合并，以此类推，使合并后的组分肽段含量相对一致。14 000 r/min 离心 15 min 后收集各组分上清用自动进样器上样 8 μl。每份样品采用 Easyn LC 系统进行分离，流速为 300 μl/min。流动相 A 为 0.1% 甲酸水溶液，B 液为 0.1% 甲酸乙腈水溶液（乙腈为 80%）。液相梯度见表 7-19。

表 7-19　液相梯度

时间 /min	B 液 /%
0～5	6
5～45	6～28
45～50	28～38
50～55	38～100
55～60	100

8. 质谱分析

各组分样品经色谱分离后用 Q-Exactive Plus 质谱仪（Orbitrap 类型质谱仪）进行质谱分析。分析时长 60 min，检测方式选择正离子，母离子扫描范围 350～1800 m/z，级质谱分辨率 70 000，AGC target 3e6，一级 Maximum IT 50 ms，二级质谱收集方式采用全扫描后采集 10 个碎片图谱，MS2 Activation Type 为 HCD，选择窗 2 m/z，级质谱分辨率 17 500，Microscan 为 1，二级 Maximum IT 为 45 ms，碰撞电压采用 30 eV。

9. 差异表达蛋白质的生物信息学分析

质谱分析原始数据使用 Proteome Discoverer v2.1 进行图谱原始文件的转化，并利用软件内置工具提交到 Mascot 传回软件：满足差异倍数大于 1.2 倍（上下调）且 P 值（t 检验）小于 0.05 筛选标准的蛋白质视为差异表达蛋白质，进行后续差异蛋白质和代谢通路的鉴定与分析。

相关参数设置：查库所使用的数据库为 Uniprot/Homo Sapiens，消化酶选择胰蛋白酶，允许的最大漏切位点数目为 2，仪器采用 ESI-TRAP，一级离子质量容差 $\pm 20 \times 10^{-6}$，二级离子质量容差 0.1 Da，样品类型 iTRAQ 8-plex，蛋白质修饰方式有氧化（M）、乙酰化（N 端）、脱酰胺（NQ）、脲甲基化（C），假阳性率（FDR）≤0.01。

鉴定出的差异蛋白质根据 UniProt 数据库（http://www.uniprot.org）的注释对鉴定的蛋白质进行分类。

（1）Gene Ontology（GO）功能注释

1）序列比对：利用本地化序列比对工具 NCBI BLAST＋（ncbi-blast-2.2.28＋-win32.exe

或 ncbi-blast-2.2.29＋-win64.exe）将筛选出的蛋白质数据集与蛋白质序列数据库进行比对，并以 e 值≤0.001 为序列对比同源可靠性筛选条件，保留前 10 条比对序列进行后续分析。

2）GO 条目提取：利用 Blast2GO Command Line 对目标蛋白质集合及步骤 1）中符合条件的比对序列所关联的 GO 条目进行提取（数据库版本：go_201504.obo，下载地址：www.geneontology.org）。

3）GO 注释：在注释（Annotation）过程中，Blast2GO Command Line 通过综合考量目标蛋白质序列和比对序列的相似性、GO 条目来源的可靠度，以及 GO 有向无环图的结构，将步骤 2）过程中提取的 GO 条目注释给目标蛋白质序列。

4）补充注释：完成 GO 注释后，通过 Inter Pro Scan 搜索 EBI 数据库中与目标蛋白质匹配的基序，并将基序相关的功能信息补充到目标蛋白质的 GO 注释内，并运行 ANNEX 对注释信息进一步关联，在不同的 GO 类别之间建立联系，以提高注释的准确性。

（2）KEGG 通路注释　　在对目标蛋白质数据集进行 KEGG 通路注释时，利用 KAAS（KEGG Automatic Annotation Server）软件（http://www.genome.jp/tools/kaas/），通过比对 KEGG GENES 数据库，将目标蛋白质序列进行基因及其产物的 KO（KEGG Orthology）分类，并根据 KO 分类自动获取目标蛋白质序列参与的通路信息。

（3）GO 注释与 KEGG 注释的富集分析　　在对目标蛋白质数据集进行 GO 注释或 KEGG 通路注释的富集分析时，通过 Fisher 精确检验（Fisher's exact test），比较各个 GO 分类或 KEGG 通路在目标蛋白质集合和总体蛋白质集合中的分布情况，来评价某个 GO 类别或 KEGG 通路蛋白质富集度的显著性水平。

（4）蛋白质相互作用网络分析（PPI）　　首先从目标蛋白质序列来源的数据库中获取目标蛋白质的基因名称（Gene Symbol），然后在 Omicsbean 在线软件中（http://www.omicsbean.cn）查找有实验证据的目标蛋白质之间的直接和间接相互作用关系，并生成相互作用网络进行分析。

第五节　代谢组分析

代谢组（metabolome）是指某一生物或细胞在特定生理时期内所有的低分子质量代谢产物，一般是指相对分子质量小于 1000 Da 的小分子代谢物质。

代谢组学（metabonomics）是对某一生物或细胞在一特定生理时期内所有小分子代谢产物同时进行定性和定量分析的一门新学科，是继基因组学、蛋白质组学、转录组学后出现的新兴组学技术，也是系统生物学的重要组成部分。

（一）实验流程

代谢组学实验的基本流程见图 7-49。

基于液质联用（LC-MS）技术进行非靶向代谢组学研究，实验流程主要包括：样品收集、代谢物提取、LC-MS/MS 检测及数据分析等。

1. 样品前处理

代谢组学具有代谢物变化迅速、代谢物种类繁多、浓度差异大、化学性质各异、数据信息庞大等特点，导致代谢物从样本收集、保存、提取、质谱检测的每一个环节都有可能会对数据质量产生影响，而数据质量又会直接影响后续信息分析的结果。

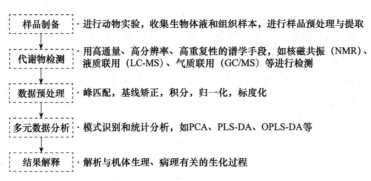

图 7-49　代谢组学实验的基本流程

PCA. 主成分分析；PLS-DA. 偏最小二乘回归分析法；OPLS-DA. 正交偏最小二乘法判别分析

（1）血样　　100 μl 血浆或血清加 300 μl 甲醇（−20℃预冷），涡旋振荡 1 min 后，于 −20℃静置 20 min，4℃离心 20 min（14 000 r/min），取上清用水稀释适当倍数后进样分析。

如果样品不能及时测定，可以取上清低温冷冻干燥后置于 −20℃或 −80℃冰箱保存，于分析前加水复溶，但要保证整个项目前处理的一致性。考虑到脂溶性成分的溶解度，也可以在稀释液或复溶液中加入适量甲醇，但要兼顾极性成分的色谱峰形，以不影响测定为宜。

（2）尿样　　100 μl 尿液 4℃高速离心 20 min（14 000 r/min）去除杂质，取 50 μl 加水稀释适当倍数后进样分析。如果是肾病患者的尿样，可以仿照血样处理的方案。

（3）细胞培养物　　收集细胞培养物，用 PBS 冲洗两次以去除残留的细胞外基质，再用水清洗两次以除去缓冲液。细胞悬浮离心，倾去上清。在 −80℃条件下向细胞团块中加入 0.5 ml MeOH，在 4℃条件下加入 1.5 ml 50% MeOH/H₂O 溶液。细胞机械裂解后将粗体物 45 000 r/min 离心 1 h，收集上清。取 500 μl 上清加入 3 kDa Nanosep 过滤器中，12 000 r/min 离心，收集滤液，真空干燥，于 −60℃条件下保存至分析用。

（4）样本稀释　　处理后的样品按照 1∶1、1∶3、1∶5、1∶10、1∶20 等若干比例稀释后，从稀释倍数最大的样品开始进样 2～5 μl 测试，选择合适的稀释倍数确保反映真实的样品信息，避免检测器饱和、色谱柱过载和系统污染。

（5）质控（QC）样　　血样或尿样经过前处理以后，从每份样品中取等量体积混合，力求反映整体样品的状况。

也可以先取等体积原样品混合后再做前处理。需要制备足够体积量的 QC 样本穿插分析于整个分析批中。

2. 色谱条件

血样：ACQUITYUPLC BEH column（C18, 2.1 mm× 100 mm , 1.7 μm），柱温 50℃，进样器温度 4℃。流动相 A 为 0.1% 甲酸（formic acid, FA）水溶液，流动相 B 为 0.1% FA 乙醇溶液，进样量 5 μl。

反向色谱分析也可以选用 ACQUITYUPLC HSS T3 column（2.1 mm×100 mm, 1.7 μm），亲水作用液相色谱（HILIC）分析可以参考尿液文献方法进行优化。

尿样：也可以采用甲醇作为流动相，适当优化梯度。

3. 上机分析

1）每批次上大样前，请先超声清洗锥孔（甲醇∶水为 1∶1，可添加 0.1% FA）。

2）新机器准备好后，在批量采样前最好做一下 TOF 检测（Detector setup），记录检测器电压值和离子面积，注意在 tune page 勾选 auto detector check，以保证信号的稳定性。

3）用 2 ng/μl 的亮氨酸脑啡肽（LE）和 0.5 mmol/L 的甲酸钠（NaF）校正质量轴（50~1200 m/z），清洗校正流路。

4）采用标准系统性能测试方案，或自建方法测试代谢物混合标准液（metabonomic mix standard）稀释 10 倍后的信号强度和保留时间，作为样品分析前评估仪器性能的基准。

5）建立正负模式下 MS^E Centroid/Continum 的采集方法。

6）在建立的正负模式下分别采集分析批的数据。

7）先进空白溶剂样品，确保色谱柱或系统中无明显的污染或干扰。正式进样前至少重复进 10 针 QC 样，充分平衡检测器状态，平衡 QC 不必参与后期的统计计算。大样本推荐每 10 针样品中间插一针 QC 样，样品的排列顺序随机。分析批中间不建议插空白样品，以免破坏系统的平衡状态。

8）将数据导入 Progenisis QI/SIMCA 进行分析鉴定。

（二）信息分析流程

基于质谱检测得到的文件（.raw），首先将原始数据文件导入 Compound Discoverer 3.0（CD）软件中，进行谱图处理及数据库搜库，然后对数据进行质控，以保证数据结果的准确度、可靠性，对代谢物进行多元统计分析包括主成分分析（PCA）、偏最小二乘法判别分析（PLS-DA）等，揭示不同组别代谢物的差异。利用层次聚类（HCA）和代谢物相关性分析，揭示代谢物和样本之间的关系。最后，通过代谢通路等功能分析发现代谢物相关的生物学意义。生物信息分析流程如图 7-50 所示。

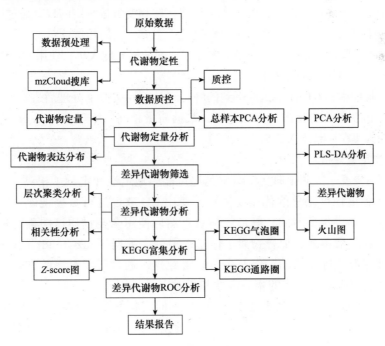

图 7-50　生物信息分析流程
ROC．receiver operating characteristic

（三）信息分析结果

1. 样本信息

样本信息主要包括：①raw name（文件名称）；②samples name（样本名称）；③group name（组别名称）；④ID num（定量表格中的位置）。

2. 代谢物定性分析

将下机数据文件（.raw）导入 CD 搜库软件中，进行保留时间、质荷比等参数的简单筛选，然后对不同样品根据保留时间偏差 0.2 min 和质量偏差 5×10^{-6} 进行峰对齐，使鉴定更准确。随后根据设置的质量偏差 5×10^{-6}、信号强度偏差 30%、信噪比 3、最小信号强度 100 000、加和离子等信息进行峰提取，同时对峰面积进行定量，再整合目标离子，然后通过准分子离子峰和碎片离子进行分子式预测并与 mzCloud 数据库中标准品的图谱进行比对，用空白（blank）样本去除背景离子，并对定量结果进行归一化，最后得到数据的鉴定和定量结果。

3. 数据质控

样品的检测要持续很长时间，尤其是当样本量很大时。在检测过程中实时监控仪器稳定性、信号是否正常就十分重要。需要及时发现异常，尽早将问题排除，以保证最终采集数据的质量，这就要求在数据分析前做好数据质控。

（1）QC 样本质控　　QC 样本为实验样本的等量混合样本，用于测定进样前仪器状态及平衡色谱 - 质谱系统，并用于评价整个实验过程中系统的稳定性。QC 样本相关性越高（越接近于 1）说明整个方法的稳定性越好，数据质量越高。

（2）总样品 PCA 分析　　主成分分析（PCA）是将一组可能存在相关性的变量，通过正交变换转换为一组线性不相关变量的统计方法，转换后的这组变量即为主成分。代谢组数据可以被认为是一个多元数据集，PCA 则可以将代谢物变量按一定的权重通过线性组合进行降维，然后产生新的特征变量，通过主要新变量（主成分）的相似性对其进行归类，从总体上反映各组样本之间的总体代谢差异和组内样本之间的变异度大小，使用 MetaX 软件对数据进行对数转换及中心化格式化处理。

将所有实验样本和 QC 样本提取得到的峰，经 Pareto-scaling 处理后进行 PCA 分析。QC 样本差异越小说明整个方法的稳定性越好，数据质量越高，体现在 PCA 分析图上就是 QC 样本的分布会聚集在一起（图 7-51）。

4. 代谢物定量分析

（1）代谢物定量　　非靶向代谢组学是尽可能多地定性和定量（相对）生物体系中的代谢物，最大程度地反映总的代谢物信息。使用 CD 软件进行数据搜库分析，首先提取离子流图，用于提供保留时间、峰形等信息；然后使用全扫描质谱图确定目标成分的精确分子质量、质量数偏差、加合物离子信息；最后，数据库 mzCloud 含有每个化合物的碎裂方式、能量及实际采集的二级及多级质谱数据，通过谱图对比的方式进行化合物鉴定及确证；最终实现对化合物的精确定性和相对定量。

（2）不同样品组代谢物表达水平分布　　对不同实验条件下代谢物的定量值作小提琴图（violin plot），进而能在整体水平上检查不同实验条件下代谢物表达分布的情况。小提琴图结合了箱形图和密度图的特征，主要用来显示数据的分布形状。中间粗线条表示四分位数范围，粗线条中间的线为中位数，从其延伸的细线代表 95% 置信区间，如图 7-52 所示。

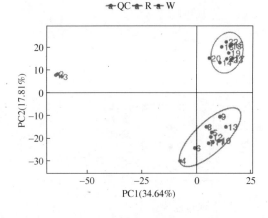

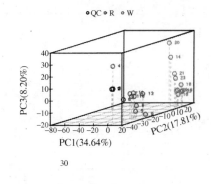

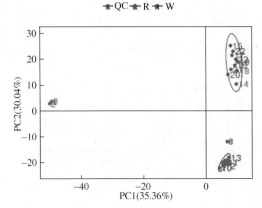

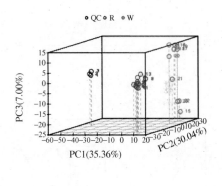

图 7-51 总样品 PCA 分析

图中横坐标 PC1 和纵坐标 PC2 分别表示第一和第二主成分的得分，散点颜色表示样本的实验分组，置信椭圆为 95%

5. 差异代谢物分析

（1）主成分分析（PCA） 采用 PCA，观察所有样本之间的总体分布趋势，找出可能存在的离散点，如图 7-53 所示。

（2）偏最小二乘回归分析 偏最小二乘回归分析（partial least squares discrimination analysis，PLS-DA）是一种有监督的判别分析统计方法。该方法运用偏最小二乘回归建立代谢物表达量与样品类别之间的关系模型，来实现对样品类别的预测。建立各比较组的 PLS-DA 模型，经 7-fold cross-validation（七次循环交互验证）得到的模型评价参数（R2、Q2），如果 R2 和 Q2 越接近 1，表明模型越稳定、可靠；反之，如果 R2 和 Q2 小于 0.5，则模型的可靠性较差。

为了判别模型质量好坏，还会对模型进行排序

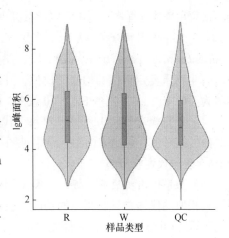

图 7-52 不同样品组代谢物表达水平

从图中可以看到各代谢物的表达情况及密度分布

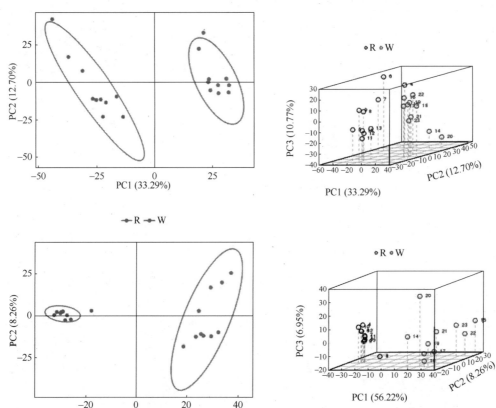

图 7-53　主成分分析（PCA）（上图框是 pos 图，下图框是 neg 图）

图中 PC1、PC2、PC3 分别表示第一、第二和第三主成分的得分，
散点颜色表示样本的实验分组，置信椭圆为 95%

验证，检验模型是否"过拟合"。模型是否"过拟合"体现了模型构建是否准确，未"过拟合"说明模型能较好地描述样本，并可作为模型生物标记物群寻找的前提，"过拟合"则说明该模型不适合用来描述样本，也不宜以此数据做后期分析，如图 7-54 所示。

（3）差异代谢物分析结果　　采用 PLS-DA 模型第一主成分的变量投影重要度（variable importance in the projection，VIP）值，差异倍数（fold change，FC）为每个代谢物在比较组中所有生物重复定量值的均值的比值，并结合 t 检验的 P 值来寻找差异性表达代谢物，设置阈值为 VIP>1，差异倍数 FC>2.0 或 FC<0.5 且 P 值<0.05，筛选出差异代谢物。

（4）差异代谢物火山图　　对每个代谢物差异倍数以 2 为底取对数，将 P 值以 10 为底取对数的绝对值，做出火山图，结果见图 7-55。

6. 差异代谢物分析

（1）差异代谢物聚类分析　　聚类分析用于判断不同实验条件下代谢物的代谢模式。代谢模式相似的代谢物具有相似的功能，或是共同参与同一代谢过程或者细胞通路。因此通过将代谢模式相同或者相近的代谢物聚成类，可以用来推测未知代谢物或者已知代谢物的功能。

对获得的各组差异代谢物进行层次聚类分析，将差异代谢物相对定量值进行归一化转换并聚类，不同颜色的区域代表不同的聚类分组信息，同组内的代谢表达模式相近，可能具有

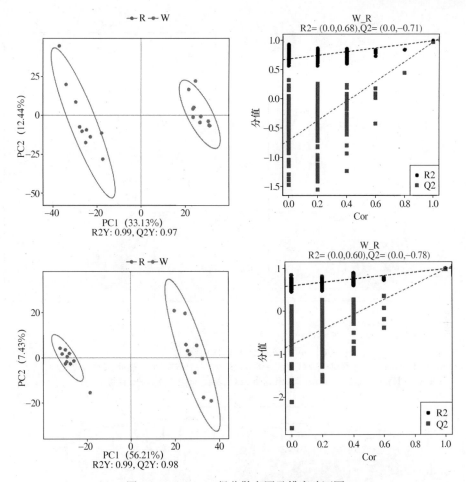

图 7-54 PLS-DA 得分散点图及排序验证图

①左图为得分散点图，横坐标为样本在第一主成分上的得分；纵坐标为样本在第二主成分上的得
分；R2Y 表示模型第二主成分的解释率，Q2Y 表示模型的预测率。②右图为排序检验，横坐标代表
随机分组的 Y 与原始分组 Y 的相关性，纵坐标代表 R2 和 Q2 的得分

相似的功能或参与相同的生物学过程，如图 7-56 所示。

（2）差异代谢物相关性分析　　不同代谢物之间具有协同或互斥关系，比如与某类代谢物变化趋势相同，则为正相关；与某类代谢物变化趋势相反，则为负相关。差异代谢物相关性分析的目的是查看代谢物与代谢物变化趋势的一致性，通过计算所有代谢物两两之间的 Pearson 相关系数 来分析各个代谢物间的相关性。

当两个代谢物的线性关系增强时，相关系数趋于 1 或 -1；正相关时趋于 1，负相关时趋于 -1，计算方法为 R（v3.1.3）中的 cor（）函数。同时对代谢物相关性分析进行显著性统计检验，统计检验方法为 R 语言包中的 cor.test（）函数，选用 FDR＜0.05 为显著相关的阈值。结果见图 7-57。

（3）Z-score 分析　　Z-score（标准分数）是基于代谢物的相对含量转换而来的值，用于衡量同一水平面上代谢物的相对含量的高低。Z-score 的计算是基于参考数据集（对照组）的平均值和标准差进行的，具体公式表示为：$Z=(x-\mu)/\sigma$。其中 x 为某一具体分数，μ 为平均数，σ 为标准差。

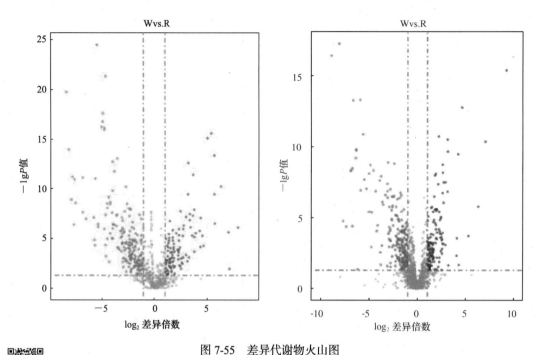

图 7-55 差异代谢物火山图

火山图中每个点代表一个代谢物，横坐标表示差异代谢物的差异倍数，纵轴表示 P 值，显著上
调的代谢物以红色表示，显著下调的代谢物以绿色表示，非显著差异的代谢物为灰色

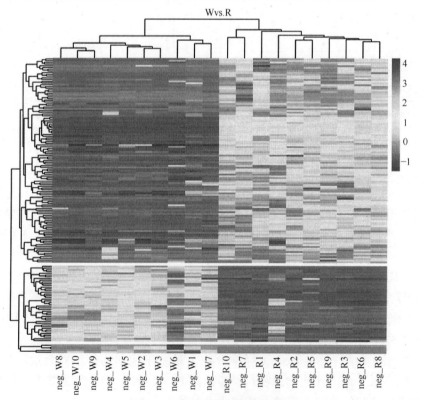

图 7-56 差异代谢物聚类热图

纵向是样品的聚类，横向是代谢物的聚类，聚类枝越短代表相似性越高。从纵向聚类可以看出样品间代
谢物含量的表达模式聚类

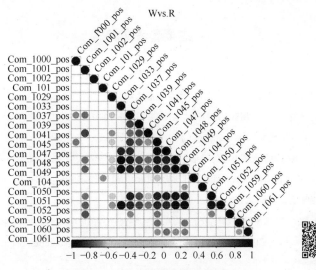

图 7-57 差异代谢物相关性图

图中展示 20 个差异代谢物的相关性，空白部分为相关性统计检验 FDR>0.05，有颜色标记部分为 FDR<0.05。相关性最高为 1，为完全的正相关（红色），相关性最低为 -1，为完全的负相关（蓝色）

7. KEGG 富集分析

（1）KEGG 富集结果 KEGG 是进行生物体内代谢分析、代谢网络研究强有力的工具，是以 KEGG 通路为单位，应用超几何检验，找出与所有鉴定到代谢物背景相比，在差异代谢物中显著性富集的通路。通过通路显著性富集能确定差异代谢物参与的最主要的生化代谢途径和信号转导途径。

（2）KEGG 富集气泡图 根据上述富集结果，绘制富集到的 KEGG 通路的气泡图。

（3）KEGG 富集通路图 在 KEGG 通路图中，圆圈代表代谢物，其中绿色实心圆圈标记为注释到的代谢物，红色圆圈标记为上调差异代谢物，蓝色圆圈标记为下调差异代谢物。

8. 差异代谢物 ROC 曲线分析

ROC（receiver operating characteristic）曲线，又叫受试者操作特征曲线或感受性曲线，是根据一系列不同的二分类方式（分界值或决定阈），以真阳性率（灵敏度）为纵坐标，假阳性率（1－特异度）为横坐标绘制的曲线。获得的差异代谢物用 ROC 曲线来评判潜在的生物标记物。

ROC 曲线下方的面积被称为曲线下面积（area under curve，AUC），AUC 用来评估生物标志物对预测事件发生的灵敏度和特异性，每个代谢物的灵敏度和特异性由 ROC 曲线的最佳阈值决定。当 AUC＝0.5 时，该生物标记物对于预测事件发生完全不起作用，无预测价值。当 AUC>0.5 时，AUC 越接近于 1，预测的准确性越高。通常来说，AUC 在 0.5～0.7 时预测的准确性较低，AUC 在 0.7～0.9 时预测有一定的准确性，AUC 在 0.9 以上时预测有较高的准确性。结果见图 7-58。

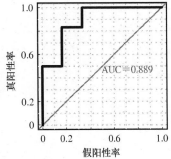

图 7-58 差异代谢物 ROC 曲线

主要参考文献

客绍英. 2001. 生物学试验设计原理及常用设计方法研究. 唐山师范学院学报, 23（2）: 64-66

萨姆布鲁克. 2005. 分子克隆实验指南. 3版. 北京: 科学出版社

吴清发. 2003. 基因组学研究中一些常用软件的概述. 遗传, 25（6）: 708-712

药立波. 2014. 分子生物学实验技术. 3版. 北京: 人民卫生出版社

张恩民, 海荣, 俞东征. 2009. 基因预测方法的研究进展. 中国媒介生物学及控制杂志, 20（3）: 271-273

张泽志, 韩春亮, 李成未. 2011. 响应面法在试验设计与优化中的应用. 河南教育学院学报（自然科学版）, 20（4）: 34-37

章静波. 2011. 细胞生物学实验技术. 2版. 北京: 化学工业出版社

左祖奇. 2019. ATAC-seq数据分析软件开发及其在肥胖诱导的慢性炎症研究中的应用. 合肥: 中国科学技术大学博士学位论文

Fu L, Niu B, Zhu Z, et al. 2012. CD-HIT:accelerated for clustering the next-generation sequencing data.Bioinformatics, 28(23):3150-3152

Krogh A, Mian IS, Haussler D. 1994. A hidden Markov model that finds genes in *E. coli* DNA. Nucleic Acids Res, 22 (22): 4768-4778